航空宇宙工学テキストシリーズ

軽量構造力学

一般社団法人 日本航空宇宙学会〔編〕

青木 隆平　廣瀬 康夫　吉村 彰記〔著〕

丸善出版

編集委員・執筆者一覧

編集委員会

池　田　忠　繁　中部大学理工学部宇宙航空学科

上　野　誠　也　横浜国立大学名誉教授

澤　田　惠　介　東北大学名誉教授

鈴木宏二郎　東京大学大学院新領域創成科学研究科先端エネルギー工学専攻

玉　山　雅　人　国立研究開発法人宇宙航空研究開発機構
航空技術部門基盤技術研究ユニット

土　屋　武　司　東京大学大学院工学系研究科航空宇宙工学専攻

姫　野　武　洋　東京大学大学院工学系研究科航空宇宙工学専攻

李　家　賢　一　東京大学大学院工学系研究科航空宇宙工学専攻

執　筆　者

青　木　隆　平　東京大学名誉教授

廣　瀬　康　夫　金沢工業大学工学部航空システム工学科

吉　村　彰　記　名古屋大学ナショナルコンポジットセンター

［所属は 2024 年 7 月現在］

はしがき

本書は，一般社団法人日本航空宇宙学会が編纂する「航空宇宙工学テキストシリーズ」の構造力学分野の一冊である．シリーズを通じて航空宇宙工学分野，関連産業を志す学生に向けた教科書であり，とくに本書の対象として想定する読者は，学部において航空宇宙工学，あるいは機械工学などを専攻し，航空宇宙機をはじめ軽量性が求められる移動体を対象とした構造力学を学ぶ学生である．本書のタイトルからあえて航空や宇宙といった言葉を廃し，「軽量」という言葉を用いたのは，航空宇宙機に限らず自動車，鉄道車両など，軽量であることが必須の移動体を広く対象に見据えたいという意図によるところである．

工学が主として対象とする，いわゆる人工物のほとんどにおいて，それぞれが担うべき機能を発揮するためには，その形態を維持する必要がある．構造力学は，対象物の形態維持のために，作用する外力などの環境に耐えるよう設計し製作するための基盤的な学問分野である．本書は，航空機や宇宙機などのように軽量性がモノとして成立する要件を左右するような構造物を対象にしていて，それらを扱うための構造力学的知識の獲得に大いに役立つはずである．本書を通じて，様々な軽量構造を実現するための基本的な考え方を理解し，理論的な背景を学び，それらに基づく実用的な解析までを実践できるようになっている．なお，その際の実際の構造の例示は，著者らが教鞭をとる航空宇宙分野の領域に偏っていることはお許しいただきたい．

構造力学を学ぶためには，その基礎となる古典力学はもちろん，弾性力学（固体力学）や材料力学の基礎知識を有していることが望ましい．しかしながら，本書では力学に関する基礎的な知識があれば，これまでにこれらの基礎分野に接する機会が少なかった学生にも読み進められるように，基礎からの解説を心掛けた．一方で，学部卒業後や大学院において構造分野に携わる者にとっては，有限要素法，破壊力学や複合材料力学の知識を有することも大きな強みになるとの認識から，構造力学に近いこれらの分野の知識も得られるように配慮した構成になっている．

本書は航空宇宙という一分野を志す学部学生にとどまらず，軽量構造の幅広い知識を得たい大学院生や若い技術者にも役立つものになっていると確信している．何かのきっかけに本書を手に取ってもらい，勉強してもらえるようなめぐりあわせがあることを，著者一同願ってやまない．

2024 年 9 月

著　者　一　同

目　次

第 9 章：複合構造材料における図 9.1.1，図 9.1.2，図 9.2.1(a)-(c) の写真，カラー図版を丸善出版の Web ページに掲載いたしました．
下記の URL，もしくは右の QR コードからご確認ください．
https://www.maruzen-publishing.co.jp/info/n20853.html

1

航空機に作用する荷重

1.1　機体に作用する力[1-1]

1.1.1　飛 行 荷 重

航空機は飛行中に空気力と重力だけでなく，運動に伴う慣性力（inertial force）を受ける．操舵時だけではなく**突風**（gust）に遭遇しても，加速度運動をすることによる付加的な慣性力が作用する．

航空機は有限な大きさを持つため，**荷重**（load）は機体各部に分布力として作用する．たとえば定常水平飛行中には，加速度に伴う慣性力がなく，荷重は空気力と重力のみであるが，機体を重力に逆らって持ち上げる空気力（揚力）を主に生み出すのは主翼であり，一方で胴体は，その自重に加えて**ペイロード**（payload）を積載している場合には，大きな重力を受ける（図 1.1.1）．これらの上下方向の力は全機の合力として見れば釣り合っているが，機体の各部で局所的には不釣り合いが生じるため，これらを機体の中で伝えて釣り合わせる必要がある．このように機体内部を伝わる力を**内力**（internal force）と呼ぶ．胴体と主翼をはりの組み合わせとみなすと，この場合の内力は，はりを伝わるせん断力と曲げモーメントということができる．とくに曲げモーメントに注目すると，これは図 1.1.2 のように，主翼は上向きに曲げられ，胴体は下向きに曲げられる状態になっていることがわかる．

機体には外部から空気力や重力，慣性力，さらには離着陸時には降着装置から集中荷重が作用するので，これらの外力に局所的に耐える必要があるが，上記のようにこれらの力を機体の内部で伝える内力にも耐えなければならない．

1.1.2　荷 重 倍 数

機体の運動で生じる慣性力は質量がある物体に作用するもので，重力ととも

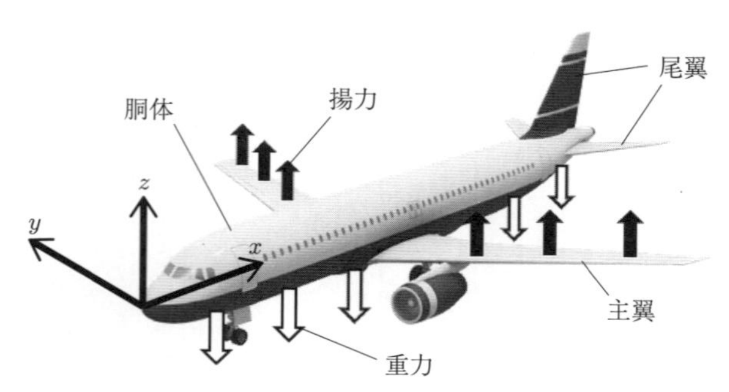

図 1.1.1　機体に作用する重力と揚力

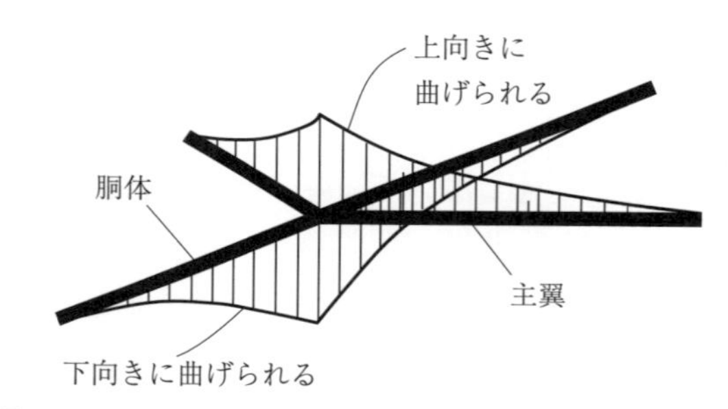

図 1.1.2　機体をはりとみなした場合の曲げモーメント分布

に**物体力**（**体積力**）に分類される．これに対して，揚力や抵抗などの空気力は翼や胴体といった物体の表面に作用するもので，**表面力**と呼ばれる．航空機では重力と慣性力を区別せずにこれらをまとめて一体で物体力として扱うために，**荷重倍数**（load factor）の概念を用いる．

ここで，機体に作用する外力に着目して機体の縦（z 方向）の釣り合いを見ると（図 1.1.3），機体の質量 m，加速度ベクトル $\boldsymbol{\alpha}$，揚力と抗力からなる空気力ベクトル $\boldsymbol{L'}$，推力ベクトル $\boldsymbol{T}$，重力加速度ベクトルを $\boldsymbol{g}$ として，

$$m\boldsymbol{\alpha} = \boldsymbol{L'} + \boldsymbol{T} + m\boldsymbol{g} \tag{1.1.1}$$

となる．ダランベールの原理（D'Alembert's Principle）から $-m\boldsymbol{\alpha}$ を慣性力と考えて，

$$\boldsymbol{L'} + \boldsymbol{T} + m\boldsymbol{g} - m\boldsymbol{\alpha} = \boldsymbol{0} \tag{1.1.2}$$

とし，重力と慣性力をまとめて，これを新たに広義の慣性力とみなして，空気

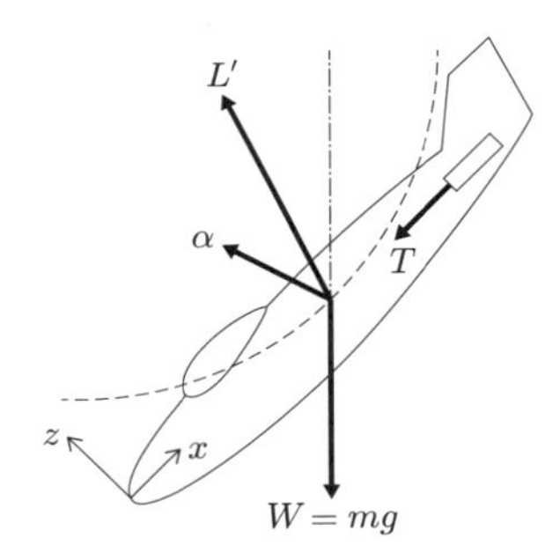

図 **1.1.3**　運動中の荷重

力と推力の和と釣り合うと考えれば，

$$m\,(\boldsymbol{\alpha}-\boldsymbol{g}) \equiv m\boldsymbol{\alpha'} = \boldsymbol{L'}+\boldsymbol{T} \tag{1.1.3}$$

となる．とくに縦方向（z 方向）の成分に注目すると（$(\cdot)_z$ はベクトルの z 方向成分を表す），

$$m\left(\boldsymbol{\alpha'}\right)_z = \left(\boldsymbol{L'}+\boldsymbol{T}\right)_z \tag{1.1.4}$$

となって，この式の左辺の m を，$W = |\boldsymbol{W}| = mg$ を書き換えた $m = W/g$ で書き直すと，

$$\frac{(\boldsymbol{\alpha'})_z}{g}W \equiv n_z W = \left(\boldsymbol{L'}+\boldsymbol{T}\right)_z \tag{1.1.5}$$

と書けて，n_z を z 方向の荷重倍数と呼ぶ．式 (1.1.5) より，

$$n_z = \frac{(\boldsymbol{\alpha'})_z}{g} = \frac{(\boldsymbol{\alpha}-\boldsymbol{g})_z}{g} = \frac{1}{W}\left(\boldsymbol{L'}+\boldsymbol{T}\right)_z \tag{1.1.6}$$

推力ベクトル $\boldsymbol{T}$ が x 方向にほぼ平行なら $(\boldsymbol{T})_z = 0$ で，一方，空気力が z 方向揚力 L で近似できるなら，

$$n_z = \frac{1}{W}\left(\boldsymbol{L'}+\boldsymbol{T}\right)_z \approx \frac{L}{W} \tag{1.1.7}$$

と表せる．式 (1.1.6) から，荷重倍数 n_z を求めるには運動による加速度ベクトル $\boldsymbol{\alpha}$ と重力加速度ベクトル $\boldsymbol{g}$ を用いてもよいが，式 (1.1.7) のように揚力と自重からも求めることができる．いずれにしても，荷重倍数は機体の重心の並進運動に伴う慣性力（＋重力）を，静止している状態の重力に対する倍率として表したものである．なお，必要に応じて n_x，n_y も用いる．

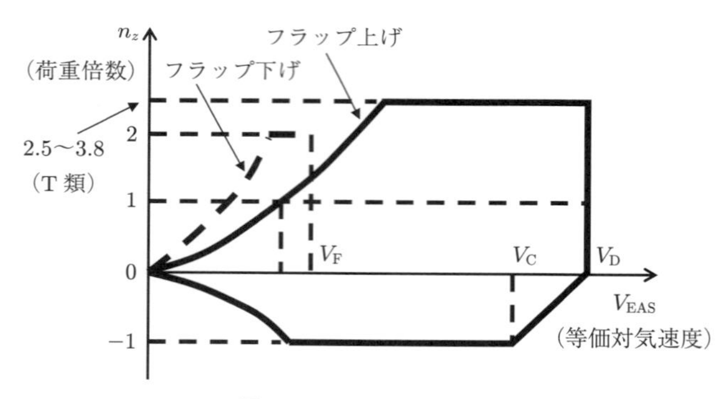

図 1.1.4　運動包囲線図

航空機が運動時に受ける荷重に対応する荷重倍数を**運動荷重倍数**（maneuvering load factor）と呼び，機体が耐えなければならない飛行荷重倍数の最大値，最小値はそれぞれ，T 類（耐空種別：航空運送事業に適する飛行機）では，最大値 $n_z = 2.5$（重量 22.7 t 以上）〜3.8（重量 1.87 t），最小値 $n_z = -1.0$（いずれも制限荷重，1.3.1 項参照）と定められている．

1.1.3　*V*-*n* 線 図

飛行中にはその運動によって前項で示されるような飛行荷重を受けるが，あらゆる運動を想定してその航空機が遭遇する最大の運動荷重倍数を飛行速度との関係で表したものが**運動包囲線図**（flight maneuvering envelope）である（図 1.1.4）．これに対して航空機が突風を受けた際に考慮する**突風荷重倍数**（gust load factor）も，規定された突風の強さに応じて個々の航空機の運動応答から求める必要がある．突風荷重倍数を運動時と同様に飛行速度の関数として表したものを**突風包囲線図**（gust envelope）として求める．運動包囲線図と突風包囲線図を組み合わせたものは ***V*-*n* 線図**（V-n diagram）と呼ばれる．V-n 線図は制限荷重に対して作成する．この場合，速度は次式に従い海面上の値に補正した**等価対気速度**（equivalent air speed）V_{EAS} を用いることに注意する．

$$\rho_0 {V_{EAS}}^2 = \rho {V_{TAS}}^2 \tag{1.1.8}$$

ここで，$\rho = \rho(h)$，$\rho_0 = \rho(0)$ はそれぞれ高度 h，高度 0（海面上）での大気密度，V_{TAS} は高度 h での実際の対気速度（true air speed）である．

表 1.1.1　高度と大気圧，大気密度

高度（ft）	大気圧（atm）	8000ft との差圧（atm）	空気密度（kg/m³）
0	1.00	–	1.23
5000	0.83	–	1.05
8000	0.74	0	0.96
20000	0.46	0.28	0.65
30000	0.30	0.44	0.46
40000	0.19	0.55	0.30

1.1.4　地上荷重，その他の荷重

航空機は飛行中以外にも離着陸時や地上走行中に荷重を受ける．たとえば，T 類の場合は設計着陸重量において 3 m/s（10 ft/s，ft はフィート）での着地に対応した荷重倍数以上を想定しなければならない．また地上走行時には横方向（y 方向）荷重倍数 $n_y = 0.5$ の慣性力を考慮する必要がある．

旅客機などの航空機は，高高度を飛行するのが通常であるが，高度が増すに従って，大気の圧力は下がり，密度もそれに伴って低下する．人は高い高度での低密度の空気環境，つまり低い酸素分圧の環境では低酸素症に陥るため，人を乗せる航空機の場合は機内の圧力を適切なレベルに保つ必要があり，これを**与圧**（pressurization）という．規定では常用の最大運用高度で，室内の圧力が高度 2,400 m（8,000 ft）相当以上になるようにしなければならない．

このように航空機では機内の与圧を，圧力に相当する高度（室内圧力高度）で表す．つまり，この場合には機内の室内圧力高度 2,400 m 以下での大気圧に相当する与圧を保たなければならない．表 1.1.1 には代表的な高度での大気圧と空気密度を示すが，たとえば高度 40,000 ft を飛行中の機内の室内圧力高度を 8,000 ft に保とうとすると，高度 40,000 ft での大気圧と高度 8,000 ft での大気圧の差である 0.55 atm（気圧）の与圧を行う必要がある．

これらの荷重面からの要求以外にも，繰り返し荷重による疲労破壊，腐食，緊急着陸時の乗員の安全性確保，被雷に対する対策など，構造面で考慮すべき点が多くあることを注記しておく．

最後に，以上のように多くの状況で航空機が受けるさまざまな荷重を模式的

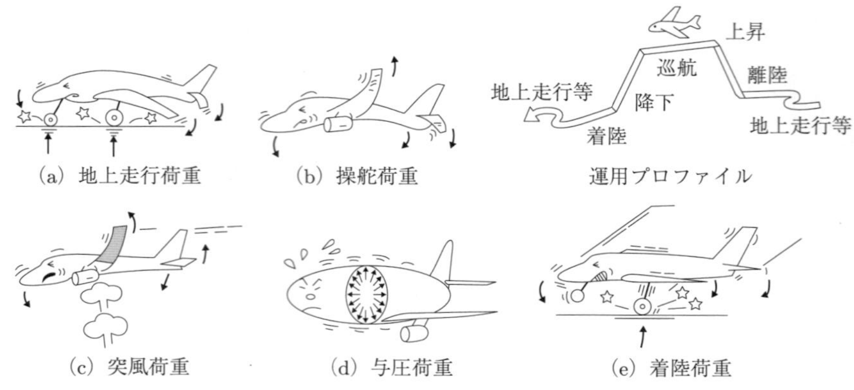

図 1.1.5　さまざまな状況で航空機が受ける荷重 [1-2]

にまとめたものが図 1.1.5 である.

1.2　内力の導出

航空機の運動中に機体各部に生じる内力は，各部に働く空気力と慣性力から求める必要がある．後者の慣性力に注目すると，これを求めるために荷重倍数を用いる．航空機の設計要求に従って飛行中の運動解析（飛行荷重解析）を行うことで荷重倍数が求まっているとして，機体各部に加わる慣性力を求める手順を，胴体を例にとって以下に示す．胴体は複雑な断面ではあるが，ここでは一本の「はり」としてモデル化して考える.

(i) 機体各部が受ける加速度を求める

荷重倍数は航空機の重心の並進運動に伴う慣性力と重力の和を，自重に対する倍率として表している．これに加え機体が重心まわりに回転運動をしている場合は，さらにその角加速度も考慮する必要がある（図 1.2.1).

(ii) 機体の質量分布を求める

機体各部はそれぞれ寸法の異なる部材が配置されていたり，異なる機器，ペイロードが置かれている．したがって，胴体の単位長さ当たりの質量分布を求めておく（図 1.2.2).

(iii) 荷重分布を求める

分布力は (a) の加速度と (b) の質量を各点で掛け合わせることで求まる．こ

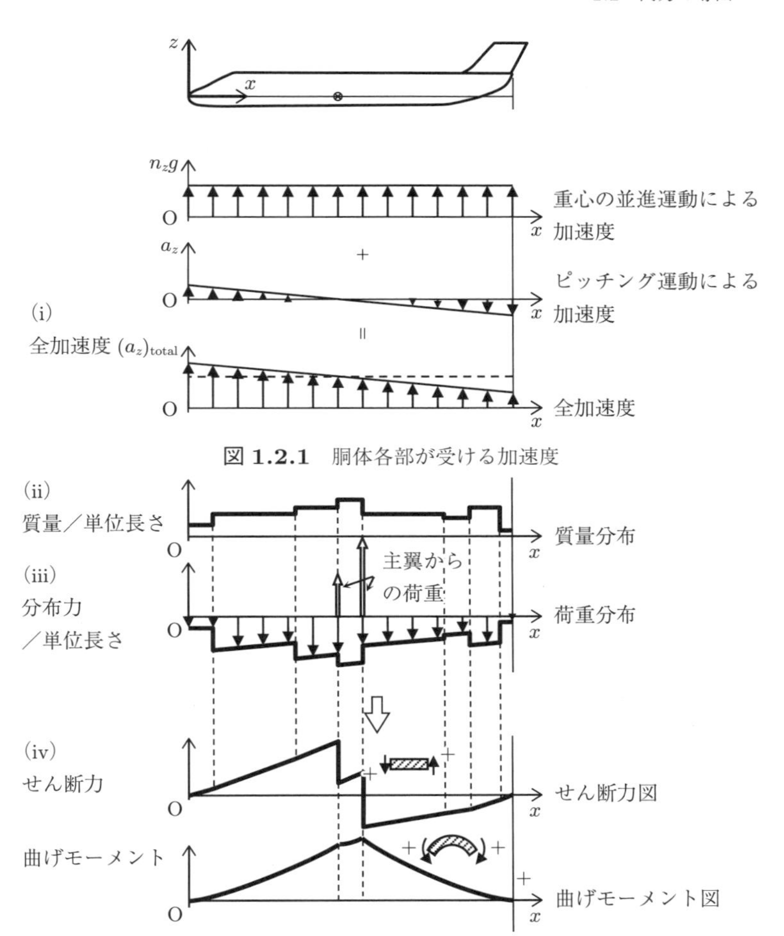

図 1.2.1　胴体各部が受ける加速度

図 1.2.2　胴体の質量分布とそれから求まる荷重分布，および
せん断力図・曲げモーメント図

れがはりとしてモデル化した胴体に作用する荷重分布となる．

(iv) (iii) で求めた荷重分布と，（もしあれば）空気力やそれによって胴体に加わる荷重を用いて，材料力学での解析と同様にせん断力と曲げモーメントの分布（**せん断力図**（shearing force diagram）と**曲げモーメント図**（bending moment diagram））を描く．これらがはりとしてモデル化した胴体の各断面に働く内力の分布である．

ここでは，胴体をはりでモデル化してその各断面に働く合力としてのせん断力および曲げモーメントを求める手順を示したが，胴体の各断面に生じているせん断力や曲げモーメント，さらにはねじりモーメントに耐える軽量で高い信頼性を持った構造を作ることが，航空機の構造力学の重要な目的の１つである．

1.3 強度規定

航空機は各国の法律によって設計上満たされるべき条件が決められている場合が多い．日本の場合は**航空法**によってこの条件が規定されている．同法を円滑に施行するために，国土交通省から省令として航空法施行規則が出されており，その附属書である「航空機及び装備品の安全性を確保するための強度，構造及び性能についての基準」に適合するかどうかの審査を行うために，国土交通省航空局長通達「**耐空性審査要領**」[1-1] が定められている．以下，この耐空性審査要領の内容のうち，構造に関わる部分について解説する．

1.3.1 荷　重

機体に加わる荷重は，慣性力を含めた釣り合い状態で考え，また変形による荷重分布の変化を考慮する．荷重の定義には**制限荷重**（limit load）と**終極荷重**（ultimate load）がある．制限荷重は「常用運用状態において予想される最大荷重」と定義されていて，航空機がその運用中に遭遇すると予想される最大のものである．一方，終極荷重は「制限荷重 × **安全率**」として定義される．

1.3.2 安　全　率

航空機には前項で想定される制限荷重よりも大きな荷重（過荷重）が加わることは望ましくないのは明らかであるが，より大きな荷重を想定しておくことは機体などの構造物の保全には不可欠なことである．また機体の耐荷能力が，想定したよりも低いことも考えられる．このような不確実性を念頭に，航空機に限らず多くの分野で安全率が導入されている．航空機分野では安全率は，「常用運用状態において予想される荷重より大きな荷重の生ずる可能性ならびに材料及び設計上の不確実性に備えて用いる設計係数」として導入され，通常 1.5 と定められている．すなわち，主に想定以上の突風や操舵による過荷重，材料の製造時や機体製作時，および設計に起因する不確実性を考慮して，これらの要素をすべて荷重の不確実性に集約して，制限荷重に安全率を乗ずる形で用いられる．つまり，仮に部材の耐荷能力（許容荷重）が想定よりも低くても，付加される前提としての最大荷重を大きく見積もることで，部材の実際の耐荷能力を超えないよう設計されて運用されればよい，ということである．

1.3.3 強度・変形の要件

機体の構造は，制限荷重の負荷に対して有害な残留変形を生じることなく耐えること，また安全な運用を妨げる変形を生じないことが求められる．さらに終極荷重の負荷に対しては少なくとも 3 秒間は破壊することなく耐えることが求められ，これらの要件を満たしていることは，原則として実際の機体構造を用いた荷重試験で証明する必要がある．とくに設計開発の最終段階では，仕上げとして全機の静的構造試験を，飛行中に想定される最も厳しい荷重条件，あるいはそれに近いで条件をもとにして実施することが多く，これを**全機強度試験**と呼ぶ．その際に用いる機体は実際に飛ぶものではなく，01 号機と呼ばれる．これに加え，旅客機などの輸送機では**全機疲労試験**の実施が求められており，それに用いる機体は 02 号機と呼ばれる．

1.4 安全余裕

航空機の構造は，以上のような法律あるいはその関連文書で規定された要件を満たす必要があるが，これらを満たすために過度な強度や剛性で設計すると，航空機に求められる軽量性やその結果としての経済性を満たすことができない．たとえば，構造各部を静強度に関しては終極荷重を越えて強くつくることは無駄になり，この分が余分な重量増を招く．そのため，設計段階では部材レベルで**安全余裕**（margin of safety，MS）[1-3,1-4] を，F を部材の実強度（応力），f を終極荷重作用時の応力として，

$$MS = \frac{F}{f} - 1 \tag{1.4.1}$$

により算出する．$MS > 0$ であれば終極荷重においてこの部材が破壊しないと判断されるが，この値が大きすぎることは前述のような部材の重量増をもたらす．MS はゼロに近い若干の正の値であることが目標となる．

2

航空機構造概説

2.1　航空機構造の特徴

2.1.1　部材に加わる荷重

一般に，航空宇宙機などの軽量な構造には，細長い部材や薄い部材が多用される．これは機体を少しでも軽量化するための合理的な方策であり，先人が多くの努力を重ねてきた帰結でもある．

細長い棒状の部材に加わる荷重は一般に，①引張荷重，②圧縮荷重，③ねじり荷重，④曲げ荷重に分類される（表 2.1.1）．一方，薄い板状の部材は板の面内方向で主要な荷重を伝え，細長い部材と同様に①引張荷重，②圧縮荷重，③せん断荷重，④曲げ荷重を伝えることができる．棒状部材，板状部材のいずれにおいても①の引張荷重は，力の大きさ F と部材の断面積 A が与えられれば，引張応力 σ とひずみ ε が決まり，部材の断面形状などの影響を受けない．これに対して②の圧縮荷重は荷重がある程度小さいうちは①の引張荷重と同様に圧縮応力が決まるが，荷重が大きくなると棒状部材，板状部材とも，圧縮方向の変形だけでなく，横方向に大きくたわんで曲がる変形が生じ，純粋な圧縮応力を受ける状態とは異なる様相を呈する可能性がある．これが初期不整などのない理想的な場合の，いわゆる**座屈**（buckling）現象である．③のねじり荷重，せん断荷重の作用下においても，②の圧縮荷重の場合と同様にしわ状の座屈が生じる可能性がある．細い部材や薄い部材を多用する航空機構造では，このような座屈を防ぐための対策を十分に考慮する必要がある．④の曲げ荷重に対しては，部材断面の形状を工夫することで，部材の断面積が同じでも断面 2 次モーメント I を大きくすることができ，曲げに対する耐性（曲げ剛性 EI，E は弾性率）を向上させることができる．この曲げ剛性を大きくすることが，②の圧縮荷重による座屈現象を回避することにつながる．また③

表 2.1.1　荷重の種類

		力とひずみ（変形）の関係
① 引張荷重		$F = A\sigma = EA\varepsilon$ $F > 0 \rightarrow \sigma,\ \varepsilon > 0$
② 圧縮荷重		$F = A\sigma = EA\varepsilon$ $F < 0 \rightarrow \sigma,\ \varepsilon < 0$ 横に曲がる可能性あり
③ ねじり荷重 （棒状部材）		$T = GJ\dfrac{\mathrm{d}\theta}{\mathrm{d}x} = GJ\theta'$ （θ'：ねじり率）
③′ せん断荷重 （板状部材）		$Q = A\tau = GA\gamma$ （γ：せん断ひずみ） しわが寄る可能性あり
④ 曲げ荷重		$M = -EI\dfrac{\mathrm{d}^2 w}{\mathrm{d}x^2}$ （w：たわみ）

のねじり荷重による座屈に対しても，ねじり剛性 GJ（G，J はそれぞれせん断弾性率，極断面 2 次モーメント）を向上させることがねじり座屈現象を起こさないようにするうえで有効な手段になる．

2.1.2　補強材による薄板の補強

前項で説明したように，圧縮，せん断荷重は航空機で多く利用される薄板部材に座屈を生じさせる可能性がある．薄板などの部材の実力を十分に発揮させて本来の強度までの使用を目指すには，曲げ剛性やせん断剛性を上げることが有効で，そのための対策が**補強材**（stiffener）による補強である．

補強材は Z 型断面，チャンネル型断面，ハット型断面（図 2.1.1）や，L 型断面，逆ハット型断面などが用いられるが，たとえば図 2.1.2(a) のチャンネル型断面の補強材では，同じ矩形型断面（図 2.1.2(b)）と断面積が同じ（$A = h^2/5$）であっても，図心まわりの断面 2 次モーメントは，前者は後者の約 1.7 倍になり，同じ重量で性能（曲げ剛性）を上げるメリットがある．

一般に薄肉の部材だけで構成された構造は**モノコック**（monocoque）構造と呼ばれるが，これに補強材を付加して座屈対策を施した**セミモノコック**

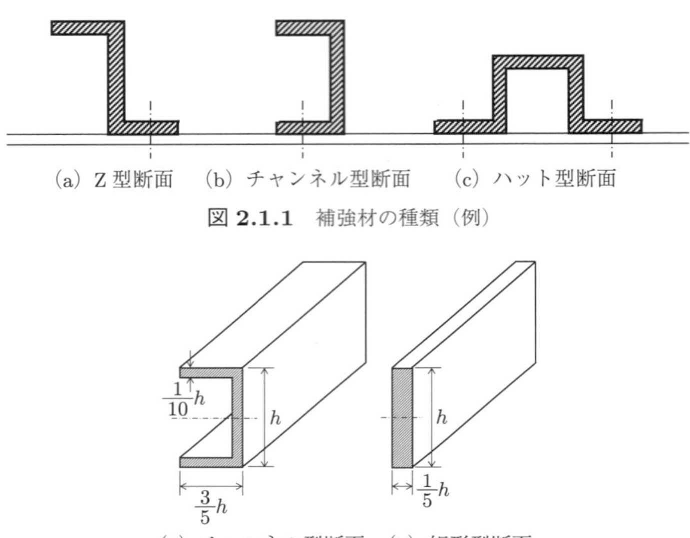

(a) Z 型断面　(b) チャンネル型断面　(c) ハット型断面

図 2.1.1　補強材の種類（例）

(a) チャンネル型断面　(b) 矩形型断面

図 2.1.2　補強材の性能比較例

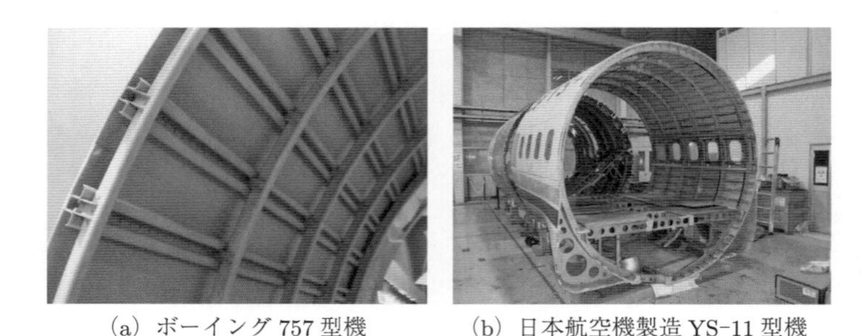

(a) ボーイング 757 型機　(b) 日本航空機製造 YS-11 型機

図 2.1.3　セミモノコック構造の例（航空機胴体部分構造）

(semi-monocoque) 構造（図 2.1.3）は，補強材に他の部材や機器を取り付けたり，補強材を介して荷重を効率的に伝えることができる点でも大きな利点になる．

2.1.3　サンドイッチ板

上述のように，薄板に補強材を付加して圧縮時の曲げ剛性を上げることは座屈を防ぐうえで重要である．一方，曲げ剛性を上げるには板の厚さを増すことでも当然達成できるが，これを大きな重量増を伴うことなく達成する手段が，

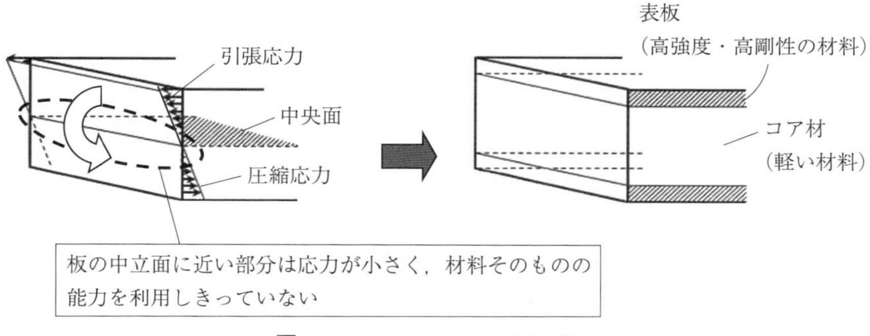

図 2.1.4 サンドイッチ板の利用

図 2.1.5 アルミハニカム材

軽いコア材を用いて**サンドイッチ板**（sandwich plate）にする方法である．これは図 2.1.4 のように，板を曲げた場合に生じる曲げ応力の分布で，板の中央面に近い部分の曲げ応力が小さいことに着目して，この部分を剛性を犠牲にしてでも軽い材料に置き換えてしまおうというものである．このようなコア材には発泡材やハニカム材（図 2.1.5）などが用いられる．

2.2 航空機の機体構造

航空機を構成する部分は大きく分けて**胴体**（fuselage）と**主翼**（main wing）と**尾翼**（empennage）である．従来機では尾翼は主翼より後ろの尾部にある水平尾翼（水平安定板）と垂直尾翼（垂直安定板）に分けられるが，V 字翼のように両者を兼ねるものや，前方に安定板を取り付けた先尾翼もある．

図 2.2.1 に航空機で用いられる主要な部位の名称を示す．なお，これら以外に翼には**動翼**（moving surface）と呼ばれる部分があり，一般に主翼では**補助翼**（aileron），垂直尾翼では**方向舵**（rudder），水平尾翼では**昇降舵**（eleva-

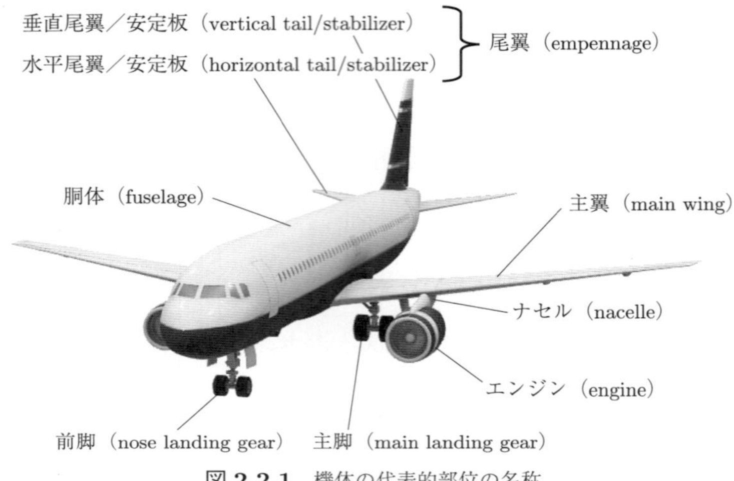

図 **2.2.1**　機体の代表的部位の名称

tor）が主操縦翼面（舵面，primary control surface）としてそれぞれの翼の一部をなしている．さらには主翼には 2 次操縦舵面（secondary control surface）として，フラップ（flap）やスポイラー（spoiler）が取り付けられている場合が多い．

2.2.1　胴 体 構 造

胴体は荷物や乗客などのペイロードを積載する空間を確保する必要性があるため，さらには与圧による内側からの差圧に耐える必要があるため，断面が円形やだ円形のものが多い．図 2.2.2 に示すように薄い**表皮**（skin）あるいは**外板**の内側に機軸方向に**縦通材**（stringer）が配置され，周方向に**フレーム**（肋材，円筐，frame）が取り付けられている．中・大型機の胴体では座席や荷物を置くために床が付けられており，床の上側が主要な空間である．床下にはさらに荷室が設けられている（図 2.2.3）．図 2.2.4 には実際の機体の表皮への縦通材とフレームの取り付け位置関係を示す．

胴体にはせん断，曲げ，ねじりといった内力が作用する．材料力学のはりの解析ではせん断よりも曲げを主に扱うが，これははりの長さに比べて断面の寸法が小さい場合，せん断応力が曲げ応力に比してきわめて小さくなるためである．たとえば図 2.2.5 の長さ L，高さ $h\times$ 幅 b の矩形断面の片持ちはりが，一様分布荷重 q を受ける際の固定端の曲げ応力，せん断応力それぞれの最大値

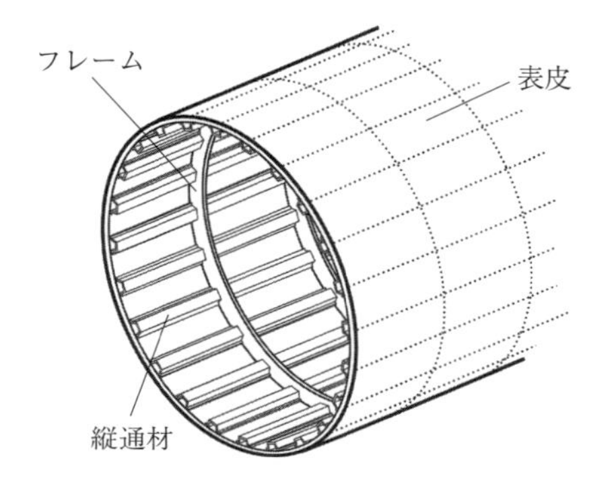

図 **2.2.2**　胴体構造の概略 [2-1]

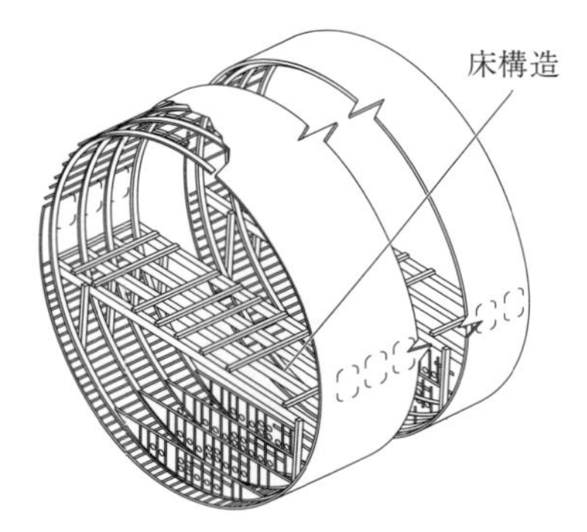

図 **2.2.3**　床構造がある胴体構造 [2-2]

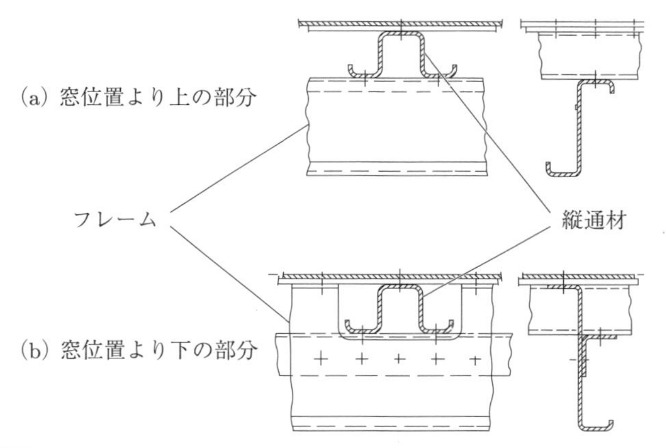

図 **2.2.4**　ボーイング 737 型機胴体外板の縦通材とフレームの位置関係 [2-2]（各図の左側は機軸方向から見たもの，右側は周方向から見たもの）

を $\sigma_{b\max}$，$\tau_{\max}$ とすれば，

$$\frac{\sigma_{b\max}}{\tau_{\max}} = \frac{3qL^2/bh^2}{3qL/2bh} = 2\frac{L}{h} \tag{2.2.1}$$

となって，細長いはりで $L \gg h$ ならばせん断応力は曲げ応力に比べて無視できる．一方，はりがその断面の寸法に対して相対的に短い場合は，せん断応力も考える必要が生じる．航空機の胴体をはりとみなす場合は，たとえば機首部分を考えると，その機軸方向長さは胴体断面と同じオーダーでありせん断応力は無視できない．着陸時の前脚接地時に胴体機首部分が受ける下向きの荷重

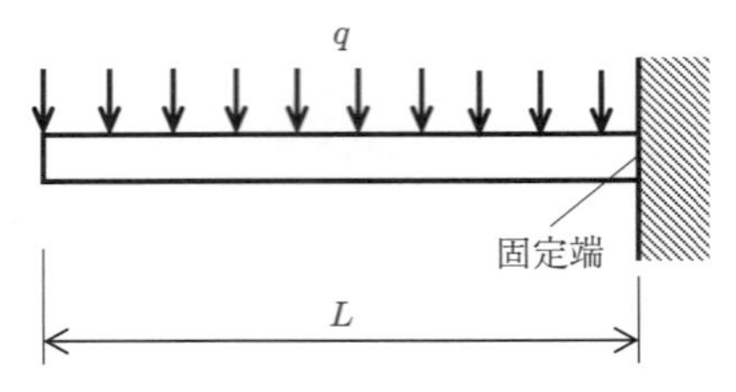

図 2.2.5　一様分布荷重を受ける片持ちはり

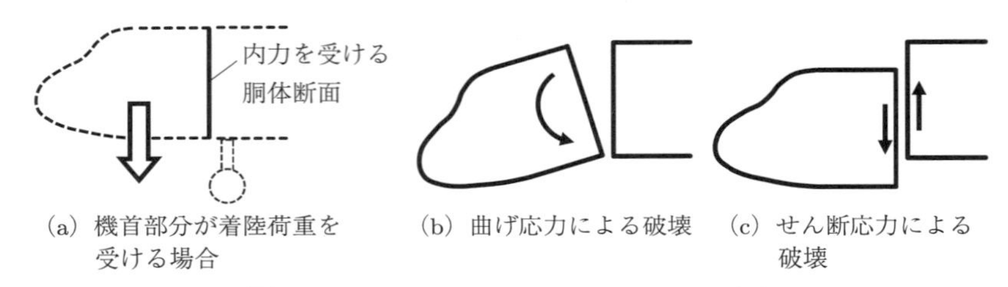

図 2.2.6　胴体機首部分の断面に作用する内力

（図 2.2.6(a)）は，前脚取付部付近の胴体に大きな内力を生じさせる．それゆえ，一般には同図 (b) のような曲げ応力による破壊に加え，同図 (c) のせん断応力による影響をも考慮する必要がある．

胴体構造を構成するそれぞれの部材がどのように力を伝えるかを考える．まず曲げはりでは中立軸から離れたところで大きな引張と圧縮の曲げ応力を生む．このうち引張応力はすべての断面で荷重を持ち得るため，断面積が大きな補強材に加え，外板が貢献する．一方，圧縮応力は薄い表皮の板としての面外の変形を誘発し，荷重を受け持ちにくい．結果として補強材に加え，表皮のうち補強材によって変形を抑えられる補強材の近くの表皮が寄与する（図 2.2.7）．せん断荷重も表皮のうち荷重方向に配置された部分が，これを効率的にせん断応力として伝える（同図）．

ねじり荷重は表皮に生じるせん断応力によってこれを効率的に伝えられるように，表皮は可能な限り大きな閉じ断面を作ることで，ねじりモーメントへの断面の大きさの寄与を大きくし，せん断応力が過大になることを抑えるようになっている（図 2.2.8）．

このように見てみると，フレームが胴体の荷重伝達に直接的には貢献していないことになるが，まずフレームには表皮と縦通材だけでは抑えることができない胴体の扁平化（つぶれ）を防ぐ役割がある．これに加え，大きな機体では

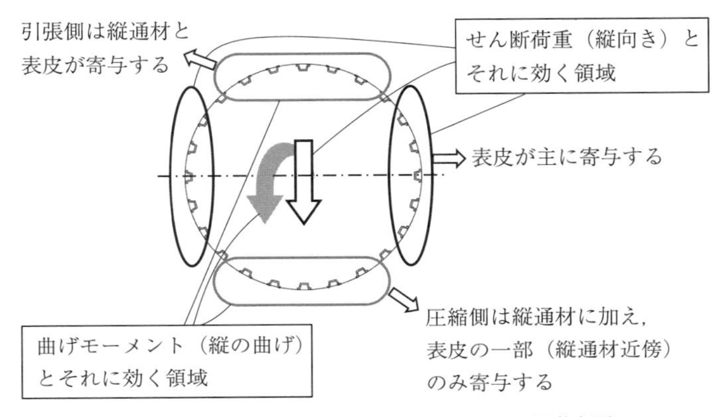

図 2.2.7　曲げとせん断に効くそれぞれの胴体領域

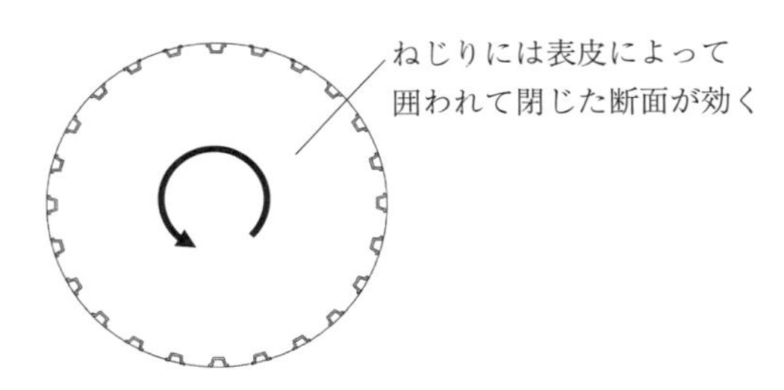

図 2.2.8　ねじりモーメントに対する閉断面の面積

床を支えるために胴体の左右に渡すはり（フロアビーム）を，その左右両端で支えたり，翼から伝わる揚力や慣性力を胴体にスムーズに伝える役割も担っている．また，上記の曲げによる圧縮応力が縦通材や表皮に生じる際の圧縮座屈の防止に大きく貢献するとともに，ねじりやせん断荷重によって表皮に生じるせん断応力で表皮がせん断座屈を起こすことを抑える役割を持つ．また胴体には，高空に行く度に内側から繰り返して与圧が加わるが，フレームはこの与圧荷重によって生じる円周方向応力による疲労き裂を止める**クラックストッパー**（crack stopper あるいは tear stopper）という重要な機能も持っている．

2.2.2　主翼，尾翼

翼は飛行に不可欠な空気力を効率よく発生させるために，その断面形状に空気力学的な制約がある点が胴体とは大きく異なる．翼が受ける荷重は空気力と慣性力によるせん断と曲げ，ねじりである．この点では胴体と変わりはないが，限られた翼断面形状の制約のもとで胴体を支えるための揚力を翼付け根まで伝えなければならないため，構造的には胴体よりも厳しくなり，一般には表皮の厚さなど，部材の寸法は胴体の場合よりも大きくなる．部材としては揚力を胴体まで伝える**桁**（spar）が複数配置され，これらと上下の表皮からなる**ウィングボックス**（wing box）構造が閉じ断面を構成する（図 2.2.9）．図は前後に 2 本の桁が配置された 2 本桁構造であるが，3 本桁，さらには多桁構造も用いられる．表皮には翼の曲げ応力を受け持つためにスパン方向に縦通材が配置され，さらにウィングボックスには胴体のフレームに相当する部分翼型形状の**小骨**（rib）が入って（図 2.2.10），翼の断面形状を保つとともに，エンジン懸架装置などの取り付け部として機能している．小骨が翼の曲げによる表皮と縦通材の座屈を抑制する点でも，胴体におけるフレームの役割と同等の機能を果たしている．小骨は翼のスパン方向に複数配置されており，その様子を図 2.2.11 に示す．図 2.2.12 には実際的な翼の構造と構成部品の概要を示す．

翼は燃料タンクを兼ねることも多く，小骨はタンクの分割壁としても機能するが，その役割が不要な場合は，重量を削減するための**軽減孔**（lightening hole）が設けられている場合も多い．なお高い性能を追求する軍用機などでは，燃料タンクを兼ねる翼において表皮と補強材を厚板から一体的に削り出し等でつくったインテグラルスキンが採用される場合もある．この構造様式は表

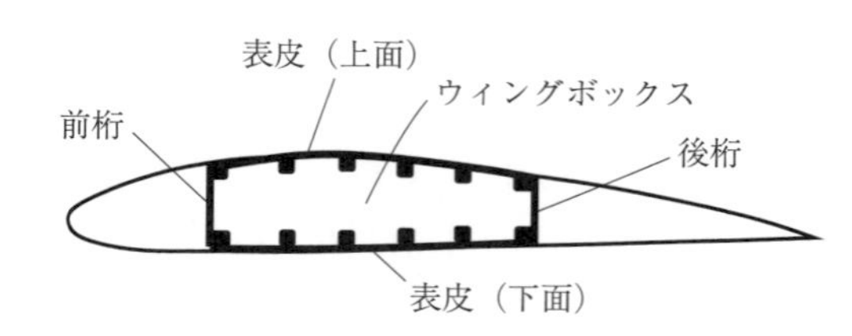

図 2.2.9　翼断面とウィングボックス

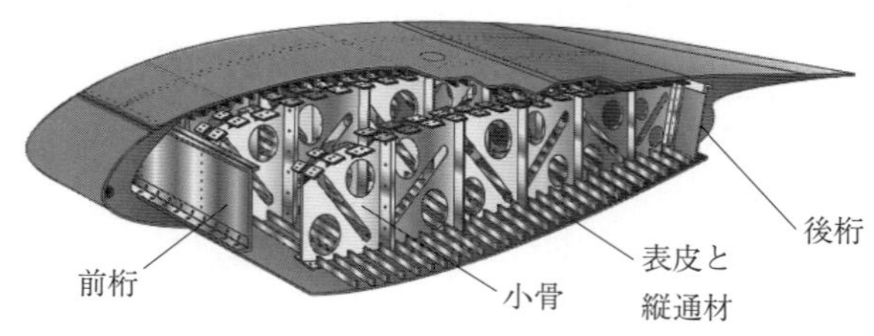

図 2.2.10　翼の構造概要 [2-3]

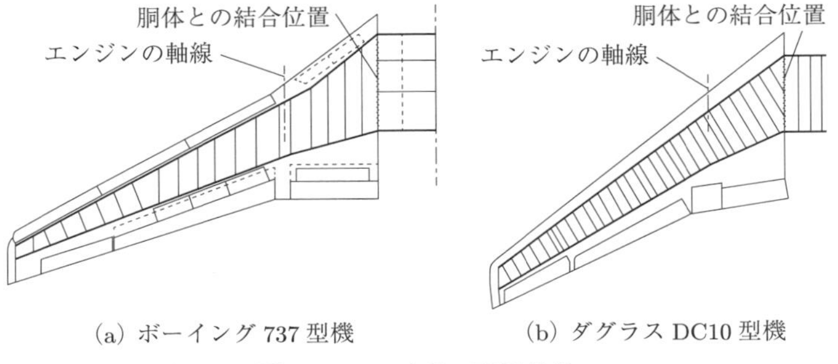

(a) ボーイング 737 型機　(b) ダグラス DC10 型機

図 2.2.11 小骨の配置 [2-2]

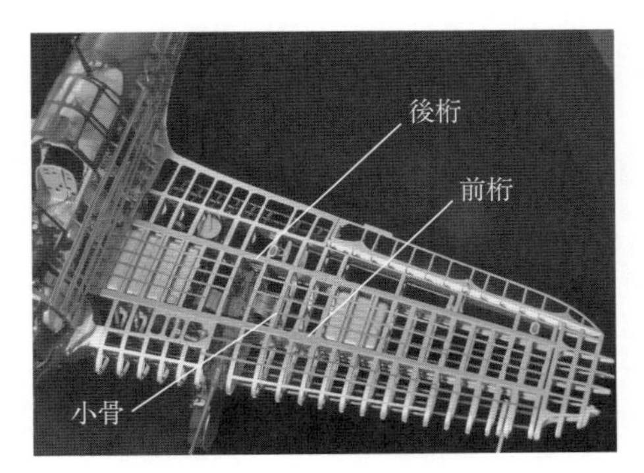

図 2.2.12 主翼の構造模型（零戦，呉市海事歴史博物館）

皮と補強材との荷重伝達効率も高く，燃料漏れも起こしにくいが，高価である点が難点である．

2.2.3 翼 胴 結 合

翼と胴体をつなぐ部分は航空機の構造において最も大きな荷重を伝える部分で，**翼胴結合**（wing-body joint）と呼ばれる．翼はスパン方向に分布した空気力とこれを一部相殺する慣性力を受けるが，その合成された分布は図 2.2.13 のような概形になり，それが翼の付け根に伝わり，胴体に上向きのせん断力と同時に曲げモーメントを伝える．せん断力は，胴体を持ち上げるために不可欠な力であるが，一方で曲げモーメントは翼に加わった分布荷重を翼の根元まで伝えた結果付随的に生じたもので，本来胴体にとって役に立たないものである．

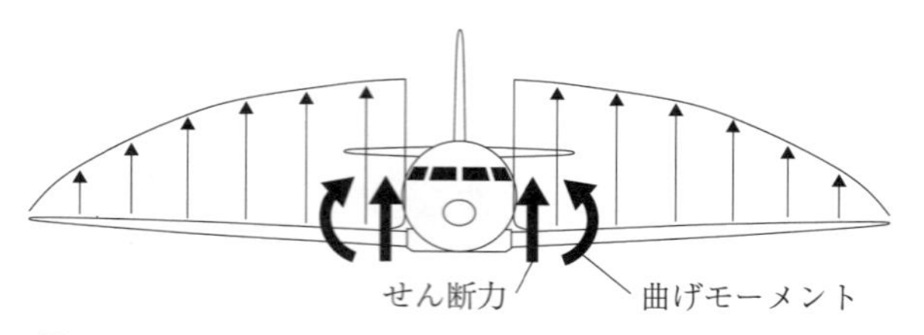

図 **2.2.13**　翼の付け根におけるせん断力と曲げモーメント

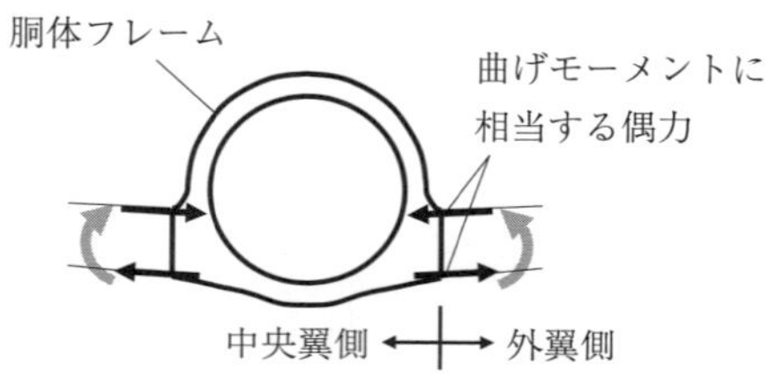

図 **2.2.14**　曲げモーメントを伝えるための高剛性のフレーム

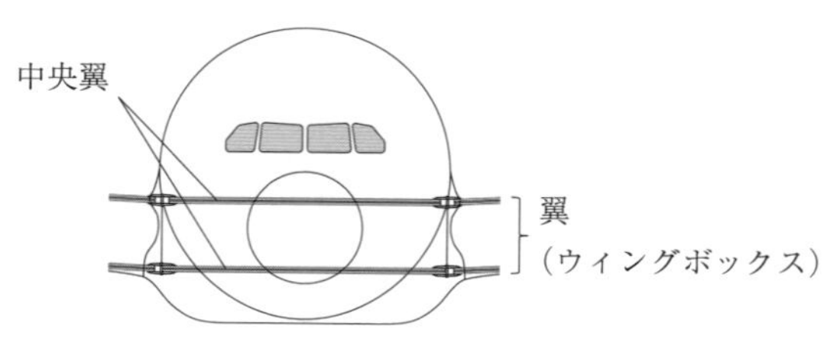

図 **2.2.15**　大型機の中央翼部分

この曲げモーメントが胴体に伝わると，翼を取り付けたフレームに曲げを誘発するため，フレームを頑強なものにする必要があり，重量的，あるいはスペース的なデメリットが多い．図 2.2.14 にその状況を示すが，翼（外翼，外に出ている部分）の付け根から胴体に入る曲げモーメントは，偶力としてフレームに伝わると考えると，フレームに曲げを誘発することが理解できよう．

そこで用いられる構造様式が**中央翼**（center wing）あるいは**キャリースルー**（carry-through）と呼ばれるもので，左右の外翼の付け根を橋渡しする目的で胴体内に組み込まれている．この左右の外翼付け根の曲げモーメントは，中央翼を介して釣り合い，相殺するようになっている．大型機の中央翼部分の模式図を，図 2.2.15 に示す．これは胴体の低い位置に翼が付いた低翼機

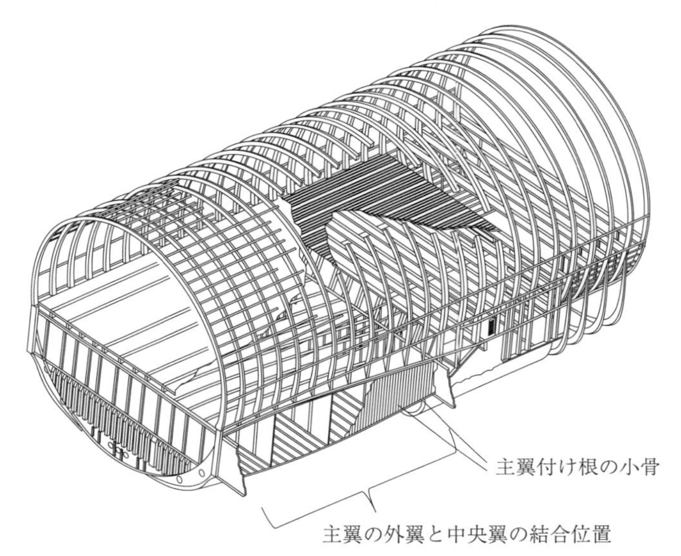

図 2.2.16 翼胴結合部の部材配置（胴体表皮を取り除いた状態）[2-2]

の場合で，客室あるいは荷室を十分確保できるようになっており，これに対して高翼機は中央翼が胴体上部に配置された形態である．大型機の実際の翼胴結合部の部材配置例を図 2.2.16 に示す．

3

薄肉はり構造の曲げの解析

3.1　はりの曲げの基礎方程式

均一断面のはり（図 3.1.1）において x 軸が断面の図心を通るように座標系 O-xyz をとる．このとき，図心の定義から，断面 1 次モーメントは，

$$I_y = \iint_A y\,\mathrm{d}y\mathrm{d}z = 0, \quad I_z = \iint_A z\,\mathrm{d}y\mathrm{d}z = 0 \tag{3.1.1}$$

x 軸上の変位を $u(x)$，$v(x)$，$w(x)$，はり内の任意の点 (x, y, z) の変位を $U(x, y, z)$，$V(x, y, z)$，$W(x, y, z)$ とする．はりの曲げの問題を扱うとすると，図心を通る x 軸上の変位 $u(x)$ =0 である．

はりが**ベルヌーイ-オイラー**（Bernoulli–Euler）**の仮説**に従う場合（図 3.1.2），

$$\begin{aligned} U(x, y, z) &= -y\frac{\mathrm{d}v}{\mathrm{d}x} - z\frac{\mathrm{d}w}{\mathrm{d}x} \\ V(x, y, z) &= v(x), \quad W(x, y, z) = w(x) \end{aligned} \tag{3.1.2}$$

これから**ひずみ-変位関係式**に従って，

$$\begin{aligned} &\varepsilon_x = \frac{\partial U}{\partial x} = -y\frac{\mathrm{d}^2 v}{\mathrm{d}x^2} - z\frac{\mathrm{d}^2 w}{\mathrm{d}x^2}, \quad \varepsilon_y = \frac{\partial V}{\partial y} = 0, \quad \varepsilon_z = \frac{\partial W}{\partial z} = 0 \\ &\gamma_{xy} = \frac{\partial V}{\partial x} + \frac{\partial U}{\partial y} = \frac{\mathrm{d}v}{\mathrm{d}x} - \frac{\mathrm{d}v}{\mathrm{d}x} = 0, \quad \gamma_{xz} = \frac{\partial W}{\partial x} + \frac{\partial U}{\partial z} = \frac{\mathrm{d}w}{\mathrm{d}x} - \frac{\mathrm{d}w}{\mathrm{d}x} = 0, \\ &\gamma_{yz} = \frac{\partial W}{\partial y} + \frac{\partial V}{\partial z} = 0 \end{aligned} \tag{3.1.3}$$

ゼロではないひずみは ε_x だけで，以下これに注目して，次のひずみ-変位関係式を用いる．

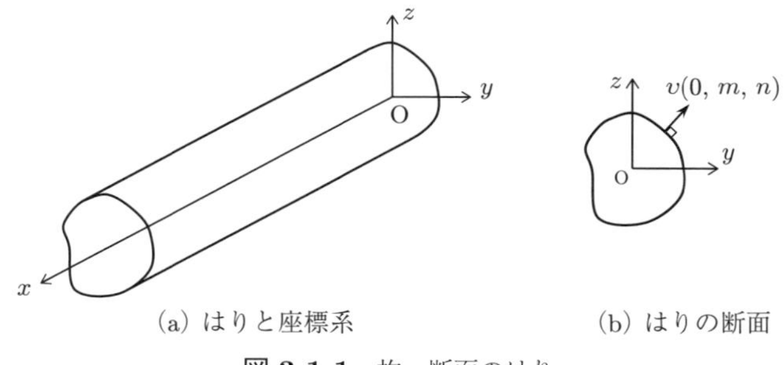

(a) はりと座標系　　(b) はりの断面

図 3.1.1 均一断面のはり

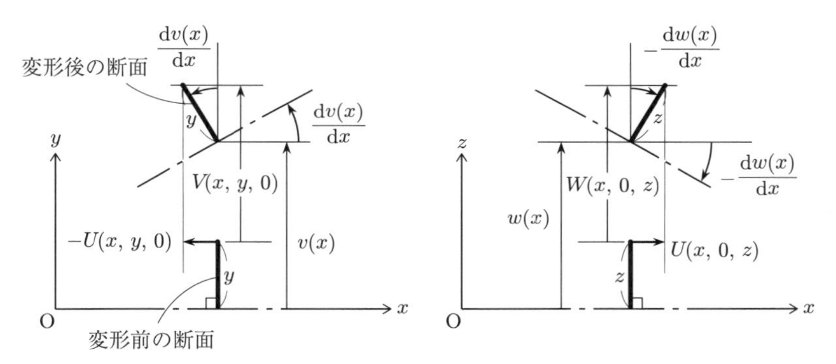

図 3.1.2 断面の変形

$$\varepsilon_x = [\, y \quad z \,] \begin{bmatrix} -\dfrac{\mathrm{d}^2 v}{\mathrm{d}x^2} \\ -\dfrac{\mathrm{d}^2 w}{\mathrm{d}x^2} \end{bmatrix} \equiv [\, y \quad z \,] \begin{bmatrix} -\kappa_z \\ \kappa_y \end{bmatrix} \tag{3.1.4}$$

ここで，κ_z，κ_y は z 軸，y 軸まわり，つまり y 軸，z 軸方向の**曲率**である．

$$\begin{bmatrix} -\kappa_z \\ \kappa_y \end{bmatrix} = \begin{bmatrix} -\dfrac{\mathrm{d}^2 v}{\mathrm{d}x^2} \\ -\dfrac{\mathrm{d}^2 w}{\mathrm{d}x^2} \end{bmatrix} \tag{3.1.5}$$

応力のうち，ここでは $\sigma_x, \tau_{xy}, \tau_{xz}$ を考えて，他はゼロと仮定する．これらのゼロでない応力によるはり断面での合力を**断面力**と呼び，次のものを考える．

$$N_x = \iint_A \sigma_x \, \mathrm{d}y\mathrm{d}z \qquad \text{：軸力}$$
$$Q_y = \iint_A \tau_{xy} \, \mathrm{d}y\mathrm{d}z, \quad Q_z = \iint_A \tau_{xz} \, \mathrm{d}y\mathrm{d}z \qquad \text{：せん断力}$$
$$M_z = -\iint_A \sigma_x y \, \mathrm{d}y\mathrm{d}z, \quad M_y = \iint_A \sigma_x z \, \mathrm{d}y\mathrm{d}z \qquad \text{：曲げモーメント} \tag{3.1.6}$$

さて，**応力-ひずみ関係式**，

$$\varepsilon_x = \frac{1}{E}\{\sigma_x - \nu(\sigma_y + \sigma_z)\} \tag{3.1.7}$$

において，$\sigma_y = \sigma_z = 0$ より $\sigma_x = E\varepsilon_x$．これに式 (3.1.4) を代入して，

$$\sigma_x = E\varepsilon_x = E[y \quad z]\begin{bmatrix} -\kappa_z \\ \kappa_y \end{bmatrix} \tag{3.1.8}$$

式 (3.1.8) を式 (3.1.6) の合力のうちの N_x，M_z，M_y に代入すると，まず

$$N_x = \iint_A \sigma_x \, \mathrm{d}y\mathrm{d}z = E\iint_A [y \quad z] \, \mathrm{d}y\mathrm{d}z \begin{bmatrix} -\kappa_z \\ \kappa_y \end{bmatrix} = 0 \quad \text{((3.1.1) より)} \tag{3.1.9}$$

となって，x 軸方向の合力（はりの軸力）は常にゼロである．これは上で仮定した変位に基づく問題では，軸力方向は考慮しなくてよいことを意味する（**純曲げ問題**）．

同様に，M_z，M_y は，

$$\begin{bmatrix} -M_z \\ M_y \end{bmatrix} = \iint_A \begin{bmatrix} y \\ z \end{bmatrix} \sigma_x \, \mathrm{d}y\mathrm{d}z = E\iint_A \begin{bmatrix} y \\ z \end{bmatrix} [y \quad z] \, \mathrm{d}y\mathrm{d}z \begin{bmatrix} -\kappa_z \\ \kappa_y \end{bmatrix}$$
$$= E\iint_A \begin{bmatrix} y^2 & yz \\ yz & z^2 \end{bmatrix} \mathrm{d}y\mathrm{d}z \begin{bmatrix} -\kappa_z \\ \kappa_y \end{bmatrix} = E\begin{bmatrix} I_{yy} & I_{yz} \\ I_{yz} & I_{zz} \end{bmatrix} \begin{bmatrix} -\kappa_z \\ \kappa_y \end{bmatrix} \tag{3.1.10}$$

これがはりの曲げに対するモーメントと曲率（変位）の関係式である．ここで，**断面 2 次モーメント**，

$$I_{yy} = \iint_A y^2 \, \mathrm{d}y\mathrm{d}z, \quad I_{yz} = \iint_A yz \, \mathrm{d}y\mathrm{d}z, \quad I_{zz} = \iint_A z^2 \, \mathrm{d}y\mathrm{d}z \tag{3.1.11}$$

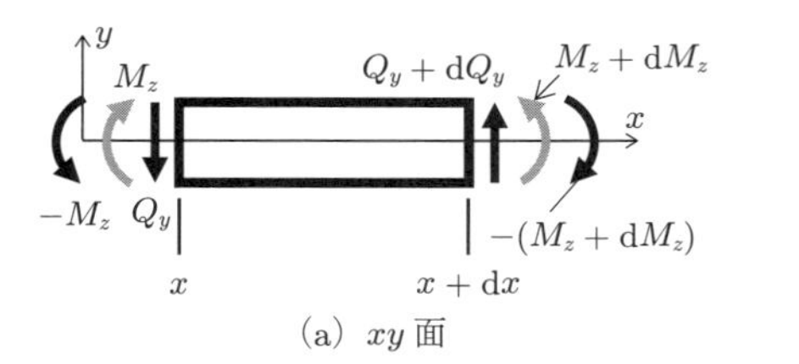

(a) xy 面

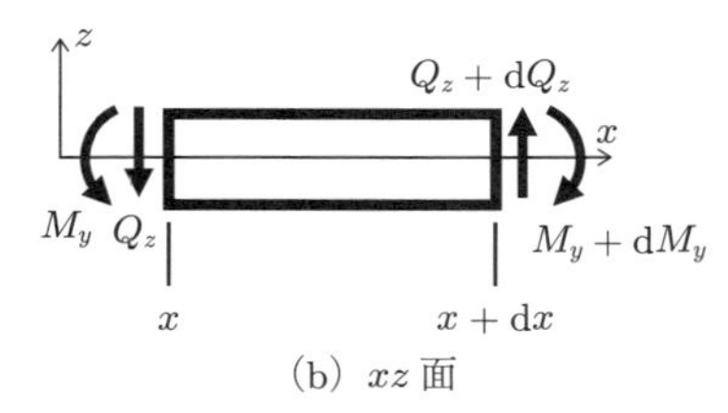

(b) xz 面

図 3.1.3　はりの微小部分に作用する内力

を用いている．この式の中の EI_{yy}，EI_{zz} は**曲げ剛性**である．

はりの微小区間 x〜$x+\mathrm{d}x$ の部分（図 3.1.3）の力，およびモーメントの釣り合い式は，それぞれ y 軸，z 軸方向の分布力を q_y，q_z として，

$$\frac{\mathrm{d}}{\mathrm{d}x}\begin{bmatrix} Q_y \\ Q_z \end{bmatrix} + \begin{bmatrix} q_y \\ q_z \end{bmatrix} = \begin{bmatrix} 0 \\ 0 \end{bmatrix} \tag{3.1.12}$$

$$\frac{\mathrm{d}}{\mathrm{d}x}\begin{bmatrix} -M_z \\ M_y \end{bmatrix} = \begin{bmatrix} Q_y \\ Q_z \end{bmatrix} \tag{3.1.13}$$

ここで，xy 面内（同図 (a)）で作用する曲げモーメント M_z は，xz 面内（同図 (b)）での M_y の正の向きに合わせるほうが考えやすいので，本章の式の中で $-M_z$ として向きをそろえている．これは式 (3.1.8) などの κ_z も同様である．式 (3.1.13) を式 (3.1.12) に代入して Q_y，Q_z を消去すると，

$$\frac{\mathrm{d}^2}{\mathrm{d}x^2}\begin{bmatrix} -M_z \\ M_y \end{bmatrix} + \begin{bmatrix} q_y \\ q_z \end{bmatrix} = \begin{bmatrix} 0 \\ 0 \end{bmatrix} \tag{3.1.14}$$

これに式 (3.1.10) を代入し，式 (3.1.5) を用いて κ_z，κ_y を変位に戻すと，

$$-\frac{\mathrm{d}^2}{\mathrm{d}x^2}\left\{E\begin{bmatrix} I_{yy} & I_{yz} \\ I_{yz} & I_{zz} \end{bmatrix}\begin{bmatrix} \dfrac{\mathrm{d}^2 v}{\mathrm{d}x^2} \\ \dfrac{\mathrm{d}^2 w}{\mathrm{d}x^2} \end{bmatrix}\right\} + \begin{bmatrix} q_y \\ q_z \end{bmatrix} = \begin{bmatrix} 0 \\ 0 \end{bmatrix} \tag{3.1.15}$$

これがはりの曲げ問題における釣り合い式を変位で表した式で，**はりのたわみ方程式**と呼ばれる．

この方程式を解くためには，はりの長さを L として，はりの両端の境界 $x=0,\ L$ で，境界条件，

$$
\left.\begin{array}{l}
\begin{bmatrix} Q_y \\ Q_z \end{bmatrix} l = \begin{bmatrix} \overline{Q}_y \\ \overline{Q}_z \end{bmatrix} \text{ または } \begin{bmatrix} v \\ w \end{bmatrix} = \begin{bmatrix} \overline{v} \\ \overline{w} \end{bmatrix} \\
\text{かつ} \\
\begin{bmatrix} -M_z \\ M_y \end{bmatrix} l = \begin{bmatrix} -\overline{M}_z \\ \overline{M}_y \end{bmatrix} \text{ または } \begin{bmatrix} \dfrac{\mathrm{d}v}{\mathrm{d}x} \\ \dfrac{\mathrm{d}w}{\mathrm{d}x} \end{bmatrix} = \begin{bmatrix} \overline{\left(\dfrac{\mathrm{d}v}{\mathrm{d}x}\right)} \\ \overline{\left(\dfrac{\mathrm{d}w}{\mathrm{d}x}\right)} \end{bmatrix}
\end{array}\right\} \tag{3.1.16}
$$

を与えなければならない．ここで，それぞれの式の上付バーは与えられた値を表し，l は $x = 0$, L における外向き法線の x 成分で，$x = 0$ で $l = -1$, $x = L$ で $l = 1$ である．この境界条件を変位で書いておくと，$x = 0, L$ で，

$$
\frac{\mathrm{d}}{\mathrm{d}x}\left(E \begin{bmatrix} I_{yy} & I_{yz} \\ I_{yz} & I_{zz} \end{bmatrix} \begin{bmatrix} -\dfrac{\mathrm{d}^2 v}{\mathrm{d}x^2} \\ -\dfrac{\mathrm{d}^2 w}{\mathrm{d}x^2} \end{bmatrix} \right) l = \begin{bmatrix} \overline{Q}_y \\ \overline{Q}_z \end{bmatrix} \text{ または } \begin{bmatrix} v \\ w \end{bmatrix} = \begin{bmatrix} \overline{v} \\ \overline{w} \end{bmatrix}
$$

かつ，

$$
E \begin{bmatrix} I_{yy} & I_{yz} \\ I_{yz} & I_{zz} \end{bmatrix} \begin{bmatrix} -\dfrac{\mathrm{d}^2 v}{\mathrm{d}x^2} \\ -\dfrac{\mathrm{d}^2 w}{\mathrm{d}x^2} \end{bmatrix} l = \begin{bmatrix} -\overline{M}_z \\ \overline{M}_y \end{bmatrix} \text{ または } \begin{bmatrix} \dfrac{\mathrm{d}v}{\mathrm{d}x} \\ \dfrac{\mathrm{d}w}{\mathrm{d}x} \end{bmatrix} = \begin{bmatrix} \overline{\left(\dfrac{\mathrm{d}v}{\mathrm{d}x}\right)} \\ \overline{\left(\dfrac{\mathrm{d}w}{\mathrm{d}x}\right)} \end{bmatrix} \tag{3.1.17}
$$

である．

3.2　曲げ応力とせん断応力

3.2.1　曲 げ 応 力

はりの x 断面における曲げ応力は，式 (3.1.10) の逆関係，

$$
E \begin{bmatrix} -\kappa_z \\ \kappa_y \end{bmatrix} = \frac{1}{I_{yy} I_{zz} - I_{yz}^2} \begin{bmatrix} I_{zz} & -I_{yz} \\ -I_{yz} & I_{yy} \end{bmatrix} \begin{bmatrix} -M_z \\ M_y \end{bmatrix} \tag{3.2.1}
$$

を式 (3.1.8) に代入して，

$$\sigma_x = \frac{1}{I_{yy}I_{zz}-I_{yz}^2}[y \quad z]\begin{bmatrix} I_{zz} & -I_{yz} \\ -I_{yz} & I_{yy} \end{bmatrix}\begin{bmatrix} -M_z \\ M_y \end{bmatrix}$$
$$= -\frac{I_{zz}M_z + I_{yz}M_y}{I_{yy}I_{zz}-I_{yz}^2}y + \frac{I_{yz}M_z + I_{yy}M_y}{I_{yy}I_{zz}-I_{yz}^2}z \tag{3.2.2}$$

とくに，$I_{yz} = 0$（y，z 軸が断面の主軸）なら，

$$\sigma_x = -\frac{M_z}{I_{yy}}y + \frac{M_y}{I_{zz}}z \tag{3.2.3}$$

なお，式 (3.2.2) で，$\sigma_x = 0$ とおくと，

$$z = \frac{I_{zz}M_z + I_{yz}M_y}{I_{yz}M_z + I_{yy}M_y}y \tag{3.2.4}$$

となり，図心を通り，曲げ応力がゼロとなる直線が求まる．これを**中立軸**と呼ぶ．中立軸は与えられた断面で常に同じではなく，荷重のかけ方（いまの場合 M_y と M_z の比）によって異なることに注意する．

3.2.2 せん断応力

せん断応力は，上で得られた曲げ応力を用いて，はりの部分領域についての x 方向の力の釣り合いから間接的に求めることができる．図 3.2.1 のようなはり断面があるとき，断面内の $y = y_0$ の線上でのせん断応力 τ_{xy} の平均を求めるとことを考える．図の斜線部分 A_y の断面と x 方向に $\mathrm{d}x$ の長さを持つ微小要素の力の釣り合いを考える．$y = y_0$ での z 方向の長さを h とすると，x 方向の力の釣り合いは，表面力や物体力がないとすると，

$$\frac{\partial}{\partial x}\left(\iint_{A_y}\sigma_x \,\mathrm{d}y\mathrm{d}z\right)dx + \left(\int_h \tau_{xy}|_{y=y_0}\,\mathrm{d}z\right)\mathrm{d}x = 0 \tag{3.2.5}$$

である．ここで，$y = y_0$ における τ_{xy} の平均値を $\bar{\tau}_{xy}$ として，

$$\frac{1}{h}\int \tau_{xy}|_{y=y_0}\,\mathrm{d}z = \bar{\tau}_{xy} \tag{3.2.6}$$

これを式 (3.2.5) で $\mathrm{d}x$ を落とした式に代入して，

$$\bar{\tau}_{xy}h = -\frac{\partial}{\partial x}\iint_{A_y}\sigma_x \,\mathrm{d}y\mathrm{d}z \tag{3.2.7}$$

この式の σ_x に，上で求めた式 (3.2.2) を代入して，

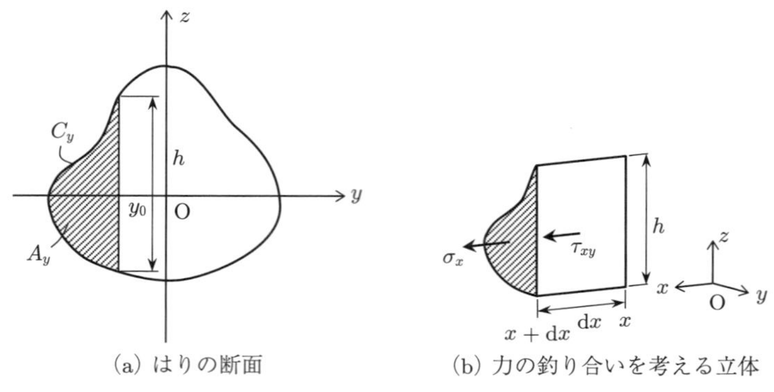

(a) はりの断面　　(b) 力の釣り合いを考える立体

図 3.2.1　せん断応力を求めるための微小要素

$$\bar{\tau}_{xy}h = \frac{1}{I_{yy}I_{zz} - I_{yz}^2}\left(I_{zz}\frac{\mathrm{d}M_z}{\mathrm{d}x} + I_{yz}x\frac{\mathrm{d}M_y}{\mathrm{d}x}\right)\iint_{A_y} y\,\mathrm{d}y\mathrm{d}z$$
$$- \frac{1}{I_{yy}I_{zz} - I_{yz}^2}\left(I_{yz}\frac{\mathrm{d}M_z}{\mathrm{d}x} + I_{yy}\frac{\mathrm{d}M_y}{\mathrm{d}x}\right)\iint_{A_y} z\,\mathrm{d}y\mathrm{d}z \tag{3.2.8}$$

が得られる．さらに，M_z, M_y を Q_y, Q_z で表すために，モーメントの釣り合い式 (3.1.13),

$$-\frac{\mathrm{d}M_z}{\mathrm{d}x} = Q_y, \frac{\mathrm{d}M_y}{\mathrm{d}x} = Q_z$$

を用いれば，

$$\bar{\tau}_{xy} = \frac{1}{h}\left\{\frac{1}{I_{yy}I_{zz} - I_{yz}^2}(-I_{zz}Q_y + I_{yz}Q_z)\iint_{A_y} y\,\mathrm{d}y\mathrm{d}z\right.$$
$$\left. - \frac{1}{I_{yy}I_{zz} - I_{yz}^2}(-I_{yz}Q_y + I_{yy}Q_z)\iint_{A_y} z\,\mathrm{d}y\mathrm{d}z\right\} \tag{3.2.9}$$

となる．y 軸，z 軸が断面の主軸で，$I_{yz} = 0$ なら，

$$\bar{\tau}_{xy} = \frac{1}{h}\left(-\frac{Q_y}{I_{yy}}\iint_{A_y} y\,\mathrm{d}y\,\mathrm{d}z - \frac{Q_z}{I_{zz}}\iint_{A_y} z\,\mathrm{d}y\mathrm{d}z\right) \tag{3.2.10}$$

同様にして，

$$\bar{\tau}_{xz} = \frac{1}{b}\left(-\frac{Q_y}{I_{yy}}\iint_{A_z} y\,\mathrm{d}y\mathrm{d}z - \frac{Q_z}{I_{zz}}\iint_{A_z} z\,\mathrm{d}y\mathrm{d}z\right) \tag{3.2.11}$$

も得られる．

3.3 断面の性質

ここでは，あとの例題などで役立つ図心の求め方と，断面 2 次モーメントの決定方法を示す．図心を原点とした座標系 O-yz，任意の座標系 O$'$-$y'z'$ として（図 3.3.1），

$$y' = y'_0 + y \qquad z' = z'_0 + z \tag{3.3.1}$$

ここで，図心 O (y'_0, z'_0) の座標が未知で，これを求めたい．
断面積 A は，

$$A = \iint \mathrm{d}y\mathrm{d}z = \iint \mathrm{d}y'\mathrm{d}z' \tag{3.3.2}$$

$y'z'$ 系における断面 1 次モーメント I'_y, I'_z は，式 (3.3.1) を用いて，さらに図心の定義式 (3.1.1) を用いれば，

$$\begin{aligned} I_{y'} &= \iint y'\,\mathrm{d}y'\mathrm{d}z' = \iint \left(y'_0 + y\right)\mathrm{d}y\mathrm{d}z = y'_0 A \\ I_{z'} &= \iint z'\,\mathrm{d}y'\mathrm{d}z' = \iint \left(z'_0 + z\right)\mathrm{d}y\mathrm{d}z = z'_0 A \end{aligned} \tag{3.3.3}$$

となるから，図心は，

$$y'_0 = \frac{I_{y'}}{A} \qquad z'_0 = \frac{I_{z'}}{A} \tag{3.3.4}$$

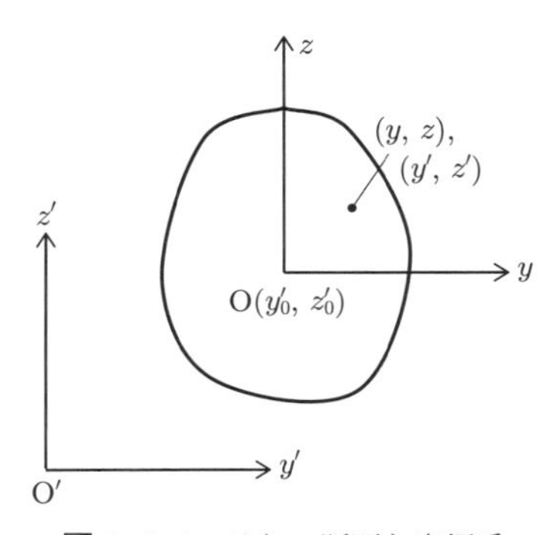

図 3.3.1 はりの断面と座標系

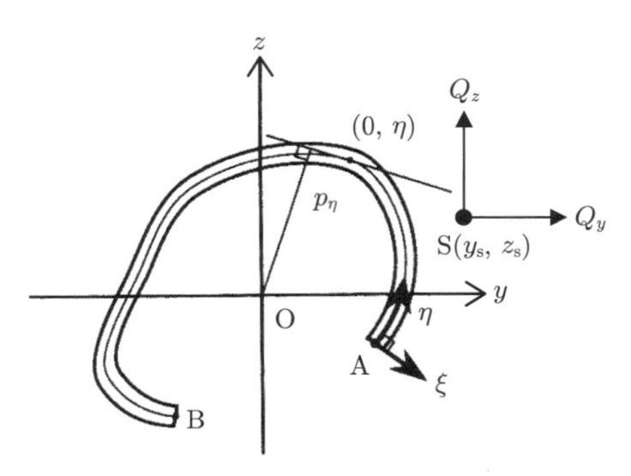

図 3.4.1 はりの薄肉断面

と求められる．同様に，断面 2 次モーメント I_{yy} , I_{yz} , I_{zz} は,

$$I_{yy} = I_{y'y'} - \left(y'_0\right)^2 A, \quad I_{yz} = I_{y'z'} - y'_0 z'_0 A, \quad I_{zz} = I_{z'z'} - \left(z'_0\right)^2 A \quad (3.3.5)$$

となる.

3.4　薄肉断面はりの曲げへの拡張

ここでは図 3.4.1 のような薄肉の断面を持つはりを考える.
座標系はこれまでのはり断面内の y，z 軸のかわりに，薄肉の中央面を通る η 軸とそれに垂直に ξ 軸をとる．断面の性質を表す，断面積と，断面 2 次モーメントは,

$$A = \int_{\mathrm{A}}^{\mathrm{B}} t\, \mathrm{d}\eta, \quad \begin{bmatrix} I_{yy} \\ I_{yz} \\ I_{zz} \end{bmatrix} = \int_{\mathrm{A}}^{\mathrm{B}} \begin{bmatrix} y^2 \\ yz \\ z^2 \end{bmatrix} t\, \mathrm{d}\eta \quad (3.4.1)$$

断面力は,

$$\begin{aligned} N_x &= \int_{\mathrm{A}}^{\mathrm{B}} \int_{-\frac{t}{2}}^{\frac{t}{2}} \sigma_x\, \mathrm{d}\xi \mathrm{d}\eta \\ \begin{bmatrix} Q_y \\ Q_z \end{bmatrix} &= \int_{\mathrm{A}}^{\mathrm{B}} \int_{-\frac{t}{2}}^{\frac{t}{2}} \begin{bmatrix} \tau_{xy} \\ \tau_{xz} \end{bmatrix} \mathrm{d}\xi \mathrm{d}\eta \\ \begin{bmatrix} -M_z \\ M_y \end{bmatrix} &= \int_{\mathrm{A}}^{\mathrm{B}} \int_{-\frac{t}{2}}^{\frac{t}{2}} \begin{bmatrix} y \\ z \end{bmatrix} \sigma_x\, \mathrm{d}\xi \mathrm{d}\eta \end{aligned} \quad (3.4.2)$$

となり，それ以外は 3.1 節，3.2 節と同様の式がそのまま使える．たとえば，曲げ応力 σ_x は，式 (3.2.2) がそのまま使えて,

$$\sigma_x = -\frac{I_{zz}M_z + I_{yz}M_y}{I_{yy}I_{zz} - I_{yz}^2} y + \frac{I_{yz}M_z + I_{yy}M_y}{I_{yy}I_{zz} - I_{yz}^2} z \quad (3.4.3)$$

となる.

一方，せん断応力は，薄肉の断面を仮定すれば，厚さ方向（ξ 軸方向）のせん断応力は，薄肉の表面（$\xi = \pm t/2$）ではせん断応力がゼロのため，内部でも小さくなることが導かれ，近似的に

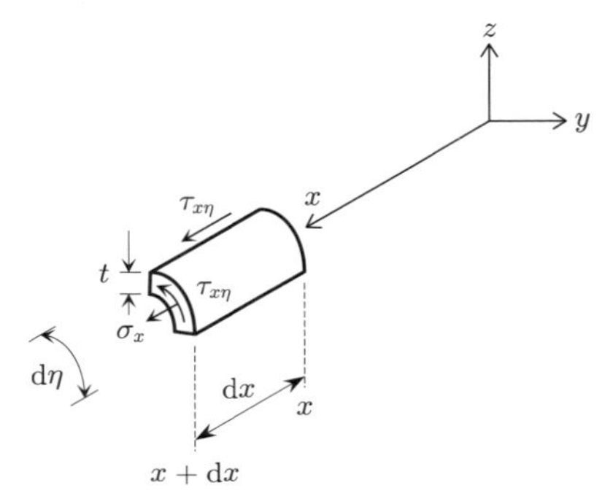

図 3.4.2　薄肉はりの場合にせん断応力を求めるための微小要素

$$\tau_{x\xi} = 0 \tag{3.4.4}$$

とすることができる．したがって，はりの薄肉断面内のせん断応力は，η 軸方向にしか成分を持たないことになる．さらにこの $\tau_{x\eta}$ は薄肉の厚さ方向にはほぼ変化しないと仮定して，これを求めるために，3.2.2 項で示したせん断応力の平均値を求めた方法を流用する．図 3.4.2 のような $\mathrm{d}x\mathrm{d}\eta$ の大きさの微小な要素を，図 3.2.1(b) と同様に考える．

この要素の x 方向の釣り合いは，

$$\frac{\partial}{\partial x}\left(\sigma_x t\mathrm{d}\eta\right)\mathrm{d}x + \frac{\partial}{\partial \eta}\left(\tau_{x\eta} t\mathrm{d}x\right)\mathrm{d}\eta = 0 \tag{3.4.5}$$

これに式 (3.4.3) の σ_x を代入して，

$$\begin{aligned}\frac{1}{I_{yy}I_{zz} - I_{yz}^2}&\left[-\left\{I_{zz}\left(\frac{\mathrm{d}M_z}{\mathrm{d}x}\right) + I_{yz}\left(\frac{\mathrm{d}M_y}{\mathrm{d}x}\right)\right\}y\right.\\&\left.+\left\{I_{yz}\left(\frac{\mathrm{d}M_z}{\mathrm{d}x}\right) + I_{yy}\left(\frac{\mathrm{d}M_y}{\mathrm{d}x}\right)\right\}z\right]t + \frac{\partial}{\partial \eta}\left(\tau_{x\eta}t\right) = 0\end{aligned} \tag{3.4.6}$$

となる．この式の M_z, M_y を，式 (3.2.9) を導いた際と同様に Q_y, Q_z で表して，η に関して 1 回積分することで，最終的に，

$$q \equiv \tau_{x\eta}t = \left(\tau_{x\eta}t\right)_{\mathrm{A}} - \frac{I_{zz}Q_y - I_{yz}Q_z}{I_{yy}I_{zz} - I_{yz}^2}\int_{\mathrm{A}}^{\eta} yt\,\mathrm{d}\eta + \frac{I_{yz}Q_y - I_{yy}Q_z}{I_{yy}I_{zz} - I_{yz}^2}\int_{\mathrm{A}}^{\eta} zt\,\mathrm{d}\eta \tag{3.4.7}$$

と求められる．ここで，$\left(\tau_{x\eta}t\right)_{\mathrm{A}}$ は積分定数であり，図 3.4.1 の点 A における値である．q は**せん断流**（shear flow）で，$\tau_{x\eta}$ に板厚 t を乗じた量で，薄板の

断面での η 方向の単位長さ当たりのせん断力である．流体の流れにおいて合流点や分岐点の前後で単位時間当たりの流れの質量が一定になる（保存される）のと同じように，板の分岐部分（結合部分）で，この q の値も保存されるので，「流れ」という名称が与えられている．とくに，$I_{yz}=0$（y，z 軸が断面の主軸）なら，

$$q \equiv \tau_{x\eta} t = (\tau_{x\eta} t)_{\mathrm{A}} - \frac{Q_y}{I_{yy}} \int_{\mathrm{A}}^{\eta} yt \, \mathrm{d}\eta - \frac{Q_z}{I_{zz}} \int_{\mathrm{A}}^{\eta} zt \, \mathrm{d}\eta \tag{3.4.8}$$

である．

ここまでで得られた薄肉断面の曲げ応力の式 (3.4.3) とせん断応力（せん断流）式 (3.4.7)，(3.4.8) は，本章のはじめの式 (3.1.2) で示される断面の変位から矛盾なく導かれたものである．この変位に戻って考えると，断面は回転することなく y 方向あるいは z 方向に変位している．つまり，はりはねじれを伴わず，曲げたわみだけが生じていることになり，その結果ここで求めた応力が導かれている．

はり断面のせん断力とこれらの応力の関係を考えてみると，当然ながらせん断力 Q_y，Q_z を応力のレベルで求めたものが導かれているはずで，両者は力学的に等価でなければならない．そのため，式 (3.4.7) で与えられるせん断流が定点（ここでは原点 O とする）まわりにつくるモーメントは，Q_y，Q_z が同じ点まわりにつくるモーメントと等しくなければならない．原点 O から η 軸の接線に下ろした垂線の長さを p_η とすると（図 3.4.1），次式が成り立つ．

$$\int_{\mathrm{A}}^{\mathrm{B}} p_\eta \cdot (\tau_{x\eta} t) \, \mathrm{d}\eta = -Q_y z_S + Q_z y_{\mathrm{S}} \tag{3.4.9}$$

この式からせん断力 Q_y，Q_z が作用している点 $\mathrm{S}(y_{\mathrm{S}}, z_{\mathrm{S}})$ が決まる．この点 S を**せん断中心**（shear center）と呼び，点 S にせん断力が加わるとき，はりはねじれずたわむだけであるが，それ以外の点に作用する場合はたわみに加え，ねじりが生じる．

以下ではもう少し具体的に，薄肉断面はりを**開断面**（open section）と**閉断面**（closed section）の場合に分けて考える．開断面とは図 3.4.1 のように η 方向に始点と終点があり，閉じた部分がない断面で，閉断面は円管のように囲われた部分がある断面である（図 3.4.3）．

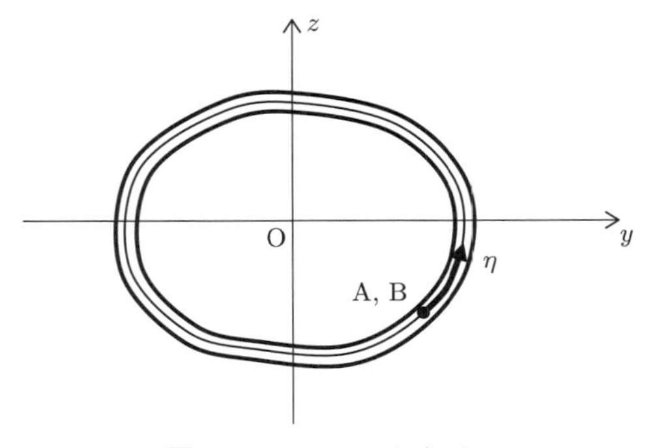

図 3.4.3　閉じた薄肉断面

3.4.1　薄肉開断面はり

図 3.4.1 の点 A では，断面が切れているのでせん断応力（せん断流）は働かない．したがって，

$$(\tau_{x\eta}t)_{\mathrm{A}} = 0 \tag{3.4.10}$$

式 (3.4.10) → 式 (3.4.7) より，

$$\tau_{x\eta}t = -\frac{I_{zz}Q_y - I_{yz}Q_z}{I_{yy}I_{zz} - I_{yz}^2}\int_{\mathrm{A}}^{\eta} yt\,\mathrm{d}\eta + \frac{I_{yz}Q_y - I_{yy}Q_z}{I_{yy}I_{zz} - I_{yz}^2}\int_{\mathrm{A}}^{\eta} zt\,\mathrm{d}\eta \tag{3.4.11}$$

せん断中心 S は，この式を式 (3.4.9) に代入することで得られる．

3.4.2　薄肉閉断面はり

閉断面の場合には式 (3.4.10) は成り立たず，式 (3.4.7) で $(\tau_{x\eta}t)_{\mathrm{A}}$ が積分定数として未定のまま残る．この積分定数を決めるために，「はりの x 軸方向の変位は点 A から一周して戻ってきた点 B で点 A と同じになる」ことを使って求める．これはいいかえれば，x 軸方向の変位を生むせん断ひずみはある条件を満たさなければいけないということで，この条件を**大局的適合条件**と呼び，固体力学でひずみが満たす局所的な適合条件と区別する．この大局的適合条件は，変位 U で与えられ，これをひずみ $\gamma_{x\eta}$ で表して，

$$\oint \mathrm{d}U = \oint \gamma_{x\eta}\,\mathrm{d}\eta = 0 \tag{3.4.12}$$

これに応力-ひずみ関係式 $\tau_{x\eta} = G\gamma_{x\eta}$ を代入して，あとで利用するために被

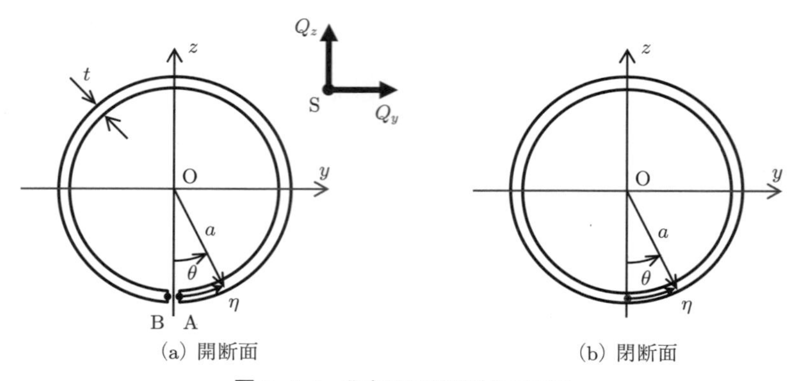

図 3.4.4　薄肉円形断面はりの断面

積分関数の分母と分子に板厚 t を乗じて,

$$\oint \frac{\tau_{x\eta} t}{Gt} \, \mathrm{d}\eta = 0 \tag{3.4.13}$$

としておく．この式に，未定の $(\tau_{x\eta} t)_{\mathrm{A}}$ を含んだ式 (3.4.7) を代入して $(\tau_{x\eta} t)_{\mathrm{A}}$ を求めれば,

$$\begin{aligned}(\tau_{x\eta} t)_{\mathrm{A}} = \frac{1}{\oint \frac{1}{Gt} \mathrm{d}\eta} \Biggl\{ & \frac{I_{zz} Q_y - I_{yz} Q_z}{I_{yy} I_{zz} - I_{yz}^2} \oint \left(\frac{1}{Gt} \int_{\mathrm{A}}^{\eta} yt \, \mathrm{d}\eta \right) \mathrm{d}\eta \\ & - \frac{I_{yz} Q_y - I_{yy} Q_z}{I_{yy} I_{zz} - I_{yz}^2} \oint \left(\frac{1}{Gt} \int_{\mathrm{A}}^{\eta} zt \, \mathrm{d}\eta \right) \mathrm{d}\eta \end{aligned} \tag{3.4.14}$$

例題 1　薄肉円形開断面はりと閉断面はり

図 3.4.4(a) の板厚が一様で t の薄肉円形開断面はりのせん断中心 $\mathrm{S}(y_{\mathrm{S}},\ z_{\mathrm{S}})$ にせん断力 Q_y, Q_z が加わったときのせん断応力 $\tau_{x\eta}$ の分布を求める.

この問題では薄肉の中心線に沿った座標 η を用いるよりも円の中心角 θ を用いるほうが扱いやすい.

$$\eta = a\theta, \quad y = a \sin\theta, \quad z = -a \cos\theta \tag{3.4.15}$$

断面 2 次モーメントは,

$$\begin{aligned} I_{zz} &= \int_{\mathrm{A}}^{\mathrm{B}} z^2 t \, \mathrm{d}\eta = \int_0^{2\pi} (-a\cos\theta)^2 \, t \cdot a\theta \mathrm{d}\theta = \pi a^3 t = I_{yy} \\ I_{yz} &= 0 \end{aligned} \tag{3.4.16}$$

せん断応力は，開断面の式 (3.4.11) より，

$$\begin{aligned}\tau_{x\eta}t &= -\frac{Q_y}{I_{yy}}\int_{\mathrm{A}}^{\eta} yt\,\mathrm{d}\eta - \frac{Q_z}{I_{zz}}\int_{\mathrm{A}}^{\eta} zt\,\mathrm{d}\eta \\ &= -\frac{Q_y}{I_{yy}}\int_0^{\theta} a\sin\theta\cdot t\cdot a\,\mathrm{d}\theta - \frac{Q_z}{I_{zz}}\int_0^{\theta}(-a\cos\theta)\,t\cdot a\,\mathrm{d}\theta \\ &= \frac{Q_y}{I_{yy}}a^2t\,(\cos\theta-1) + \frac{Q_z}{I_{zz}}a^2t\sin\theta = \frac{Q_y}{\pi a}(\cos\theta-1) + \frac{Q_z}{\pi a}\sin\theta \end{aligned} \tag{3.4.17}$$

つまり，

$$\tau_{x\eta} = 2\left(\frac{Q_y}{2\pi at}\right)(\cos\theta-1) + 2\left(\frac{Q_z}{2\pi at}\right)\sin\theta \tag{3.4.18}$$

ここで，式 (3.4.18) のいずれの括弧内も，分母が断面の面積だから，せん断力 Q_y，Q_z それぞれによる平均せん断応力になっていて，この式は断面の一部で平均せん断応力よりも大きなせん断応力が生じることを示している．

せん断中心については，式 (3.4.9) から，

$$\begin{aligned}-Q_y z_{\mathrm{S}} + Q_z y_{\mathrm{S}} &= \int_{\mathrm{A}}^{\mathrm{B}} p_\eta\,(\tau_{x\eta}t)\,\mathrm{d}\eta \\ &= \int_0^{2\pi} a\left\{\frac{Q_y}{\pi a}(\cos\theta-1) + \frac{Q_z}{\pi a}\sin\theta\right\} a\,\mathrm{d}\theta = -2aQ_y \end{aligned} \tag{3.4.19}$$

が得られるので，Q_y，Q_z のそれぞれの係数を比べて $y_{\mathrm{S}} = 0$，$z_{\mathrm{S}} = 2a$ となり，せん断中心 S は z 軸上にあって断面の外側上部にあることがわかる．

次に図 3.4.4(b) のように同図 (a) の点 A と点 B が完全に一致して閉じ断面をつくった場合を考える．とくに Q_z のみを作用させた場合について，z 軸に関する荷重と断面形状の対称性から $\tau_{x\eta} = 0$ となることは明白で，式 (3.4.7) あるいは式 (3.4.8) の未定の定数である $(\tau_{x\eta})_{\mathrm{A}}$ はゼロのはずである．一方で，開断面の場合の式 (3.4.18) から，$\theta = 0$ つまり点 A，B においてせん断応力 $\tau_{x\eta} = 0$ となっているので，開断面の式がそのまま閉断面に適用できることがわかる．なおこの結果は，式 (3.4.14) をそのまま計算してももちろん同じになる．

閉断面で Q_y を作用させた結果は，上の Q_z の場合の結果（開断面でも閉断面でも同じ）を時計まわりに 90° 回転させた場合と同じになる．

なお，閉断面の場合のせん断中心 S は，対称性から円の中心 O と一致する．この結果は式 (3.4.9) から求めても当然同じになる．

例題 2　チャンネル型（溝型）薄肉開断面はり

チャンネル型薄肉断面はりのせん断中心 S(y_{S}, z_{S}) にせん断力 Q_y が加わったときのせん断応力 $\tau_{x\eta}$ の分布を求める（図 3.4.5）．

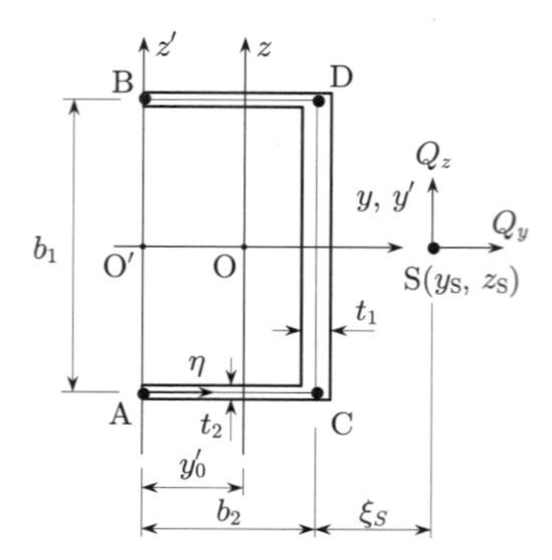

図 **3.4.5**　チャンネル型薄肉断面はり

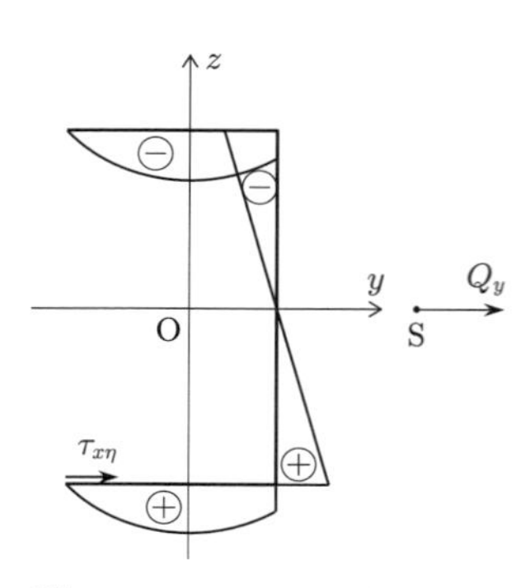

図 **3.4.6**　せん断応力 $\tau_{x\eta}$ の分布の概形

まず断面積 A は,

$$A = b_1 t_1 + 2b_2 t_2 \tag{3.4.20}$$

点 O′ を原点とする座標系で見た図心 O (y_0', z_0') は，式 (3.3.4) を用いれば,

$$y_0' = \frac{I_{y'}}{A} = \frac{b_1 b_2 t_1 + b_2^2 t_2}{b_1 t_1 + 2b_2 t_2}, \quad z_0' = \frac{I_{z'}}{A} = 0 \tag{3.4.21}$$

断面 2 次モーメントは，式 (3.3.5) から,

$$I_{yy} = I_{y'y'} - (y_0')^2 A = \frac{b_2^3 t_2 (2b_1 t_1 + b_2 t_2)}{3(b_1 t_1 + 2b_2 t_2)},$$
$$I_{yz} = 0, \quad I_{zz} = \frac{b_1^2}{12}(b_1 t_1 + 6b_2 t_2) \tag{3.4.22}$$

である．$I_{yz} = 0$ なので y, z 軸が主軸である．したがってせん断応力 $\tau_{x\eta}$ は，薄肉開断面はりの式 (3.4.11) より,

$$\tau_{x\eta} t = -\frac{Q_y}{I_{yy}} \int_{\mathrm{A}}^{\eta} yt\,\mathrm{d}\eta - \frac{Q_z}{I_{zz}} \int_{\mathrm{A}}^{\eta} zt\,\mathrm{d}\eta \tag{3.4.23}$$

で与えられる.

次に Q_y のみによるせん断応力は，式 (3.4.23) より,

$$\tau_{x\eta} t = -\frac{Q_y}{I_{yy}} \int_0^{\eta} yt\,\mathrm{d}\eta \tag{3.4.23$'$}$$

これから計算を進めると,

$0 \leqq \eta \leqq b_2$:

$$\tau_{x\eta}t_2 = -\frac{Q_y}{I_{yy}}\int_{-y'_0}^{y} yt_2\,\mathrm{d}y = -\frac{Q_y}{I_{yy}}\left\{\frac{1}{2}t_2\left(y^2 - y'^2_0\right)\right\} \tag{3.4.24}$$

$b_2 \leqq \eta \leqq b_2 + b_1$:

$$\begin{aligned}\tau_{x\eta}t_1 &= -\frac{Q_y}{I_{yy}}\left(\int_0^{b_2} yt\,\mathrm{d}\eta + \int_{b_2}^{\eta} yt\,\mathrm{d}\eta\right)\\ &= -\frac{Q_y}{I_{yy}}\left[\frac{1}{2}t_2\left\{(b_2 - y'_0)^2 - y'^2_0\right\} + \int_{-\frac{b_1}{2}}^{z}(b_2 - y'_0)\,t_1\,\mathrm{d}z\right]\\ &= -\frac{Q_y}{I_{yy}}\left[\frac{1}{2}t_2\left\{(b_2 - y'_0)^2 - y'^2_0\right\} + (b_2 - y'_0)\,t_1\left(z + \frac{b_1}{2}\right)\right]\end{aligned} \tag{3.4.25}$$

$b_2 + b_1 \leqq \eta \leqq 2b_2 + b_1$:

$$\begin{aligned}\tau_{x\eta}t_2 &= -\frac{Q_y}{I_{yy}}\left(\int_0^{b_2+b_1} yt\,\mathrm{d}\eta + \int_{b_2+b_1}^{\eta} yt\,\mathrm{d}\eta\right)\\ &= -\frac{Q_y}{I_{yy}}\left[\frac{1}{2}t_2\left\{(b_2 - y'_0)^2 - y'^2_0\right\} + (b_2 - y'_0)\,t_1 b_1 + \int_{b_2 - y'_0}^{y} yt_2\,(-\mathrm{d}y)\right]\\ &= -\frac{Q_y}{I_{yy}}\left[\frac{1}{2}t_2\left\{(b_2 - y'_0)^2 - y'^2_0\right\} + (b_2 - y'_0)\,t_1 b_1 - \frac{1}{2}t_2\left\{y^2 - (b_2 - y'_0)^2\right\}\right]\end{aligned} \tag{3.4.26}$$

が得られる．式 (3.4.24)〜(3.4.26) より，$\tau_{x\eta}t_2|_{\mathrm{A}} = \tau_{x\eta}t_2|_{\mathrm{B}} = 0$ となっていることが確認でき，また y 軸に対して逆対称の分布になっていることもわかる（図 3.4.6）．

せん断中心 S の z 座標 z_{S} について式 (3.4.9) より，

$$\int_{\mathrm{A}}^{\mathrm{B}} p_\eta \cdot (\tau_{x\eta}t)\,\mathrm{d}\eta = -Q_y z_{\mathrm{S}} \tag{3.4.27}$$

この式の左辺はゼロとなるので

$$z_{\mathrm{S}} = 0 \tag{3.4.28}$$

せん断中心 S の y 座標 y_{S} は，上記と同じように Q_z を加えると求めることができる．

3.5　はりの有限要素法の定式化

本節でははりの問題を有限要素法によって解く際の基礎式を示す．はりの問

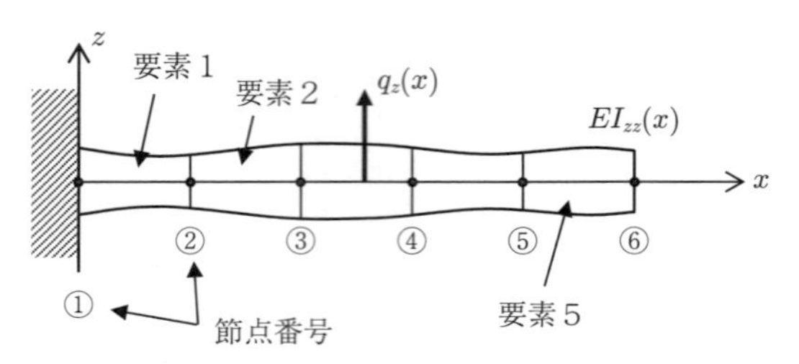

図 3.5.1　任意断面の真直はりの有限要素分割

題はすでに 3.1 節で基礎方程式が示されており，基礎となるはりのたわみ方程式は式 (3.1.15)，境界条件は式 (3.1.17) で与えられている．ここでは，簡単化した場合として，y，z 軸がはりの断面の主軸で $I_{yz} = 0$ として，さらに xz 面内の曲げのみを考える．したがって，たわみ方程式は，

$$-\frac{\mathrm{d}^2}{\mathrm{d}x^2}\left(EI_{zz}\frac{\mathrm{d}^2 w}{\mathrm{d}x^2}\right) + q_z = 0 \tag{3.5.1}$$

境界条件は，

$$x = 0,\ L : \left[-\frac{\mathrm{d}}{\mathrm{d}x}\left(EI_{zz}\frac{\mathrm{d}^2 w}{\mathrm{d}x^2}\right)\right]\ell = \overline{Q}_z \ \text{または}\ w = \overline{w}$$

かつ (3.5.2)

$$\left(-EI_{zz}\frac{\mathrm{d}^2 w}{\mathrm{d}x^2}\right)\ell = \overline{M}_y \ \text{または}\ -\frac{\mathrm{d}w}{\mathrm{d}x} = -\overline{\left(\frac{\mathrm{d}w}{\mathrm{d}x}\right)}$$

である．

3.5.1　要素の剛性方程式

ここでは分布荷重 $q_z(x)$ を受ける任意断面のはり（図 3.5.1）の有限要素分割を取り上げる．図のように要素分割したもののうち，一番左の要素を考える（図 3.5.2）．要素節点①，②における外力とモーメントを，節点力 Z_1，M_{y1} と Z_2，M_{y2} とし，変位と回転を，節点変位 w_1，$-(\mathrm{d}w/\mathrm{d}x)_1$ と w_2，$-(\mathrm{d}w/\mathrm{d}x)_2$ とし，その間の関係を導く．

以下では節点力 $\boldsymbol{X}$，節点変位 $\boldsymbol{u}$，分布荷重 $\boldsymbol{p}$，変位 $\boldsymbol{d}$ をベクトルで表して，

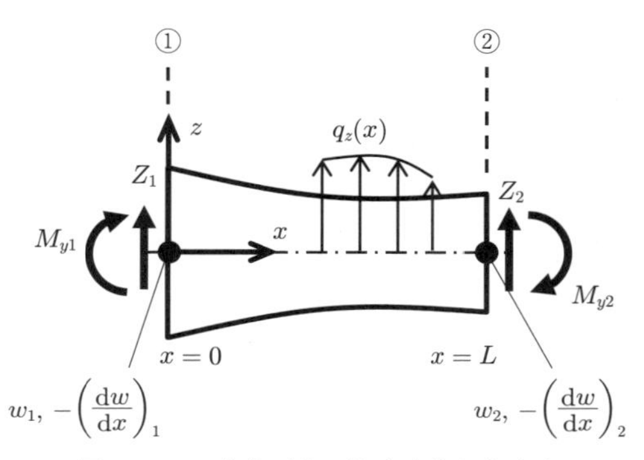

図 3.5.2　代表要素の節点変位と節点力

$$\boldsymbol{X}=\begin{bmatrix} Z_1 \\ M_{y1} \\ Z_2 \\ M_{y2} \end{bmatrix},\ \boldsymbol{u}=\begin{bmatrix} w_1 \\ -\left(\dfrac{\mathrm{d}w}{\mathrm{d}x}\right)_1 \\ w_2 \\ -\left(\dfrac{\mathrm{d}w}{\mathrm{d}x}\right)_2 \end{bmatrix},\ \boldsymbol{p}=\begin{bmatrix} q_z(x) \\ 0 \end{bmatrix},\ \boldsymbol{d}=\begin{bmatrix} w \\ -\dfrac{\mathrm{d}w}{\mathrm{d}x} \end{bmatrix} \tag{3.5.3-6}$$

要素の剛性方程式を**仮想仕事の原理**を使って求める．はりの曲げの問題の場合，内力は曲げモーメント M_y，対応する変位は曲率 κ_y なので，左辺を**内力仕事**，右辺を**外力仕事**として，仮想仕事の原理は，

$$\int_0^L M_y \delta\kappa_y \mathrm{d}x=\int_0^L [q_z\delta w]\,\mathrm{d}x+\left[\overline{Q}_z\delta w+\overline{M}_y\left(-\frac{\mathrm{d}\delta w}{\mathrm{d}x}\right)\right]_{x=x_\mathrm{F}} \tag{3.5.7}$$

と書ける．ここで，x_F は力が与えられた境界である．これを変形して，$\overline{Q}_z$ などは節点力 $\boldsymbol{Z_1}$ などでおき換えて，

$$
\begin{aligned}
&\int_0^L M_y \delta\kappa_y \mathrm{d}x - \int_0^L [q_z \delta w]\,\mathrm{d}x \\
&\quad - \left\{ Z_1 \delta w_1 + M_{y1}\left[-\left(\frac{\mathrm{d}\delta w}{\mathrm{d}x}\right)_1\right] + Z_2 \delta w_2 + M_{y2}\left[-\left(\frac{\mathrm{d}\delta w}{\mathrm{d}x}\right)_2\right]\right\} \\
&= \int_0^L \delta\kappa_y^T M_y \mathrm{d}x - \int_0^L \begin{bmatrix} \delta w & -\dfrac{\mathrm{d}\delta w}{\mathrm{d}x} \end{bmatrix} \begin{bmatrix} q_z \\ 0 \end{bmatrix} \mathrm{d}x \\
&\quad - \begin{bmatrix} \delta w_1 & -\left(\dfrac{\mathrm{d}\delta w}{\mathrm{d}x}\right)_1 & \delta w_2 & -\left(\dfrac{\mathrm{d}\delta w}{\mathrm{d}x}\right)_2 \end{bmatrix} \begin{bmatrix} Z_1 \\ M_{y1} \\ Z_2 \\ M_{y2} \end{bmatrix} \\
&= 0
\end{aligned}
\tag{3.5.8}
$$

であり，この式をさらに式 (3.5.3)〜(3.5.6) を用いて書き換えて，

$$
\int_0^L \delta\kappa_y^T M_y \,\mathrm{d}x - \int_0^L \delta \boldsymbol{d}^T \boldsymbol{p}\,\mathrm{d}x - \delta \boldsymbol{u}^T \boldsymbol{X} = 0 \tag{3.5.9}
$$

となる．

さて，ここでは要素の両端の節点で，節点変位として式 (3.5.4) のように変位とその傾きが規定されているので，変位を 3 次関数で近似して，

$$
w = C_0 + C_1 x + C_2 x^2 + C_3 x^3 \tag{3.5.10}
$$

とする．この式の未定の定数 C_0〜C_3 を，式 (3.5.4) の条件，

$$
\begin{aligned}
x = 0: \quad w = w_1, \quad -\frac{\mathrm{d}w}{\mathrm{d}x} = -\left(\frac{\mathrm{d}w}{\mathrm{d}x}\right)_1 \\
x = L: \quad w = w_2, \quad -\frac{\mathrm{d}w}{\mathrm{d}x} = -\left(\frac{\mathrm{d}w}{\mathrm{d}x}\right)_2
\end{aligned}
\tag{3.5.11}
$$

を使って決めると，最終的に，

$$
w = \begin{bmatrix} \phi_1(x) & -\phi_2(x) & \phi_3(x) & -\phi_4(x) \end{bmatrix} \begin{bmatrix} w_1 \\ -\left(\dfrac{\mathrm{d}w}{\mathrm{d}x}\right)_1 \\ w_2 \\ -\left(\dfrac{\mathrm{d}w}{\mathrm{d}x}\right)_2 \end{bmatrix} \tag{3.5.12}
$$

ここで，

$$
\begin{aligned}
\phi_1(x) &= 1 - 3\frac{x^2}{L^2} + 2\frac{x^3}{L^3}, \quad & \phi_2(x) &= x - 2\frac{x^2}{L} + \frac{x^3}{L^2} \\
\phi_3(x) &= 3\frac{x^2}{L^2} - 2\frac{x^3}{L^3}, \quad & \phi_4(x) &= -\frac{x^2}{L} + \frac{x^3}{L^2}
\end{aligned}
\tag{3.5.13}
$$

$\phi_1(x) \sim \phi_4(x)$ ：**形状関数**

となる．式 (3.5.12) で与えられる，形状関数を用いた変位の表示が有限要素法の基本である．これを用いて，仮想仕事の原理の式 (3.5.9) を書き換える．

まず，曲率 κ_y はこれを変位 w で表したものに式 (3.5.12) を代入して，

$$
\kappa_y = -\frac{\mathrm{d}^2 w}{\mathrm{d}x^2} = -\frac{\mathrm{d}^2}{\mathrm{d}x^2}\left[\phi_1(x) \quad -\phi_2(x) \quad \phi_3(x) \quad -\phi_4(x)\right]
\begin{bmatrix} w_1 \\ -\left(\dfrac{\mathrm{d}w}{\mathrm{d}x}\right)_1 \\ w_2 \\ -\left(\dfrac{\mathrm{d}w}{\mathrm{d}x}\right)_2 \end{bmatrix}
$$

$$
= \boldsymbol{B}\boldsymbol{u} \tag{3.5.14}
$$

ここで，

$$
\boldsymbol{B} = \left[-\frac{\mathrm{d}^2\phi_1(x)}{\mathrm{d}x^2} \quad \frac{\mathrm{d}^2\phi_2(x)}{\mathrm{d}x^2} \quad -\frac{\mathrm{d}^2\phi_3(x)}{\mathrm{d}x^2} \quad \frac{\mathrm{d}^2\phi_4(x)}{\mathrm{d}x^2}\right] \tag{3.5.15}
$$

モーメント M_y は，これを κ_y で表したものに，式 (3.5.14) を代入して，

$$
M_y = EI_{zz}\kappa_y = EI_{zz}\boldsymbol{B}\boldsymbol{u} \tag{3.5.16}
$$

変位 $\boldsymbol{d}$ は，式 (3.5.12) を式 (3.5.6) に代入して，

$$
\boldsymbol{d} = \begin{bmatrix} w \\ -\dfrac{\mathrm{d}w}{\mathrm{d}x} \end{bmatrix}
$$

$$
= \begin{bmatrix} \phi_1(x) & -\phi_2(x) & \phi_3(x) & -\phi_4(x) \\ -\dfrac{\mathrm{d}\phi_1(x)}{\mathrm{d}x} & \dfrac{\mathrm{d}\phi_2(x)}{\mathrm{d}x} & -\dfrac{\mathrm{d}\phi_3(x)}{\mathrm{d}x} & \dfrac{\mathrm{d}\phi_4(x)}{\mathrm{d}x} \end{bmatrix}
\begin{bmatrix} w_1 \\ -\left(\dfrac{\mathrm{d}w}{\mathrm{d}x}\right)_1 \\ w_2 \\ -\left(\dfrac{\mathrm{d}w}{\mathrm{d}x}\right)_2 \end{bmatrix}
$$

$$
= \boldsymbol{N}\boldsymbol{u} \tag{3.5.17}
$$

ここで，

$$\boldsymbol{N} = \begin{bmatrix} \phi_1(x) & -\phi_2(x) & \phi_3(x) & -\phi_4(x) \\ -\dfrac{\mathrm{d}\phi_1(x)}{\mathrm{d}x} & \dfrac{\mathrm{d}\phi_2(x)}{\mathrm{d}x} & -\dfrac{\mathrm{d}\phi_3(x)}{\mathrm{d}x} & \dfrac{\mathrm{d}\phi_4(x)}{\mathrm{d}x} \end{bmatrix} \tag{3.5.18}$$

である．

さて，以上で準備した式 (3.5.14)，(3.5.16)，(3.5.17) の諸量を用いて，式 (3.5.9) は，

$$\delta \boldsymbol{u}^T \left[\left(\int_0^L \boldsymbol{B}^T EI_{zz}(x) \boldsymbol{B} \, \mathrm{d}x \right) \boldsymbol{u} - \left(\int_0^L \boldsymbol{N}^T \boldsymbol{p} \, \mathrm{d}x \right) - \boldsymbol{X} \right] = 0 \tag{3.5.19}$$

ここで，$\delta \boldsymbol{u}^T$ は任意であるから，

$$\left(\int_0^L \boldsymbol{B}^T EI_{zz}(x) \boldsymbol{B} \, \mathrm{d}x \right) \boldsymbol{u} - \left(\int_0^L \boldsymbol{N}^T \boldsymbol{p} \, \mathrm{d}x \right) - \boldsymbol{X} = \boldsymbol{0}$$

つまり，

$$\boldsymbol{X} = \left(\int_0^L \boldsymbol{B}^T EI_{zz}(x) \boldsymbol{B} \, \mathrm{d}x \right) u - \left(\int_0^L \boldsymbol{N}^T \boldsymbol{p} \, \mathrm{d}x \right) \tag{3.5.20}$$

これを，

$$\boldsymbol{X} = \boldsymbol{K}\boldsymbol{u} + \boldsymbol{P} \tag{3.5.21}$$

と書いて，はりの曲げの問題における**要素剛性方程式**という．

この式で，**剛性マトリックス** $\boldsymbol{K}$ は，

$$\begin{aligned} \boldsymbol{K} &= \int_0^L \boldsymbol{B}^T EI_{zz}(x) \boldsymbol{B} \, \mathrm{d}x \\ &= \int_0^L EI_{zz}(x) \begin{bmatrix} -\phi_1''(x) \\ \phi_2''(x) \\ -\phi_3''(x) \\ \phi_4''(x) \end{bmatrix} \left[-\phi_1''(x) \quad \phi_2''(x) \quad -\phi_3''(x) \quad \phi_4''(x) \right] \mathrm{d}x \end{aligned} \tag{3.5.22}$$

ここで $(\quad)' = \frac{\mathrm{d}}{\mathrm{d}x}$ である．

分布荷重による**等価節点力** $\boldsymbol{P}$ は，

$$\boldsymbol{P} = -\left(\int_0^L \boldsymbol{N}^T \boldsymbol{p}\,\mathrm{d}x\right) = -\int_0^L \begin{bmatrix} \phi_1(x) & -\phi_1'(x) \\ -\phi_2(x) & \phi_2'(x) \\ \phi_3(x) & -\phi_3'(x) \\ -\phi_4(x) & \phi_4'(x) \end{bmatrix} \begin{bmatrix} q_z \\ 0 \end{bmatrix} \mathrm{d}x \tag{3.5.23}$$

とくに，曲げ剛性 $EI_{zz}(x) = EI_{zz}^0$ となって x によらず一定の場合は，

$$\boldsymbol{K} = \frac{EI_{zz}^0}{L^3} \begin{bmatrix} 12 & -6L & -12 & -6L \\ & 4L^2 & 6L & 2L^2 \\ & & 12 & 6L \\ \mathrm{sym.} & & & 4L^2 \end{bmatrix} \tag{3.5.24}$$

また分布荷重 $q_z = q_z^0$ となって一定の場合は，

$$\boldsymbol{P} = -\frac{1}{2} q_z^0 L \begin{bmatrix} 1 \\ -\dfrac{L}{6} \\ 1 \\ \dfrac{L}{6} \end{bmatrix} \tag{3.5.25}$$

となる．

一方，曲げモーメントは，式 (3.5.16) と式 (3.5.15) より，

$$M_y = EI_{zz}\boldsymbol{Bu} = \boldsymbol{Fu} \tag{3.5.26}$$

ここで，$\boldsymbol{F}$ は応力マトリックスと呼ばれ，

$$\boldsymbol{F} = EI_{zz}\boldsymbol{B} = EI_{zz}\left[-\phi_1''(x) \quad \phi_2''(x) \quad -\phi_3''(x) \quad \phi_4''(x)\right] \tag{3.5.27}$$

3.5.2　構造全体の剛性方程式

ここでは最も簡単な 2 要素からなる全体モデル（図 3.5.3）を考え，前項で示した要素剛性方程式を全体に組み上げる方法を示す．

要素 1 および要素 2 の要素剛性方程式は，式 (3.5.21) より，次式で表される．ここで，$(\ )_{(1)}$, $(\ )_{(2)}$ はそれぞれ要素 1，要素 2 に対応する．

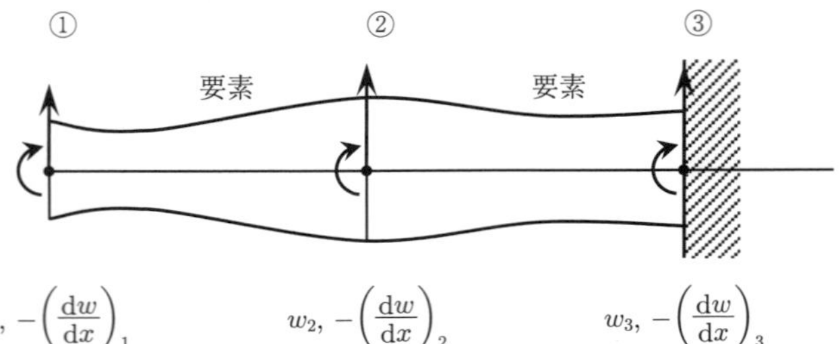

節点での外力：　$R_{Z_1},\ R_{\phi_y 1}$　$R_{Z_2},\ R_{\phi_y 2}$　$R_{Z_3},\ R_{\phi_y 3}$

図 3.5.3　構造の全体モデル（2 要素モデル）

$$
\begin{aligned}
\boldsymbol{X}_{(1)} &= \begin{bmatrix} Z_1 \\ M_{y1} \\ Z_2 \\ M_{y2} \end{bmatrix}_{(1)} = \boldsymbol{K}_{(1)} \begin{bmatrix} w_1 \\ -\left(\dfrac{\mathrm{d}w}{\mathrm{d}x}\right)_1 \\ w_2 \\ -\left(\dfrac{\mathrm{d}w}{\mathrm{d}x}\right)_2 \end{bmatrix} + \boldsymbol{P}_{(1)} \\
\boldsymbol{X}_{(2)} &= \begin{bmatrix} Z_2 \\ M_{y2} \\ Z_3 \\ M_{y3} \end{bmatrix}_{(2)} = \boldsymbol{K}_{(2)} \begin{bmatrix} w_2 \\ -\left(\dfrac{\mathrm{d}w}{\mathrm{d}x}\right)_2 \\ w_3 \\ -\left(\dfrac{\mathrm{d}w}{\mathrm{d}x}\right)_3 \end{bmatrix} + \boldsymbol{P}_{(2)}
\end{aligned}
\tag{3.5.28}
$$

節点①，②，③における外力と節点力の関係を記すと，

$$
\begin{bmatrix} R_{z1} \\ R_{\phi_y 1} \\ R_{z2} \\ R_{\phi_y 2} \\ R_{z3} \\ R_{\phi_y 3} \end{bmatrix} = \begin{bmatrix} Z_{1_{(1)}} \\ M_{y1_{(1)}} \\ Z_{2_{(1)}} \\ M_{y2_{(1)}} \\ \hdashline 0 \\ 0 \end{bmatrix} + \begin{bmatrix} 0 \\ 0 \\ \hdashline Z_{2_{(2)}} \\ M_{y2_{(2)}} \\ Z_{3_{(2)}} \\ M_{y3_{(2)}} \end{bmatrix}
\tag{3.5.29}
$$

である．

これに式 (3.5.28) を代入して，

$$\begin{bmatrix} R_{z1} \\ R_{\phi_y 1} \\ R_{z2} \\ R_{\phi_y 2} \\ R_{z3} \\ R_{\phi_y 3} \end{bmatrix} = \left[\begin{array}{cccc|cc} & & & & 0 & 0 \\ & \boldsymbol{K}_{(1)} & & & 0 & 0 \\ & & & & 0 & 0 \\ & & & & 0 & 0 \\ \hline 0 & 0 & 0 & 0 & 0 & 0 \\ 0 & 0 & 0 & 0 & 0 & 0 \end{array}\right] \left[\begin{array}{c} w_1 \\ -\left(\dfrac{\mathrm{d}w}{\mathrm{d}x}\right)_1 \\ w_2 \\ -\left(\dfrac{\mathrm{d}w}{\mathrm{d}x}\right)_2 \\ \hline w_3 \\ -\left(\dfrac{\mathrm{d}w}{\mathrm{d}x}\right)_3 \end{array}\right] + \left[\begin{array}{c} \\ \boldsymbol{P}_{(1)} \\ \\ \\ \hline 0 \\ 0 \end{array}\right]$$

$$+ \left[\begin{array}{cc|cccc} 0 & 0 & 0 & 0 & 0 & 0 \\ 0 & 0 & 0 & 0 & 0 & 0 \\ \hline 0 & 0 & & & & \\ 0 & 0 & & & & \\ 0 & 0 & & & \boldsymbol{K}_{(2)} & \\ 0 & 0 & & & & \end{array}\right] \left[\begin{array}{c} w_1 \\ -\left(\dfrac{\mathrm{d}w}{\mathrm{d}x}\right)_1 \\ \hline w_2 \\ -\left(\dfrac{\mathrm{d}w}{\mathrm{d}x}\right)_2 \\ w_3 \\ -\left(\dfrac{\mathrm{d}w}{\mathrm{d}x}\right)_3 \end{array}\right] + \left[\begin{array}{c} 0 \\ 0 \\ \hline \\ \\ \boldsymbol{P}_{(2)} \\ \\ \end{array}\right] \tag{3.5.30}$$

となって，これが**全体剛性方程式**であり，これを，

$$\tilde{\boldsymbol{R}} = \tilde{\boldsymbol{K}}\tilde{\boldsymbol{u}} + \tilde{\boldsymbol{P}} \tag{3.5.31}$$

と表す．ここで，$\tilde{\boldsymbol{R}}$，$\tilde{\boldsymbol{u}}$ は構造全体の節点における，外力と変位で，

$$\tilde{\boldsymbol{R}} = \begin{bmatrix} R_{z1} \\ R_{\phi_y 1} \\ R_{z2} \\ R_{\phi_y 2} \\ R_{z3} \\ R_{\phi_y 3} \end{bmatrix}, \qquad \tilde{\boldsymbol{u}} = \begin{bmatrix} w_1 \\ -\left(\dfrac{\mathrm{d}w}{\mathrm{d}x}\right)_1 \\ w_2 \\ -\left(\dfrac{\mathrm{d}w}{\mathrm{d}x}\right)_2 \\ w_3 \\ -\left(\dfrac{\mathrm{d}w}{\mathrm{d}x}\right)_3 \end{bmatrix} \tag{3.5.32}$$

であり，$\tilde{\boldsymbol{K}}$，$\tilde{\boldsymbol{P}}$ は**全体剛性マトリックス**と分布荷重による等価節点力である．

$$\tilde{\boldsymbol{K}} = \left[\begin{array}{cccc|cc} & & & & 0 & 0 \\ & \boldsymbol{K}_{(1)} & & & 0 & 0 \\ & & & & 0 & 0 \\ & & & & 0 & 0 \\ \hline 0 & 0 & 0 & 0 & 0 & 0 \\ 0 & 0 & 0 & 0 & 0 & 0 \end{array}\right] + \left[\begin{array}{cc|cccc} 0 & 0 & 0 & 0 & 0 & 0 \\ 0 & 0 & 0 & 0 & 0 & 0 \\ \hline 0 & 0 & & & & \\ 0 & 0 & & & & \\ 0 & 0 & & & \boldsymbol{K}_{(2)} & \\ 0 & 0 & & & & \end{array}\right],$$

$$\tilde{\boldsymbol{P}} = \left[\begin{array}{c} \\ \boldsymbol{P}_{(1)} \\ \\ \\ \hline 0 \\ 0 \end{array}\right] + \left[\begin{array}{c} 0 \\ 0 \\ \hline \\ \\ \boldsymbol{P}_{(2)} \\ \\ \end{array}\right] \tag{3.5.33}$$

3.5.3　全体剛性方程式の解法

ここでは，図 3.5.3 の構造で，節点①，②は外力が与えられていて，節点③は，固定端ですなわち変位が与えられているとする．いまの場合，与えられた外力 $\overline{\tilde{\boldsymbol{R}}}_\alpha$ と（与えられた量に $\overline{(\ \ )}$ を付す)，それに対応する未知変位 $\tilde{\boldsymbol{u}}_\alpha$ は，節点①，②について，

$$\overline{\tilde{\boldsymbol{R}}}_\alpha = \begin{bmatrix} \bar{R}_{z1} \\ \bar{R}_{\phi_y 1} \\ \bar{R}_{z2} \\ \bar{R}_{\phi_y 2} \end{bmatrix}, \qquad \tilde{\boldsymbol{u}}_\alpha = \begin{bmatrix} w_1 \\ -\left(\dfrac{\mathrm{d}w}{\mathrm{d}x}\right)_1 \\ w_2 \\ -\left(\dfrac{\mathrm{d}w}{\mathrm{d}x}\right)_2 \end{bmatrix} \tag{3.5.34}$$

であり，与えられた変位 $\bar{\tilde{\boldsymbol{u}}}_\beta$ と，それに対応する未知反力 $\tilde{\boldsymbol{R}}_\beta$ は，節点③において，

$$\bar{\tilde{\boldsymbol{u}}}_\beta = \begin{bmatrix} \bar{w}_3 \\ \hline -\left(\dfrac{\mathrm{d}w}{\mathrm{d}x}\right)_3 \end{bmatrix} = \begin{bmatrix} 0 \\ 0 \end{bmatrix}, \qquad \tilde{\boldsymbol{R}}_\beta = \begin{bmatrix} R_{z3} \\ R_{\phi_y 3} \end{bmatrix} \tag{3.5.35}$$

したがって全体剛性方程式 (3.5.31) は，

$$\begin{bmatrix} \overline{\tilde{\boldsymbol{R}}}_\alpha \\ \tilde{\boldsymbol{R}}_\beta \end{bmatrix} = \begin{bmatrix} \tilde{\boldsymbol{K}}_{\alpha\alpha} & \tilde{\boldsymbol{K}}_{\alpha\beta} \\ \tilde{\boldsymbol{K}}_{\beta\alpha} & \tilde{\boldsymbol{K}}_{\beta\beta} \end{bmatrix} \begin{bmatrix} \tilde{\boldsymbol{u}}_\alpha \\ \overline{\tilde{\boldsymbol{u}}}_\beta \end{bmatrix} + \begin{bmatrix} \tilde{\boldsymbol{P}}_\alpha \\ \tilde{\boldsymbol{P}}_\beta \end{bmatrix} \tag{3.5.36}$$

と表されて，これを 2 つに分けると，

$$\overline{\tilde{\boldsymbol{R}}}_\alpha = \tilde{\boldsymbol{K}}_{\alpha\alpha}\tilde{\boldsymbol{u}}_\alpha + \tilde{\boldsymbol{K}}_{\alpha\beta}\overline{\tilde{\boldsymbol{u}}}_\beta + \tilde{\boldsymbol{P}}_\alpha \tag{3.5.37}$$

および，

$$\tilde{\boldsymbol{R}}_\beta = \tilde{\boldsymbol{K}}_{\beta\alpha}\tilde{\boldsymbol{u}}_\alpha + \tilde{\boldsymbol{K}}_{\beta\beta}\overline{\tilde{\boldsymbol{u}}}_\beta + \tilde{\boldsymbol{P}}_\beta \tag{3.5.38}$$

が得られる．式 (3.5.37) より，未知変位 $\tilde{\boldsymbol{u}}_\alpha$ は，

$$\tilde{\boldsymbol{u}}_\alpha = \tilde{\boldsymbol{K}}_{\alpha\alpha}^{-1}\left(\overline{\tilde{\boldsymbol{R}}}_\alpha - \tilde{\boldsymbol{K}}_{\alpha\beta}\overline{\tilde{\boldsymbol{u}}}_\beta - \tilde{\boldsymbol{P}}_\alpha\right) \tag{3.5.39}$$

と求まる．これを式 (3.5.38) に代入して，未知反力 $\tilde{R}_\beta$ は，

$$\tilde{\boldsymbol{R}}_\beta = \tilde{\boldsymbol{K}}_{\beta\alpha}\tilde{\boldsymbol{K}}_{\alpha\alpha}^{-1}\overline{\tilde{\boldsymbol{R}}}_\alpha - \left(\tilde{\boldsymbol{K}}_{\beta\alpha}\tilde{\boldsymbol{K}}_{\alpha\alpha}^{-1}\tilde{\boldsymbol{K}}_{\alpha\beta} - \tilde{\boldsymbol{K}}_{\beta\beta}\right)\overline{\tilde{\boldsymbol{u}}}_\beta - \left(\tilde{\boldsymbol{K}}_{\beta\alpha}\tilde{\boldsymbol{K}}_{\alpha\alpha}^{-1}\tilde{\boldsymbol{P}}_\alpha - \tilde{\boldsymbol{P}}_\beta\right) \tag{3.5.40}$$

と求まる．

Column

サン・ブナンのねじり理論

サン・ブナン（Saint-Venant）のねじりの理論では，はりの断面の変位 $U_0(x,y,z)$，$V_0(x,y,z)$，$W_0(x,y,z)$，はねじり角を $\theta(x)$ として，

$$U_0\,(x,y,z)=\frac{\mathrm{d}\theta(x)}{\mathrm{d}x}\varphi_0\,(y,z)\ :\ \text{ウォーピング (warping)} \tag{C 1.1}$$

$$\begin{aligned}V_0\,(x,y,z)&=-\theta\,(x)\,z\\ W_0\,(x,y,z)&=\theta\,(x)\,y\end{aligned} \tag{C 1.2}$$

と表される．ここで，$\varphi_0\,(y,z)$ は**ウォーピング関数**と呼ばれ，断面がはりの軸方向（x 方向）にひずむ際の，断面内の変位分布を表す（図 C1.1）．

はりが軸方向に一様で，はりの末端にねじりモーメントを加える場合などのように，ねじり状態が一様だとすると，θ は，

$$\frac{\mathrm{d}\theta(x)}{\mathrm{d}x}\equiv\theta'=\text{一定} \tag{C 1.3}$$

を満たす．せん断ひずみは式 (C1.1)，(C1.2) から，

$$\left.\begin{aligned}\gamma_{xy_0}&=\frac{\partial U_0}{\partial y}+\frac{\partial V_0}{\partial x}=\theta'\left(\frac{\partial\varphi_0}{\partial y}-z\right)\\ \gamma_{xz_0}&=\frac{\partial U_0}{\partial z}+\frac{\partial W_0}{\partial x}=\theta'\left(\frac{\partial\varphi_0}{\partial z}+y\right)\end{aligned}\right\} \tag{C 1.4}$$

他のひずみ成分はゼロとなる．応力はこのひずみを用いて，

$$\tau_{xy_0}=G\gamma_{xy_0}=G\theta'\left(\frac{\partial\varphi_0}{\partial y}-z\right),\quad \tau_{xz_0}=G\theta'\left(\frac{\partial\varphi_0}{\partial z}+y\right) \tag{C 1.5}$$

ねじりモーメントは応力を使って，

$$M_{t_0}=\iint_A\left(-\tau_{xy_0}z+\tau_{xz_0}y\right)\mathrm{d}y\mathrm{d}z \tag{C 1.6}$$

と表され，これに式 (C1.5) を代入すれば，

$$M_{t_0}=G\theta'\iint_A\left\{-\left(\frac{\partial\varphi_0}{\partial y}-z\right)z+\left(\frac{\partial\varphi_0}{\partial z}+y\right)y\right\}\mathrm{d}y\mathrm{d}z\equiv GJ_0\theta' \tag{C 1.7}$$

図 C 1.1 角注のねじりによる表面の変形 [3-6]

この式の最後の GJ_0 をサン・ブナンの**ねじり剛性**という．

釣り合い式は，y，z 方向は満たされているので x 方向のみで，

$$\frac{\partial \tau_{xy_0}}{\partial y} + \frac{\partial \tau_{xz_0}}{\partial z} = 0 \tag{C 1.8}$$

式 (C1.5) を式 (C1.8) に代入すれば，

$$\frac{\partial^2 \varphi_0}{\partial y^2} + \frac{\partial^2 \varphi_0}{\partial z^2} = 0 \tag{C 1.9}$$

であり，境界条件は，断面の境界 C で x 方向の外力がゼロであるから，

$$C: \quad \tau_{xy_0} m + \tau_{xz_0} n = 0 \tag{C 1.10}$$

である．

さて (C1.8) を満たす応力関数として $\phi_0\,(y,z)$（**プラントル**（Prandtl）**の応力関数**）を新たに導入して，

$$\tau_{xy_0} = \frac{\partial \phi_0}{\partial z}, \quad \tau_{xz_0} = -\frac{\partial \phi_0}{\partial y} \tag{C 1.11}$$

を用いる．$\varphi_0\,(y,z)$ と $\phi_0\,(y,z)$ の関係は，応力の 2 つの表示式 (C1.5) と (C1.11) を比較して，

$$\frac{\partial \varphi_0}{\partial y} = \frac{1}{G\theta'}\frac{\partial \phi_0}{\partial z} + z, \quad \frac{\partial \varphi_0}{\partial z} = -\frac{1}{G\theta'}\frac{\partial \phi_0}{\partial y} - y \tag{C 1.12}$$

ここで，φ_0 が積分で求まる条件（積分可能条件）を記すと，

$$\frac{\partial}{\partial z}\left(\frac{\partial \varphi_0}{\partial y}\right) = \frac{\partial}{\partial y}\left(\frac{\partial \varphi_0}{\partial z}\right) \tag{C 1.13}$$

式 (C1.12) を式 (C1.13) に代入して，

$$\frac{\partial^2 \phi_0}{\partial y^2} + \frac{\partial^2 \phi_0}{\partial z^2} = -2G\theta' \tag{C 1.14}$$

が得られ，これが応力関数 ϕ_0 が満たすべき適合条件式である．この式を解く際の境界条件は，式 (C1.11) を式 (C1.10) に代入して整理して，

$$C: \quad \phi_0 = 一定 \tag{C 1.15}$$

となる．

ねじりモーメントは，式 (C1.11) をモーメントの定義式 (C1.6) に代入して，

$$\begin{aligned} M_{t_0} &= \iint_A \left(-\frac{\partial \phi_0}{\partial z} z - \frac{\partial \phi_0}{\partial y} y \right) \mathrm{d}y\mathrm{d}z \\ &= \iint_A \left\{ -\frac{\partial}{\partial z} (\phi_0 z) - \frac{\partial}{\partial y} (\phi_0 y) + 2\phi_0 \right\} \mathrm{d}y\mathrm{d}z \\ &= -\int_C (zn + ym)\, \phi_0\, \mathrm{d}C + 2 \iint_A \phi_0\, \mathrm{d}y\mathrm{d}z \end{aligned} \tag{C 1.16}$$

となる．

一方，ウォーピング関数 φ_0 が満たすべき大局的適合条件は，これが x 方向の変位分布を表すことから，周回積分路を一周してゼロになる必要性から，

$$\oint \frac{\partial \varphi_0}{\partial \eta} \mathrm{d}\eta = \oint \mathrm{d}\varphi_0 = 0 \tag{C 1.17}$$

と表される．

第 4 章で扱う薄肉補強構造の場合のねじりの問題では，これを用いて式の導出を進めると，ねじりの問題での補強薄肉断面はりの**大局的適合条件**，

$$\frac{q_t}{G\theta'} \sum_{k=1}^{n} \frac{l_k}{t_k} = 2F \tag{C 1.18}$$

が得られる．ここで，l_k，t_k はそれぞれ薄板 k の η 方向の弧長，板厚で，F は薄肉が囲む閉断面の面積である．この式はねじり率 θ' を求める際に必要となるものである．

Column

はりの曲げねじり

コラム「サン・ブナンのねじり理論」で説明したはりのねじりは，はりの軸方向の変位であるウォーピングを拘束していない場合に正解を与える．これは長いはりにおいて，末端から離れてその拘束や荷重の影響を受けない領域で成り立つことを意味し，末端の影響が全域に及ぶような短いはりでは厳密な解を与えない．つまり，実際にはサン・ブナンのねじり理論が与えるねじりよりも末端の拘束が厳しい分，小さなねじり変形や大きな応力が生じることになる．

たとえば図 C1.1 のような角柱をねじった場合の変形を考えると，図の上下端を完全に拘束している場合，表面の軸方向の線の変形後の様子は図 C2.1 のようになることが容易に推察される．上下端では，x 軸方向のウォーピングが拘束されているため，ねじった際に加わるせん断応力によるせん断ひずみは生じるが，上下端の境界は直線のままである．一方，両端から離れた部分の変形に注目すると，両端を完全拘束して横方向に強制変位を与えたはりのようになっており（図の斜線部分），各部にはせん断変形に加えて曲げ変形が誘発されていることがわかる．このようにねじりに伴ってはりの各部に曲げ変形が誘発される現象を**曲げねじり**と呼ぶ．たとえば翼の場合では，アスペクト比の小さな翼の付け根（翼根）において，胴体に固定されたウィングボックスではこの拘束の影響を考慮することが必要になる場合もある．曲げねじりの解析方法については，文献 [3-1,3-2] などを参照してほしい．

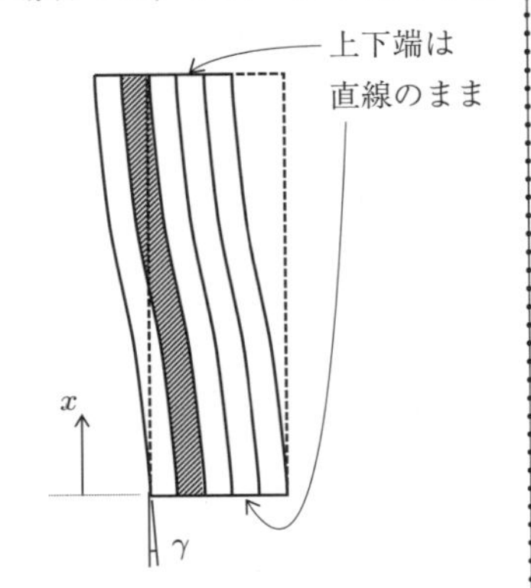

図 C 2.1 両端を拘束した角柱をねじった場合の表面の変形

4

薄肉補強構造の解析

4.1　薄肉補強構造解析の仮定とせん断場理論

小型航空機構造に特有の薄肉補強構造の簡単な例として，補強材で囲まれた薄板（ウェブ）でできた片持ちはりの先端にせん断力を加えたときの曲げを考える（図 4.1.1(a)）．t_w は薄板の板厚，t_s は補強材の代表的な厚さである．同図 (b) は任意の x 断面におけるベルヌーイ-オイラーの仮説に基づく曲げ応力の分布で，これに板厚を乗じた z 方向の単位長さ当たりの力（同図 (c)）は $t_s \gg t_w$ であるので，薄板部分は寄与が小さいことがわかる．一方，せん断力によるせん断流 q はほとんどが薄板部分の寄与による（同図 (d)）．これから，補強材は軸力のみを受け持ち，薄板はせん断力のみを受け持つ，と近似しても十分な精度の解析を行えることがわかる．このように仮定して，薄板にはせん断流だけが生じている状態を**純粋せん断場**（pure shear field）と呼び，これを扱う理論が**せん断場理論**（shear field theory）である．

なお，実際には薄板も軸力を持ち得るため，曲げ荷重下において曲げ応力が正（引張）になる部分では薄板の断面積も近傍の補強材の断面積に加え，負（圧縮）になる部分では薄板の板厚を t として，簡易的に補強材の近傍 $30t$～

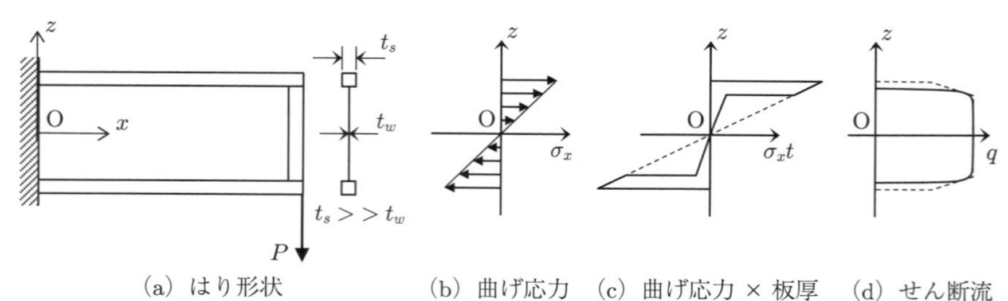

(a) はり形状　(b) 曲げ応力　(c) 曲げ応力 × 板厚　(d) せん断流

図 4.1.1　薄肉補強構造の例

$40t$ 程度の幅分を補強材の断面積に加えるとよいとされる[4-1,4-2]．これを**有効幅**（effective width）という．圧縮側の薄板の寄与を補強材近傍部分に限るのは，圧縮下では補強材から遠いところにある薄板は座屈して圧縮荷重を分担できなくなるからである．

4.2 薄肉補強はり構造の曲げの解析

以下では補強材で補強した薄肉断面はりについて考える．薄肉部分は前節で説明した純粋せん断場を仮定し，補強材も前節と同様に軸力のみを持つとする．軸力への薄板の寄与は，前節で説明したように必要に応じてその断面積の一部を補強材の断面積に加えることで考慮する．

4.2.1 補強材の軸力と薄板のせん断流

はり断面ははりの長さ（x 軸）方向に一様な断面を持つとし，n 本の補強材には番号を付けて i（$i = 1, 2, \cdots, n$）とし，その断面積 A_i のみを規定する（補強材の断面形状は考えない）．薄板にも番号を付し，補強材 i から $i+1$ に至る板厚 t_i の薄板 i とする．補強材 1 から薄板の中心線に沿って η 座標をとる（図 4.2.1）．

第 3 章の最初に導入した仮定と同じく，x 軸が断面の図心を通るとすると，

$$A = \sum_{i=1}^{n} A_i \,, \quad I_y = \sum_{i=1}^{n} A_i y_i = 0 \,, \quad I_z = \sum_{i=1}^{n} A_i z_i = 0 \tag{4.2.1}$$

曲げの解析の場合，ベルヌーイ-オイラーの仮説が成り立つとして 3.1 節と同様に，変位は，

$$U(x,y,z) = -y\frac{\mathrm{d}v(x)}{\mathrm{d}x} - z\frac{\mathrm{d}w(x)}{\mathrm{d}x} \,, \quad V(x,y,z) = v(x) \,, \quad W(x,y,z) = w(x) \tag{4.2.2}$$

であり，ひずみも同様に，

$$\varepsilon_x = \frac{\partial U}{\partial x} = \begin{bmatrix} y & z \end{bmatrix} \begin{bmatrix} -\dfrac{\partial^2 v}{\partial x^2} \\ -\dfrac{\partial^2 w}{\partial x^2} \end{bmatrix} = \begin{bmatrix} y & z \end{bmatrix} \begin{bmatrix} -\kappa_z \\ \kappa_y \end{bmatrix} \tag{4.2.3}$$

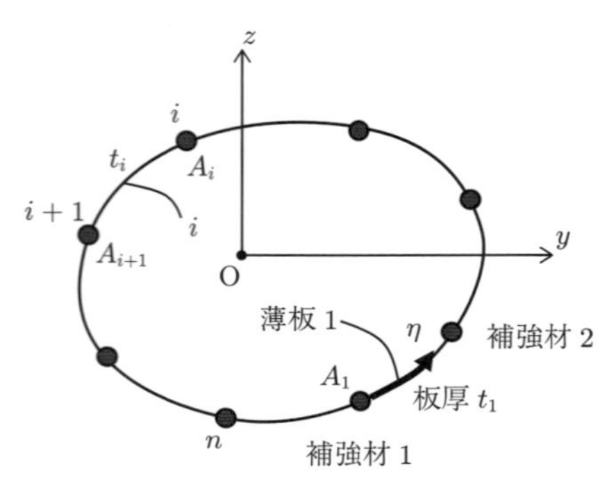

図 **4.2.1**　補強薄肉断面

となる．ここで κ_y，κ_z は曲率で，次式の関係を用いた．

$$\begin{bmatrix} -\kappa_z \\ \kappa_y \end{bmatrix} = \begin{bmatrix} -\dfrac{\partial^2 v}{\partial x^2} \\ -\dfrac{\partial^2 w}{\partial x^2} \end{bmatrix} \tag{4.2.4}$$

曲げ応力は，補強材のみが軸力をもつことを考慮して，補強材 i について，

$$\sigma_{x_i} = E\varepsilon_{x_i} = E\begin{bmatrix} y_i & z_i \end{bmatrix}\begin{bmatrix} -\kappa_z \\ \kappa_y \end{bmatrix} \quad (i = 1, \cdots, n) \tag{4.2.5}$$

これから定義に従って曲げモーメントは，補強材のみの寄与を考えて，

$$\begin{bmatrix} -M_z \\ M_y \end{bmatrix} = \iint_A \begin{bmatrix} y \\ z \end{bmatrix} \sigma_x \, \mathrm{d}y\mathrm{d}z = \sum_{i=1}^{n} A_i \begin{bmatrix} y_i \\ z_i \end{bmatrix} \sigma_{x_i} \tag{4.2.6}$$

式 (4.2.6) で $-M_z$ を用いているのは，3.1 節で説明したとおり，M_y の正の向きに合わせるようにするためである（図 3.1.3 参照）．式 (4.2.5) を式 (4.2.6) に代入して，

$$\begin{aligned} \begin{bmatrix} -M_z \\ M_y \end{bmatrix} &= E\sum_{i=1}^{n} A_i \begin{bmatrix} y_i \\ z_i \end{bmatrix} \begin{bmatrix} y_i & z_i \end{bmatrix} \begin{bmatrix} -\kappa_z \\ \kappa_y \end{bmatrix} \\ &= E\sum_{i=1}^{n} A_i \begin{bmatrix} y_i^2 & y_i z_i \\ y_i z_i & z_i^2 \end{bmatrix} \begin{bmatrix} -\kappa_z \\ \kappa_y \end{bmatrix} = E\begin{bmatrix} I_{yy} & I_{yz} \\ I_{yz} & I_{zz} \end{bmatrix} \begin{bmatrix} -\kappa_z \\ \kappa_y \end{bmatrix} \end{aligned} \tag{4.2.7}$$

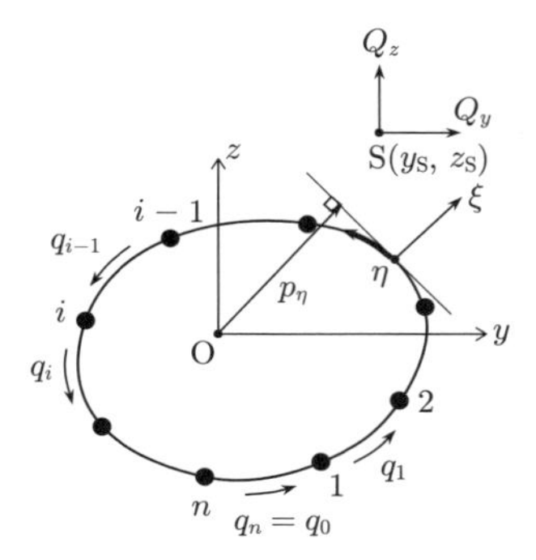

図 **4.2.2**　補強薄肉断面のせん断流

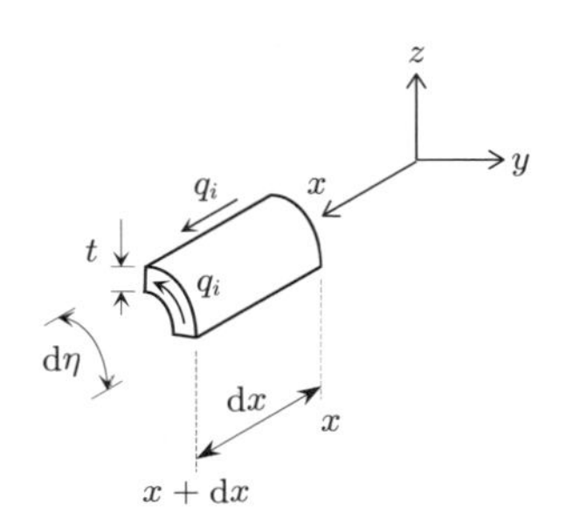

図 **4.2.3**　薄肉の微小部分の釣り合い

を得る．この式の逆関係は，

$$E\begin{bmatrix} -\kappa_z \\ \kappa_y \end{bmatrix} = \frac{1}{I_{yy}I_{zz} - I_{yz}^2}\begin{bmatrix} I_{zz} & -I_{yz} \\ -I_{yz} & I_{yy} \end{bmatrix}\begin{bmatrix} -M_z \\ M_y \end{bmatrix} \tag{4.2.8}$$

であり，この式を (4.2.5) に代入すれば，

$$\begin{aligned}\sigma_{x_i} &= \frac{1}{I_{yy}I_{zz} - I_{yz}^2}\begin{bmatrix} y_i & z_i \end{bmatrix}\begin{bmatrix} I_{zz} & -I_{yz} \\ -I_{yz} & I_{yy} \end{bmatrix}\begin{bmatrix} -M_z \\ M_y \end{bmatrix} \\ &= \frac{1}{I_{yy}I_{zz} - I_{yz}^2}\{-(I_{zz}M_z + I_{yz}M_y)y_i + (I_{yz}M_z + I_{yy}M_y)z_i\}\end{aligned} \tag{4.2.9}$$

となる．したがって軸力 S_i は

$$S_i = \sigma_{xi}A_i = \left(-\frac{I_{zz}M_z + I_{yz}M_y}{I_{yy}I_{zz} - I_{yz}^2}y_i + \frac{I_{yy}M_y + I_{yz}M_z}{I_{yy}I_{zz} - I_{yz}^2}z_i\right)A_i \tag{4.2.10}$$

と得られる．

なお，はり断面の諸量（断面積 A，断面２次モーメント I_{yy}，I_{yz}，I_{zz}）は 3.3 節で説明した方法で求められる．

次に i 番目の薄板のせん断流 $q_i = \tau_{x\eta_i}t_i$ について（図 4.2.2），まず薄板 i の微小要素の x 方向の力の釣り合いは（図 4.2.3），

$$\frac{\partial(q_i\,\mathrm{d}x)}{\partial\eta}\,\mathrm{d}\eta = 0 \tag{4.2.11}$$

であるから，

$$\frac{\partial q_i}{\partial \eta} = 0 \tag{4.2.12}$$

すなわち，

$$q_i = \text{定数} \quad (i = 1, 2, \cdots, n) \tag{4.2.13}$$

となる．

次に，補強材 i の x 方向の力の釣り合いを上の薄板の場合と同様に考えると，

$$\frac{\mathrm{d}S_i}{\mathrm{d}x} + q_i - q_{i-1} = 0 \quad (i = 1, 2, \cdots, n) \tag{4.2.14}$$

であるが，ここで，$q_n = q_0$ は同じものなので，

$$\sum_{i=1}^{n} (q_i - q_{i-1}) = (q_1 - q_0) + (q_2 - q_1) + \cdots + (q_n - q_{n-1}) = q_n - q_0 = 0 \tag{4.2.15}$$

となり，式 (4.2.14) の $i = 1$ から $i = n$ までの和をとると，

$$\sum_{i=1}^{n} \left(\frac{\mathrm{d}S_i}{\mathrm{d}x} + q_i - q_{i-1} \right) = \sum_{i=1}^{n} \frac{\mathrm{d}S_i}{\mathrm{d}x} = \frac{\mathrm{d}}{\mathrm{d}x} \left(\sum_{i=1}^{n} S_i \right) = 0 \tag{4.2.16}$$

となる．

一方，本節で扱っている曲げの問題では x 方向の外力は負荷しておらず，$\sum_{i=1}^{n} S_i = 0$ は自明の式なので，式 (4.2.14) で示される n 個の式からは，1 つ自明で従属な式が得られる．つまり，式 (4.2.14) のうち独立なものは $n-1$ 個であり，これらの式だけでは q_i を決められない．．

さて，上で求めた軸力の式 (4.2.10) を式 (4.2.14) に代入すれば，

$$\begin{aligned} q_i - q_{i-1} = -\frac{1}{I_{yy}I_{zz} - I_{yz}^2} \Bigg\{ &- \left(I_{zz} \frac{\mathrm{d}M_z}{\mathrm{d}x} + I_{yz} \frac{\mathrm{d}M_y}{\mathrm{d}x} \right) A_i y_i \\ &+ \left(I_{yy} \frac{\mathrm{d}M_y}{\mathrm{d}x} + I_{yz} \frac{\mathrm{d}M_z}{\mathrm{d}x} \right) A_i z_i \Bigg\} \quad (i = 1, 2, \cdots, n) \end{aligned} \tag{4.2.17}$$

となり，第 3 章の式 (3.1.13) により M_z, M_y を Q_y, Q_z で表して，

$$q_i - q_{i-1} = -\frac{1}{I_{yy}I_{zz} - I_{yz}^2}\left\{(I_{zz}Q_y - I_{yz}Q_z)\,A_i y_i + (-I_{yz}Q_y + I_{yy}Q_z)\,A_i z_i\right\}$$

$$(i = 1, 2, \cdots, n) \qquad (4.2.18)$$

が得られる．ここで，

$$q_i - q_0 = \sum_{k=1}^{i}(q_k - q_{k-1}) \quad (i = 1, 2, \cdots, n-1) \qquad (4.2.19)$$

が成り立つから，これに式 (4.2.18) を代入して，

$$q_i - q_0 = -\frac{1}{I_{yy}I_{zz} - I_{yz}^2}\left\{(I_{zz}Q_y - I_{yz}Q_z)\sum_{k=1}^{i}A_k y_k + (-I_{yz}Q_y + I_{yy}Q_z)\sum_{k=1}^{i}A_k z_k\right\}$$

$$(i = 1, 2, \cdots, n-1) \qquad (4.2.20)$$

となる．

とくに，y，z 軸が断面の主軸なら $I_{yz} = 0$ で，

$$q_i - q_0 = -\frac{Q_y}{I_{yy}}\sum_{k=1}^{i}A_k y_k - \frac{Q_z}{I_{zz}}\sum_{k=1}^{i}A_k z_k \quad (i = 1, 2, \cdots, n-1) \qquad (4.2.21)$$

と簡単な形になる．以下では $I_{yz} = 0$ として考える．

4.2.2 補強薄肉の開断面はりと閉断面はり

補強薄肉**開断面はり**を考える（図 4.2.4）．この場合，補強材 n と補強材 1 を結ぶ薄板がないので，

$$q_n \equiv q_0 = 0 \qquad (4.2.22)$$

これを式 (4.2.21) に代入すれば，

$$q_i = -\frac{Q_y}{I_{yy}}\sum_{k=1}^{i}A_k y_k - \frac{Q_z}{I_{zz}}\sum_{k=1}^{i}A_k z_k \quad (i = 1, 2, \cdots, n-1) \qquad (4.2.23)$$

で，未定の量はなく，これがこの場合の各薄板のせん断流を与える．

ここで，せん断中心 $\mathrm{S}(y_\mathrm{S}, z_\mathrm{S})$ を求める．まず図心 O から外板の接線へ下した垂線の長さを p_η とし（図 4.2.2），図心まわりのモーメントの釣り合いより，

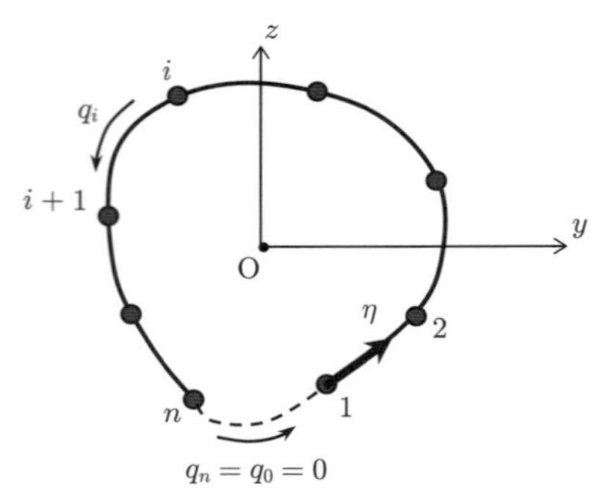

図 **4.2.4**　薄肉補強開断面（$I_{yz}=0$）

$$-Q_y z_{\mathrm{S}} + Q_z y_{\mathrm{S}} = \sum_{k=1}^{n-1} q_k \int_k p_\eta \mathrm{d}\eta = 2\sum_{k=1}^{n-1} q_k F_k \tag{4.2.24}$$

となり，これを解けばよい．ここで，積分はそれぞれの薄板 k についてとり，また，

$$2F_k = \int_k p_\eta \mathrm{d}\eta \tag{4.2.25}$$

であり，F_k は外板 k の図心 O を中心とする扇形面積である．

補強薄肉**閉断面はり**の場合，式 (4.2.21) 中の q_0 は，大局的適合条件（3.4.2 項参照）から求める．第 3 章の式 (3.4.13) を再掲すると，

$$\oint \frac{\tau_{x\eta} t}{Gt} \mathrm{d}\eta = 0 \tag{4.2.26}$$

であり，$\tau_{x\eta} t = q$ に注意して周回積分を各薄板部分に分けると，

$$\sum_{k=1}^{n} \int_k \frac{q_k}{Gt_k} \mathrm{d}\eta = 0 \tag{4.2.27}$$

となる．すべての薄板のせん断弾性率 G が同じで，さらに各区間でそれぞれ板厚が一定である場合を考えると（$t_k =$ 一定），

$$\sum_{k=1}^{n} \frac{q_k \ell_k}{t_k} = 0 \tag{4.2.28}$$

である．ここで，

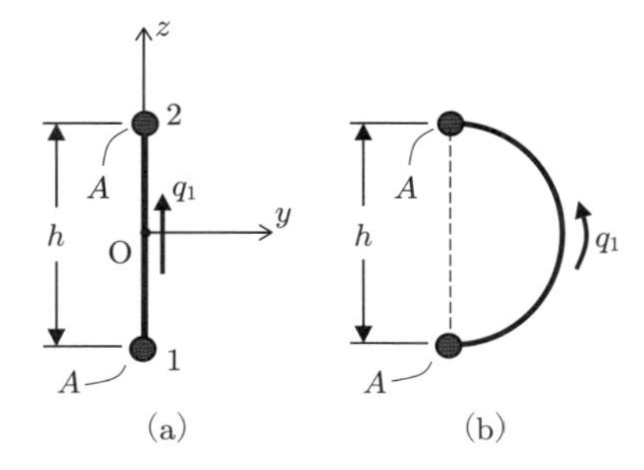

図 4.2.5　2 補強材で強化された薄肉開断面

$$\ell_k = \int_k \mathrm{d}\eta : \eta \text{ に沿う薄板 } k \text{ の弧長} \tag{4.2.29}$$

である．式 (4.2.28) は，

$$\sum_{k=1}^{n} \frac{\{(q_k - q_0) + q_0\}\ell_k}{t_k} = \sum_{i=1}^{n} \frac{(q_k - q_0)\ell_k}{t_k} + q_0 \sum_{k=1}^{n} \frac{\ell_k}{t_k} = 0$$

と書けるから，未知量 q_0 は，

$$q_0 = -\frac{\displaystyle\sum_{k=1}^{n}(q_k - q_0)\frac{\ell_k}{t_k}}{\displaystyle\sum_{k=1}^{n}\frac{\ell_k}{t_k}} \tag{4.2.30}$$

によって計算することができる．なお，せん断中心 $\mathrm{S}(y_\mathrm{S}, z_\mathrm{S})$ は開断面の場合と同じく，式 (4.2.24) から得られる．

例題 1　2 補強材で強化された薄肉開断面はり

図 4.2.5(a) のような断面を持つはりを考える．このような断面を持つ片持ちはりは図 4.2.6 のようなものである．

まず図心 O は明らかに 2 つの補強材の中間で，断面 2 次モーメントは，点 1 の座標 $(0, -h/2)$，点 2 の座標 $0, h/2)$ を考慮して，

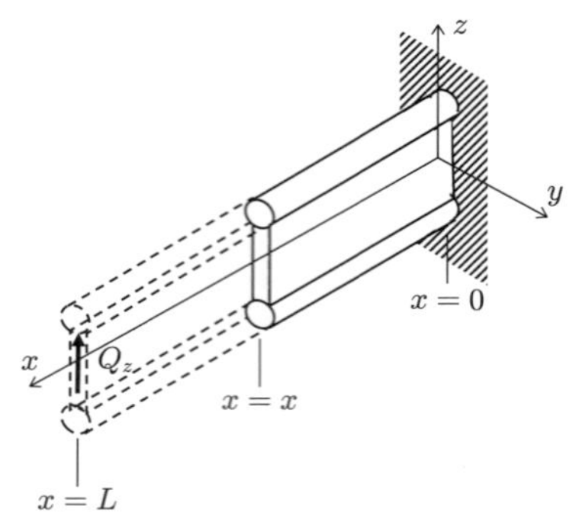

図 **4.2.6**　2 補強材を持つ薄肉開断面片持ちはり

$$I_{yy} = A\left(0^2 + 0^2\right) = 0\,,\quad I_{yz} = A\left\{0\cdot\left(-\frac{h}{2}\right) + 0\cdot\left(\frac{h}{2}\right)\right\} = 0\,,$$
$$I_{zz} = A\left\{\left(-\frac{h}{2}\right)^2 + \left(\frac{h}{2}\right)^2\right\} = \frac{Ah^2}{2} \tag{4.2.31}$$

となる．開断面の式 (4.2.23) より q_1 は，式 (4.2.31) の断面 2 次モーメントを用いて，

$$q_1 = -\frac{Q_y}{I_{yy}}\sum_{k=1}^{1} A_k y_k - \frac{Q_z}{I_{zz}}\sum_{k=1}^{1} A_k z_k = -\frac{Q_y}{0}A\cdot 0 - \frac{Q_z}{Ah^2/2}A\left(-\frac{h}{2}\right) \tag{4.2.32}$$

が得られる．ここで注意すべきは，$I_{yy} = 0$ であり，これが分母に来る結果が得られていることである．これはすなわち，この構造が y 軸方向の曲げに対する耐性を持たず，せん断力 Q_y を伝えられないということである．したがって，式 (4.2.32) から，

$$q_1 = \frac{Q_z}{h} \tag{4.2.33}$$

となる．

補強材 1，2 に生じる曲げ応力は，材料力学で簡単に得られ，図 4.2.6 のようにはりの先端 $x = L$ に Q_z が作用しているとして，曲げモーメントが $M_y = -Q_z(L - x)$ であることに注意すれば（モーメントは座標軸の右ねじ方向を正にとることに注意），式 (4.2.10) より，

$$S_i = \frac{M_y}{I_{zz}} z_i A_i \tag{4.2.34}$$

であり，これに上の諸量を代入して，

$$S_1 = \frac{-Q_z(L-x)}{Ah^2/2}\left(-\frac{h}{2}\right)A = \frac{Q_z(L-x)}{h}, \quad S_2 = -\frac{Q_z(L-x)}{h} \tag{4.2.35}$$

となる.

なお，ここで得られた式 (4.2.33) のせん断流 q_1（および曲げ応力 S_1，S_2）の結果は，2 つの補強材の間の距離 h のみで決まっている．それでは，図 4.2.5 の (a) と (b) の違いはどこに現れるのだろうか.

2 つの断面の違いはせん断中心 S の差になって現れる．式 (4.2.24) において Q_z のみを加えた場合に，図 4.2.5(a) の断面なら $F_1 = 0$ だから，

$$Q_z y_\mathrm{S} = 2q_1 F_1 = 0 \quad \text{より} \quad y_\mathrm{S} = 0$$

となる．一方図 4.2.5(b) の断面なら，

$$Q_z y_\mathrm{S} = 2q_1 F_1 = 2\frac{Q_z}{h}\frac{\pi(h/2)^2}{2} = \frac{\pi h}{4}Q_z \quad \rightarrow \quad y_\mathrm{S} = \frac{\pi h}{4}$$

となって，せん断中心が異なっている．このように，せん断流の計算の上では違いがないように見えても，2 つの構造には違いがあることがわかる.

4.3 薄肉補強はり構造のねじりの解析

4.3.1 弾 性 軸

一様断面はりにおいて，せん断中心（shear center）はせん断力を加えてもねじれない点，**ねじり中心**（torsion center）はねじりモーメントを加えてもたわまない点と定義される．せん断中心の求め方は第 3 章，第 4 章を通じてこれまでに見てきたが（たとえば薄肉補強はりなら式 (4.2.24)），もう一方のねじり中心ははりの単純理論（サン・ブナン（St.Venant）のねじり理論）からは決まらない．そこでここでは，ねじり中心を以下のように決める.

せん断中心を S として，せん断力 Q_z を点 S に加え，ねじりモーメント M_t も同時に加える．点 S のたわみ w_S，断面の回転 θ として，

$$\begin{aligned} w_\mathrm{S} &= c_{11}Q_z + c_{12}M_t \\ \theta &= c_{21}Q_z + c_{22}M_t \end{aligned} \tag{4.3.1}$$

と表される．c_{ij} はこの場合の影響係数である．ここで，相反定理より，

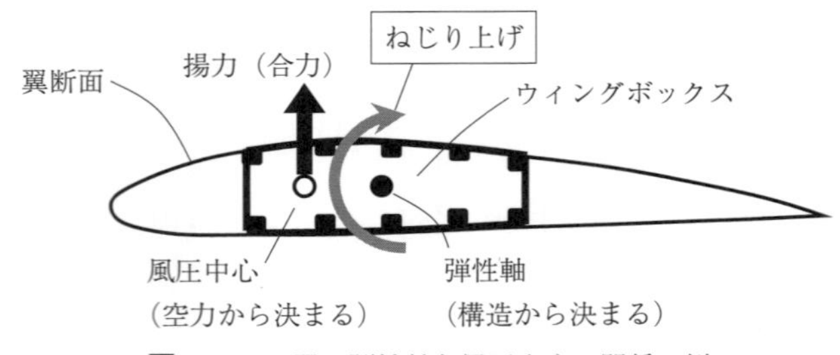

図 4.3.1　翼の弾性軸と風圧中心の関係の例

$$c_{12} = c_{21} \tag{4.3.2}$$

が導かれる．一方，Q_z は点 S に作用し，点 S の定義により $\theta = 0$ なので，

$$c_{21} = 0 \tag{4.3.3}$$

以上より，

$$w_{\mathrm{S}} = c_{11} Q_z \quad (\theta = c_{22} M_t) \tag{4.3.4}$$

となる．これから，M_t のみを加えても $w_{\mathrm{S}} = 0$，つまりねじっても点 S はたわまないので，点 S は上の定義により，ねじり中心になっている．つまり「ねじり中心は，せん断中心 S と一致する」と結論付けられる．この点 S をはりの長手方向（x 軸方向）につないだものを**弾性軸**（elastic axis）と呼ぶ．はりの弾性軸を知ることは，たとえば翼をはりとみなした場合に有効で，揚力の風圧中心と弾性軸の前後関係を見れば，翼のねじり変形がどの向きに起こるかがわかる．図 4.3.1 の例では，風圧中心が弾性軸より前方にあるので，この場合は上向きの揚力によりねじり上げが生じることがわかる．

4.3.2　薄肉補強断面はりのねじり

せん断中心 S(y_{S},z_{S}) はねじり中心と一致し，ねじりによる横方向（y，z 方向）へのたわみを生じないので，ねじりの問題では点 S を基準点として用いる．点 S から薄板に引いた接線に下ろした垂線の長さを $p_{\eta\mathrm{S}}$ とする（図 4.3.2）．

ここでも i 番目の薄板のせん断流を q_i とすると，4.2.1 項の式 (4.2.12) と同じく，薄板の微小要素の x 方向の力の釣り合いは，

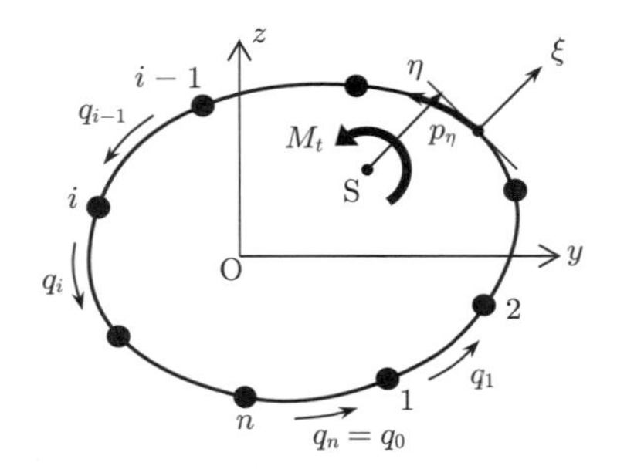

図 4.3.2　補強薄肉断面を持つはりのねじり

$$\frac{\partial q_i}{\partial \eta} = 0 \tag{4.3.5}$$

となる．つまり，薄板 i 内で，

$$q_i = \text{定数} \quad (i = 1, 2, \cdots, n) \tag{4.3.6}$$

である．またねじりの問題では補強材 i には軸力 S_i は生じないから，補強材の x 方向の力の釣り合いから，

$$q_i = q_{i-1} \quad (i = 1, 2, \cdots, n) \tag{4.3.7}$$

が得られ，したがって，式 (4.3.6)，(4.3.7) から，せん断流はどこでも同じで，これを q_t と表して，

$$q_i = q_t \tag{4.3.8}$$

と書くことができる．

開断面の場合，$q_n = q_0 = 0$ となるので，式 (4.3.8) から $q_t = 0$ となる．つまり，薄肉補強構造に対してこの章で仮定している解析に従うと，開断面の場合はねじりを持てない．したがって以下では閉断面のみを考える．

ねじりモーメントは，

$$M_t = \sum_{k=1}^{n} q_k \int_k p_{\eta \mathrm{S}} \, \mathrm{d}\eta \equiv 2 \sum_{k=1}^{n} q_k F_{\mathrm{S}k} \tag{4.3.9}$$

ここで，$F_{\mathrm{S}k}$ はせん断中心 S を中心とした k 番目の扇形の面積である．

$$2F_{\mathrm{S}k} = \int_k p_{\eta\mathrm{S}}\,\mathrm{d}\eta \tag{4.3.10}$$

式 (4.3.9) に式 (4.3.8) を代入して,

$$M_t = 2q_t F \tag{4.3.11}$$

ここで, F は薄板が囲む領域の面積で,

$$F = \sum_{k=1}^{n} F_{\mathrm{S}k} \tag{4.3.12}$$

である. ねじりモーメント M_t が作用すると, 薄肉補強閉断面はりでは薄板にせん断流,

$$q_t = \frac{M_t}{2F} \tag{4.3.13}$$

が生じる.

4.4 薄肉補強はり構造のせん断・曲げ・ねじり

ここでは本章のこれまでの内容を用いて, 任意の点 $\mathrm{P}(y_\mathrm{P}, z_\mathrm{P})$ にせん断力 $Q_{\mathrm{P}y}$, $Q_{\mathrm{P}z}$ とねじりモーメント M_P が加わる場合に (図 4.4.1), はりに生じる内力を求める手順を考える.

まず外部荷重はすべてせん断中心 (かつ, ねじり中心) $\mathrm{S}(y_\mathrm{S}, z_\mathrm{S})$ に加わる荷重に置き換える. 点 S において, せん断力は点 P に加わるものと同じで,

$$Q_y = Q_{\mathrm{P}y}, \quad Q_z = Q_{\mathrm{P}z} \tag{4.4.1}$$

となる. また, ねじりモーメント M_t は, 点 P に加わる M_P に加えて, 点 P でのせん断力 $Q_{\mathrm{P}y}$, $Q_{\mathrm{P}z}$ によるモーメントが加わることに注意して,

$$M_t = M_\mathrm{P} - Q_{\mathrm{P}y}(z_\mathrm{P} - z_\mathrm{S}) + Q_{\mathrm{P}z}(y_\mathrm{P} - y_\mathrm{S}) \tag{4.4.2}$$

となる. 式 (4.4.1) のせん断力と式 (4.4.2) のねじりモーメントを, それぞれ点 S に加えた際に, 前者は 4.2 節, 後者は 4.3 節で示した解析を行えばよい. その際本章の最初に示したように, 解析の前提として断面の原点 O はすべての補強材の断面積を考慮した図心にとる必要がある.

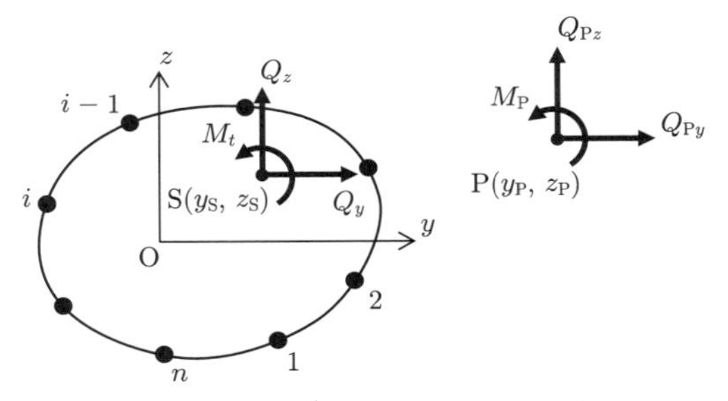

図 4.4.1　薄肉補強はり断面の任意の点 P に加わるせん断力 $Q_{\mathrm{P}y}$，$Q_{\mathrm{P}z}$ とねじりモーメント M_P の扱い

4.5　2 次元薄肉補強構造の解析

前節まではは り状の薄肉補強構造で，長手方向にせん断流が変化しないような 1 次元的な問題を考えたが，ここではせん断流が 2 次元的に変化するような問題を扱う．

4.5.1　一様せん断場

図 4.5.1 のような 2 次元の平面薄肉補強構造において，補強材で囲まれたそれぞれの薄板の区画内でせん断流が一定であるとする．このようにせん断流が対象とする区画や領域内で一定であること仮定した場合を**一様せん断場**と呼ぶ．

補強材について，x 方向の力の釣り合い（図 4.5.2）は式 (4.2.14) と同様に

$$\frac{\mathrm{d}S_i}{\mathrm{d}x} + q_i - q_{i-1} = 0 \quad (i = 1, 2, \cdots, n) \tag{4.5.1}$$

一様せん断場の仮定から，q_i, q_{i-1} はそれぞれの領域内で一定だから，式 (4.5.1) を積分して，

$$S_i(x) = S_{i0} + (-q_i + q_{i-1})x \tag{4.5.2}$$

つまり，軸力は線形に変化する．この構造の中の他の軸力部材についてもすべて同様に，軸力は線形に変化する．

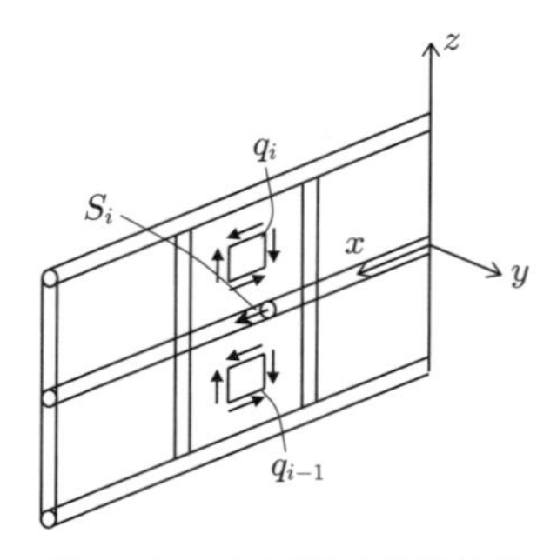

図 4.5.1　平面薄肉補強構造

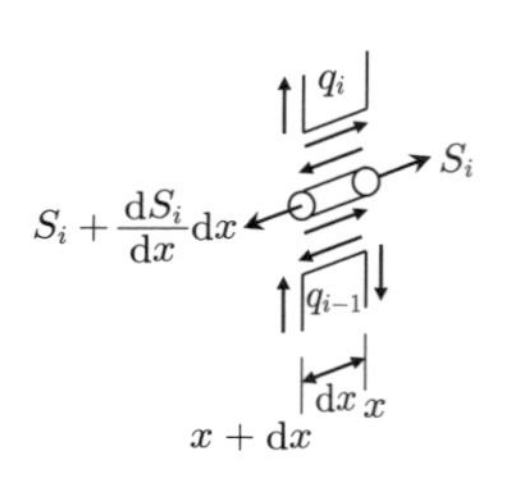

図 4.5.2　補強材の微小領域の力の釣り合い

例題 2　静定問題

図 4.5.3 のような 2 つの区画を有する外力の z 方向の釣り合い，y 軸まわりのモーメントの釣り合いより，

$$P_{10} + P_{20} = P, \quad -P_{20}a_1 + P(a_1 + a_2) = 0 \tag{4.5.3}$$

が得られる．これから，反力を含めたすべての外力が決まり（静定問題），

$$P_{10} = -\frac{a_2}{a_1}P\,, \quad P_{20} = \frac{a_1 + a_2}{a_1}P \tag{4.5.4}$$

となる．

各部材の自由体図より，まず部材 AB の区間 $z = 0$〜z についての力の釣り合いから，

$$S_{\mathrm{AB}}(z) = -P_{10} - q_1 z \tag{4.5.5}$$

が得られる．また，点 B では部材 AB には軸方向の力は加わらないから，

$$S_{\mathrm{AB}}(b) = 0 \tag{4.5.6}$$

である．これから，式 (4.5.5) を式 (4.5.6) に代入して，

$$q_1 = -\frac{P_{10}}{b} \tag{4.5.7}$$

となり，同様に，部材 CD，EF の力の釣り合いから，それぞれ，

$$q_1 - q_2 = \frac{P_{20}}{b} \tag{4.5.8}$$

$$q_2 = -\frac{P}{b} \tag{4.5.9}$$

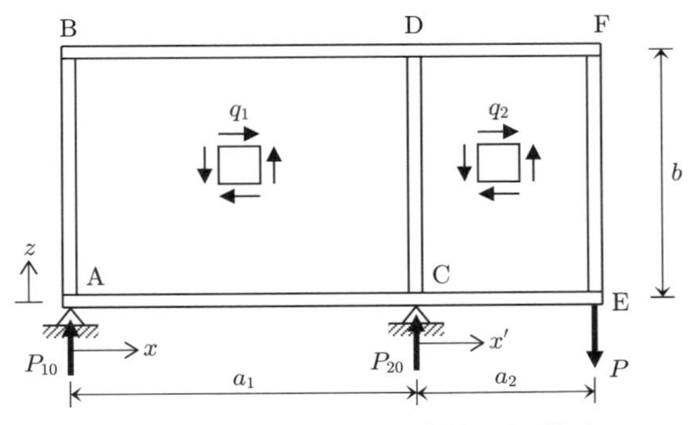

図 **4.5.3**　2 区画を持つ薄肉補強平面構造

を得る．以上からせん断流 q_1，q_2 が求まり，

$$q_1 = -\frac{P_{10}}{b} = \frac{a_2}{a_1 b}P\,, \quad q_2 = -\frac{P}{b} \tag{4.5.10}$$

となる．これをたとえば式 (4.5.5) に戻せば，補強材 AB の軸力が求まる．まず x 方向部材について，部材 BD の $x = 0 \sim x$ について，

$$S_{\mathrm{BD}}(x) = q_1 x = \frac{a_2}{a_1}\frac{x}{b}P \tag{4.5.11}$$

であり，部材 BD の右端の点 D($x = a_1$) では，

$$S_{\mathrm{BD}}\big|_D = S_{\mathrm{BD}}(a_1) = \frac{a_2}{b}P$$

となって，これがとなりの部材 DF の左端の点 D($x' = 0$) での軸力の値になり，これを用いると，部材 DF について，

$$S_{\mathrm{DF}}(x') = \frac{a_2}{b}P + q_2 x' = \frac{a_2 - x'}{b}P \tag{4.5.12}$$

が得られる．この式から，部材 DF の右端の点 F（$x' = a_2$）では，

$$S_{\mathrm{DF}}\big|_F = S_{\mathrm{DF}}(a_2) = 0 \tag{4.5.13}$$

となって，点 F での境界条件を満たす．

例題 3　不静定問題

図 4.5.4 のような，上下対称で横に 2 つの区画からなる構造を考える．これに左端の自由端で点 D に外力 P が作用する場合に，局所座標系 x_1，x_2 を用いて，横向きの補強材 AB，BC，DE，EF，縦向きの補強材 DA，EB の軸力をせん断流 q_1，q_2 と荷重 P で表すことを考える．すべての補強材の弾性率 E，断面積 S とする．横向

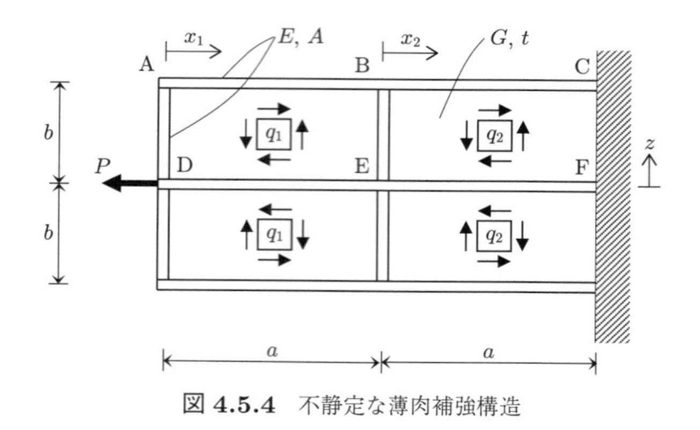

図 4.5.4　不静定な薄肉補強構造

きの部材について，

$$
\begin{aligned}
S_{\mathrm{AB}}(x_1) &= q_1 x_1 \\
S_{\mathrm{BC}}(x_2) &= q_1 a + q_2 x_2 \\
S_{\mathrm{DE}}(x_1) &= P - 2q_1 x_1 \\
S_{\mathrm{EF}}(x_2) &= P - 2q_1 a - 2q_2 x_2
\end{aligned}
\tag{4.5.14}
$$

が得られ，縦向きの部材については，

$$
\begin{aligned}
S_{\mathrm{AD}}(z) &= q_1(b - z) \\
S_{\mathrm{BE}}(z) &= (q_2 - q_1)(b - z)
\end{aligned}
\tag{4.5.15}
$$

となる．

固定端点 C と点 F での軸力（反力と等しくなる）は，

$$
\begin{aligned}
S_{\mathrm{BC}}|_{\mathrm{C}} &= S_{\mathrm{BC}}(a) = q_1 a + q_2 a \\
S_{\mathrm{EF}}|_{\mathrm{F}} &= S_{\mathrm{EF}}(a) = P - 2q_1 a - 2q_2 a
\end{aligned}
\tag{4.5.16}
$$

となって，反力が求まらず，q_1，q_2 が未知量として残る．つまり，力の釣り合いから反力が求まらず，不静定問題となり，不静定次数は 2 である．

そこで，未知量を q_1，q_2 として，すべての補ひずみエネルギーを計算し，コンプリメンタリー・エネルギー最小の定理を用いてこれらを求める必要がある．補ひずみエネルギー B はひずみエネルギーを応力で表したもので，いまの場合コンプリメンタリー・エネルギー Π_c は B のみで表され，

$$
\Pi_c = B \tag{4.5.17}
$$

となる．B への軸力の寄与分は，たとえば部材 AB なら，A を部材の断面積として，

$$\begin{aligned} B_{\text{axial}} &= \frac{1}{2}\int_0^a\int_A \sigma\varepsilon\,\mathrm{d}A\mathrm{d}x = \frac{1}{2E}\int_0^a\int_A \sigma^2\,\mathrm{d}A\mathrm{d}x \\ &= \frac{1}{2E}\int_0^a\int_A \left(\frac{S_{\text{AB}}}{A}\right)^2 \mathrm{d}A\mathrm{d}x = \frac{1}{2EA}\int_0^a S_{\text{AB}}^2\,\mathrm{d}x \end{aligned} \tag{4.5.18}$$

これに式 (4.5.14) の S_{AB} を代入すれば，

$$B_{\text{axial}} = \frac{1}{2EA}\int_0^a (q_1 x_1)^2\,\mathrm{d}x_1 = \frac{a^3}{6EA}q_1^2 \tag{4.5.19}$$

で計算される．一方，せん断流の寄与分は，一つの区画の薄板で，板厚は t だから せん断流 q_i（$i=1,2$）を用いて，

$$B_{\text{shear}} = \frac{1}{2}\int_0^a\int_0^b\int_{-t/2}^{t/2} \tau\gamma \mathrm{d}z\mathrm{d}x\mathrm{d}y = \frac{ab}{2Gt}q_i^2 \tag{4.5.20}$$

で計算される．こうしてすべての部材の補ひずみエネルギーを求めてそれらの和をとったものが Π_c である．

コンプリメンタリー・エネルギー最小の定理は，

$$\delta\Pi_c = \frac{\partial\Pi_c}{\partial q_1}\delta q_1 + \frac{\partial\Pi_c}{\partial q_2}\delta q_2 = 0 \tag{4.5.21}$$

に帰着し，これから，

$$\frac{\partial\Pi_c}{\partial q_1} = 0\,, \quad \frac{\partial\Pi_c}{\partial q_2} = 0 \tag{4.5.22}$$

が得られる．これらの式を具体的に書くと，

$$\begin{aligned} &\frac{1}{2EA}\left\{\left(16a^3 + \frac{8b^3}{3}\right)q_1 + \left(6a^3 - \frac{4b^3}{3}\right)q_2 - 6a^2P\right\} + \frac{ab}{2Gt}\cdot 4q_1 = 0 \\ &\frac{1}{2EA}\left\{\left(6a^3 + \frac{4b^3}{3}\right)q_1 + \left(4a^3 + \frac{4b^3}{3}\right)q_2 - 2a^2P\right\} + \frac{ab}{2Gt}\cdot 4q_2 = 0 \end{aligned} \tag{4.5.23}$$

となる．ここで，

$$\beta = \frac{Gta^2}{EAb}\,, \quad \gamma = \frac{b^3}{a^3} \tag{4.5.24}$$

とおいて，式 (4.5.23) の 2 つの式を q_1，q_2 に関する連立方程式として整理して，

$$\begin{aligned} \left(8 + \frac{4}{3}\gamma + \frac{2}{\beta}\right)q_1 + \left(3 - \frac{2}{3}\gamma\right)q_2 &= 3\frac{P}{a} \\ \left(3 - \frac{2}{3}\gamma\right)q_1 + \left(2 + \frac{2}{3}\gamma + \frac{2}{\beta}\right)q_2 &= \frac{P}{a} \end{aligned} \tag{4.5.25}$$

となる．

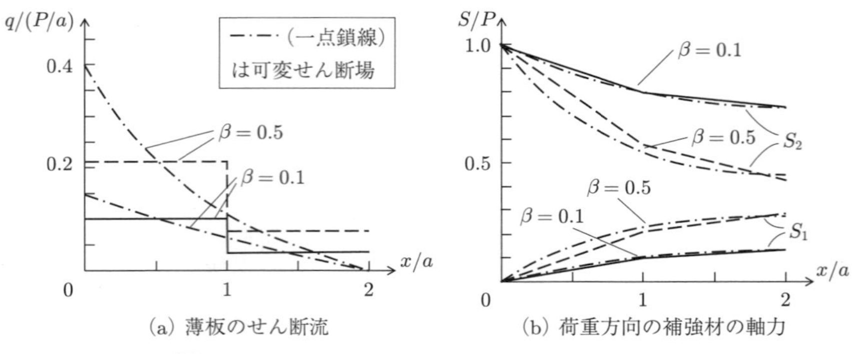

図 4.5.5　薄板のせん断流と荷重方向の補強材の軸力

数値例として，$a = b$，すなわち $\gamma = 1$，また，$\beta = 0.1, 0.5$ としたときのせん断流 q_1，q_2，および荷重線上の軸力 S_{DE}，S_{EF} と，上辺上の軸力 S_{AB}，S_{BC} を図 4.5.5 に示す．

式 (4.5.24) で $a = b$ としたときの，

$$\beta = \frac{Gtb}{EA} \tag{4.5.26}$$

は，この場合の薄板と補強材の剛性の比を表す量になっている．一点鎖線は後述の可変せん断場の場合である（図 4.5.5）．

4.5.2　可変せん断場

前項の例題 3 の構造では，実際には固定端（$x = 2a$）近傍ではせん断ひずみはゼロに近く，荷重点付近ではせん断ひずみはきわめて大きいはずである．このように実際にはせん断ひずみが変化するものをそれぞれの区画の内部で一様として扱うことには実際無理がある場合もある．すなわち，大きな領域を一様せん断場で扱うと誤差は大きくなる．そこで，同じ区画の中でもせん断ひずみ，せん断応力の変化を許容する**可変せん断場**（variable shear field）を考える．

例題 4　大きな区画を持つ補強構造

図 4.5.6 のように区画を仕切る縦材のない，（z 方向に）上下対称の構造を考える．ここで，荷重 P は中央の部材に作用し，応力場も上下対称となる．せん断流の分布は x 方向だけ変化するとして，

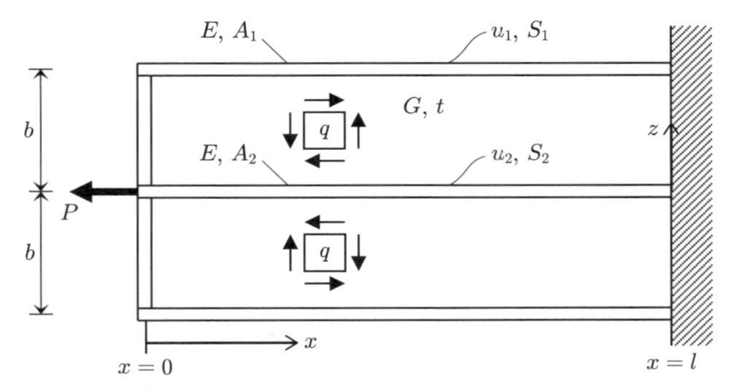

図 4.5.6　可変せん断場を持つ薄肉補強構造

$$q = q(x) \tag{4.5.27}$$

上下の対称性を考慮して，まず補強材の x 方向の力の釣り合いは，

$$\frac{\mathrm{d}S_1}{\mathrm{d}x} = q\ , \quad \frac{\mathrm{d}S_2}{\mathrm{d}x} = -2q \tag{4.5.28}$$

である．ひずみの変位表示式は，

$$\gamma = \frac{u_1 - u_2}{b} \quad (\text{薄板}) \tag{4.5.29}$$

$$\varepsilon_1 = \frac{\mathrm{d}u_1}{\mathrm{d}x}\ , \quad \varepsilon_2 = \frac{\mathrm{d}u_2}{\mathrm{d}x} \quad (\text{補強材}) \tag{4.5.30}$$

となる．構成方程式は，

$$q = G\gamma t \quad (\text{薄板}) \tag{4.5.31}$$

$$S_1 = EA_1\varepsilon_1\ , \quad S_2 = EA_2\varepsilon_2 \quad (\text{補強材}) \tag{4.5.32}$$

であり，これらの式からまず，式 (4.5.30) を式 (4.5.32) に代入して，

$$S_1 = EA_1\frac{\mathrm{d}u_1}{\mathrm{d}x}\ , \quad S_2 = EA_2\frac{\mathrm{d}u_2}{\mathrm{d}x} \tag{4.5.33}$$

が得られる．また式 (4.5.29) を x で微分した式に，式 (4.5.31)，(4.5.33) を代入して，

$$\frac{1}{Gt}\frac{\mathrm{d}q}{\mathrm{d}x} = \frac{1}{Eb}\left(\frac{S_1}{A_1} - \frac{S_2}{A_2}\right) \tag{4.5.34}$$

となる．この式を x で微分した式に，式 (4.5.28) を代入して，

$$\frac{1}{Gt}\frac{\mathrm{d}^2q}{\mathrm{d}x^2} = \frac{1}{Eb}\left(\frac{1}{A_1} + \frac{2}{A_2}\right)q \tag{4.5.35}$$

が得られる．この q に関する微分方程式を，無次元量 $\xi = x/b$, $L = l/b$ で書きかえて，

$$\frac{d^2q}{d\xi^2} - k^2 q = 0 \tag{4.5.36}$$

ここで，この式の k は，

$$k^2 = \frac{Gtb}{E}\left(\frac{1}{A_1} + \frac{2}{A_2}\right) = \frac{Gtb}{E}\frac{2A_1 + A_2}{A_1 A_2} \tag{4.5.37}$$

を表している．境界条件は，式 (4.5.34) と式 (4.5.31) を使って，

$$\xi = 0 : \quad S_1 = 0\,, \quad S_2 = P \quad \rightarrow \quad \frac{\mathrm{d}q}{\mathrm{d}x} = \frac{Gt}{Eb}\cdot\left(-\frac{P}{A_2}\right)$$
$$\rightarrow \quad \xi = 0 : \quad \frac{\mathrm{d}q}{\mathrm{d}\xi} = -\frac{Gt}{E}\frac{P}{A_2} \tag{4.5.38}$$

$$\xi = L : \quad \gamma = 0 \quad \rightarrow \quad \xi = L : \quad q = 0 \tag{4.5.39}$$

となる．

さて，式 (4.5.36) の一般解は，

$$q\,(\xi) = C_1 \sinh k\xi + C_2 \cosh k\xi \tag{4.5.40}$$

であり，この式を境界条件式 (4.5.38)，(4.5.39) に代入して，最終的に $q(\xi)$ は，

$$q\,(\xi) = -\frac{P}{2A_1 + A_2}\frac{kA_1}{b}\frac{\sinh k\,(L-\xi)}{\cosh kL} \tag{4.5.41}$$

となる．ここで，右辺の最初の分数項，

$$\frac{P}{2A_1 + A_2} = \sigma_{\mathrm{mean}}$$

は，補強材の平均応力である．

さらに，式 (4.5.41) を式 (4.5.28) に代入したものを積分することで，最終的に補強材の軸力も，

$$\begin{aligned} S_1 &= \frac{PA_1}{2A_1+A_2}\left(1-\frac{\cosh k\,(L-\xi)}{\cosh kL}\right) = \sigma_m A_1\left(1-\frac{\cosh k\,(L-\xi)}{\cosh kL}\right) \\ S_2 &= \frac{PA_2}{2A_1+A_2}\left(1+\frac{2A_1}{A_2}\frac{\cosh k\,(L-\xi)}{\cosh kL}\right) = \sigma_m A_2\left(1+\frac{2A_1}{A_2}\frac{\cosh k\,(L-\xi)}{\cosh kL}\right) \end{aligned} \tag{4.5.42}$$

と求められる．これらの結果を $A_1 = A_2 = A$，$b = a\ (= l/2)$ の場合について見ると，前項の式 (4.5.26) の β と k との関係は $k^2 = 3\beta$ となり，これを勘案して図示したものを図 4.5.5 に一点鎖線で示している．

図 4.5.5(a) から，荷重点（$x = 0$）近くではせん断流 q が大きくなっている．薄

板は，中央の補強材の軸力 S_2 を上下の補強材に伝えて軸力 S_1 を生じさせる働きを担っている．ところが，薄板のせん断弾性率 G が有限であるため，薄板にせん断変形（したがってせん断流も）が生じて上下の補強材に軸力を有効に伝えきれていないと見ることもできる．

上下の補強材が有効に働き始める（軸力 S_1 が十分大きくなる）までに，荷重点からある程度の距離を要しているわけで，板のせん断変形のために上下の軸力への伝達に遅れが生じている．このことから，このような現象を**せん断遅れ**（シア・ラグ（shear-lag））と呼んでいる．上で示したせん断遅れの定式化は，接着構造の応力解析や補強材の不連続部の解析など，近似的な簡易解析として応用範囲が広い．なお，この節で説明した薄板に生じるせん断応力（せん断流）は，これが過大になると，薄板にせん断座屈を生じさせる可能性がある．これについては 8.3.5，8.3.6 項のせん断座屈と張力場の説明を参照のこと．

4.6 テーパの影響

航空機では主翼の先細り（**テーパ**（taper））に伴って桁の高さが変化する場合のように，テーパ部を有する構造がたびたび見られる．ここではテーパの影響を単純化して考察するために，図 4.6.1 のようなテーパした補強はりのせん断力による曲げを考える．

薄板のせん断流 q は，はりの長さ方向（x 方向）に変化する一方，高さ方向（z 方向）には一定と仮定する（$q = q(x)$）．はりの $x = x$〜l 間の部分のモーメントの釣り合いから，

$$-S_1 h(x) \cos\alpha_1 = S_2 h(x) \cos\alpha_2 = P(l - x) \tag{4.6.1}$$

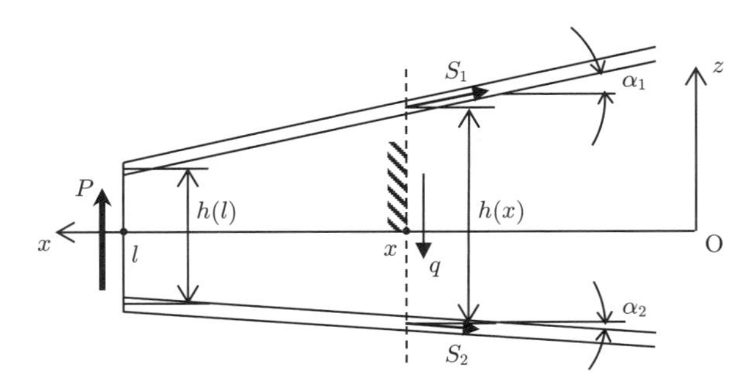

図 **4.6.1** テーパはり

であり，また z 方向の力の釣り合いから，

$$P = qh(x) - S_1 \sin\alpha_1 + S_2 \sin\alpha_2 \tag{4.6.2}$$

が得られる．式 (4.6.1) を式 (4.6.2) に代入して，$(l-x)(\tan\alpha_1 + \tan\alpha_2) = h(x) - h(l)$ であることを用いると，

$$qh(x) = P + S_1 \sin\alpha_1 - S_2 \sin\alpha_2 = P - \frac{P(l-x)(\tan\alpha_1 + \tan\alpha_2)}{h(x)} = P\frac{h(l)}{h(x)} \tag{4.6.3}$$

となる．

以上より，式 (4.6.1) から，軸力はテーパなしの場合（$\alpha_i = 0$），

$$-S_1 = S_2 = P\frac{l-x}{h(x)} \tag{4.6.4}$$

であるのに対し，テーパがある場合，

$$-S_1 = P\frac{l-x}{h(x)}\frac{1}{\cos\alpha_1}\ , \quad S_2 = P\frac{l-x}{h(x)}\frac{1}{\cos\alpha_2} \tag{4.6.5}$$

であるから，テーパがない場合に比べて $1/\cos\alpha_i$（>1）倍と大きくなっている．

一方せん断流は式 (4.6.3) から，テーパなしの場合（$\alpha_i = 0$），

$$q = \frac{P}{h(x)} \tag{4.6.6}$$

であるのに対し，テーパがある場合，

$$q = \frac{P}{h(x)}\frac{h(l)}{h(x)} \tag{4.6.7}$$

となり，テーパがない場合に比べて $h(l)/h(x)$（<1）倍と小さくなっている．

つまり，テーパがある場合には一般に軸力部材の負担が大きくなる．これは軸力部材が傾いてはりの高さ方向に向くことで，その方向に軸力成分が生じることによる．軸力部材の負担が大きくなる分，薄板のせん断流は小さくなる．

5

翼小骨，胴体フレームの解析

5.1　小骨とフレームの構造概要と分担する荷重

本章では，第4章で解説したはりの基礎理論を適用して，軽量構造の応力解析について説明し，アルミニウム合金製の一般小骨を対象に応力解析について解説する．まず軽量構造の代表例として，航空機の翼構造の小骨と胴体構造のフレームを取り上げる．翼構造の小骨と胴体構造のフレームの構造概要や機能については，詳しくは第2章を参照されたいが，翼の構造，小骨について再確認するため，図5.1.1に翼の構造の概要，図5.1.2に翼の小骨の概要を示す．

小骨（**rib**）の役割は，翼の形状を保つとともに，空気力や慣性力などの外力を**箱型はり**に伝えることである．脚や動翼からの大きな荷重を受け持つ小骨は**力骨**と呼ばれることもある．代表的な材料はアルミニウム合金系の材料で，大きな荷重を受け持たない小骨は板金組み立て構造だが，力骨等の大荷重を受け持つ部材は，機械加工で削り出すことが多い．小骨はリベットで翼外板に連続的に取り付けられるのが一般的である．なお，複合材構造の主翼では外板と

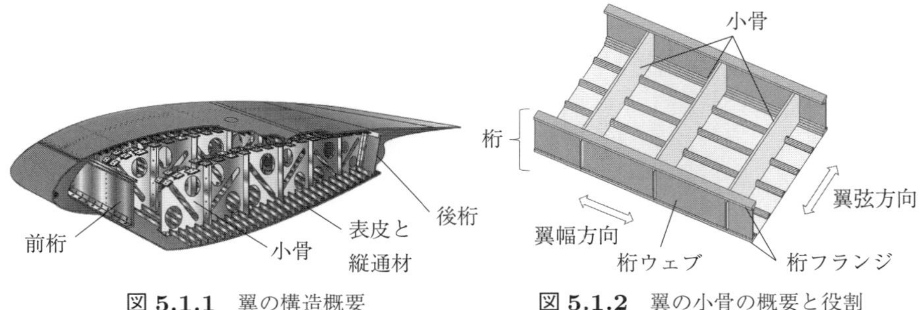

図5.1.1　翼の構造概要　　**図5.1.2**　翼の小骨の概要と役割

(a) 旅客機の胴体構造の例

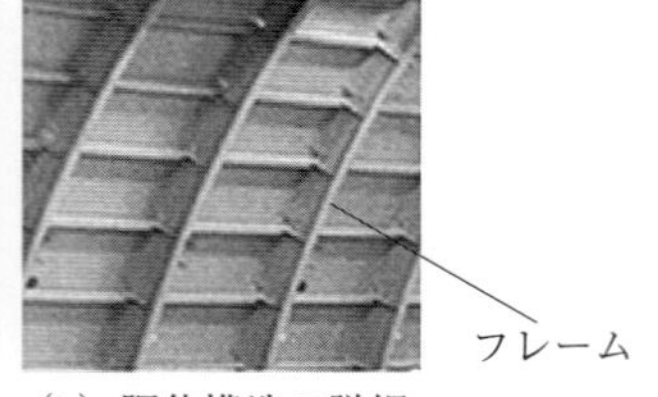

(b) 胴体構造の詳細

図 5.1.3　胴体構造の例 [5-1]

一体で成形する場合もある．

胴体構造の例を図 5.1.3 に示す．フレームは，アルミニウム合金の板金組み立て構造が一般的であるが，主翼と胴体の結合部等の大きな荷重を受け持つフレームは機械加工による削り出し部材が用いられている．

5.2　小骨の応力解析 [5-2,5-3]

5.2.1　小骨とフレームの解析の考え方と解析手法

小骨とフレームは，主翼または胴体に働く空気力や慣性力などの外力が，せん断力，曲げモーメント，ねじりモーメントとして作用する際に，これらを受けて，外板等の他の部材に伝える役割を担う．また翼の小骨はエンジンを支えるパイロンからの荷重を箱型はりに伝え，**胴体フレーム**は翼からの荷重を胴体に伝えるなど，翼や胴体に対して外から加わる集中荷重も伝達する．

主翼の小骨を例にして，応力解析の考え方を説明する．本章で使用する座標系と外力を図 5.2.1 に示す．基本的には第 4 章と同じ座標系を用いているが，取り扱う座標平面が異なっている．

また，翼の **1 本桁箱型はり構造**の詳細を図 5.2.2 に示す．図 5.2.2 において，小骨は周囲に打鋲したリベット等で外板に結合されて荷重を伝達している．

a. 外力について

各外力の扱い方について第 4 章の内容に基づき詳細を以下に示す．なお，本章で扱う翼の小骨や胴体のフレームに 4.2.1 項の理論を適用する場合には，断面を示す座標平面に注意が必要である．

【座標系に関する注意】本章では図 5.2.1 の座標系を使用しており，本項で扱う翼構造の場合は，図に示すように翼の断面（x-z 面）で考えている．な

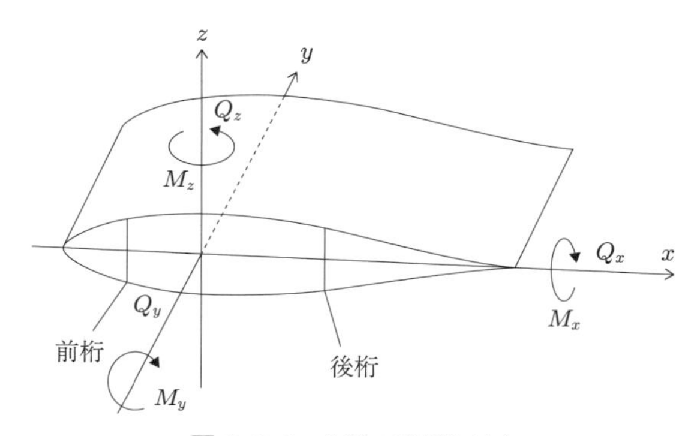

図 5.2.1 主翼の座標と外力

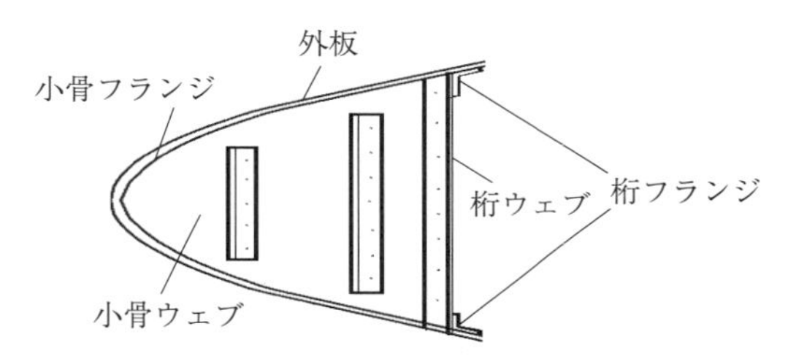

図 5.2.2 小骨と外板の結合の概要

お，胴体構造のフレームの解析では y-z 平面で考えている．

まず，翼断面に働く外力のせん断荷重（Q_x, Q_y, Q_z）とねじりモーメント（M_x, M_y, M_z）が小骨のせん断流と釣り合うという関係から小骨のせん断流を求める．曲げモーメントについては，翼幅方向に単位長さの間隔で互いに平行な断面に作用する曲げモーメントを用いて y 軸方向の軸力の差分を計算して，その軸力の差分に等しいせん断流が小骨に作用するものとする．これらのせん断流を重ね合わせて小骨のせん断流分布を求めることができる．

次に，せん断力とせん断流の関係は式 (4.2.33) に基づいて，一般的に式 (5.2.1) のように示すことができる．

$$Q = q \times h \tag{5.2.1}$$

式 (5.2.1) において，Q はせん断力，q はせん断流，h は求めるせん断力が作用する薄肉部材（外板）のせん断力方向の距離である（図 4.2.5 参照）．なお，式 (5.2.1) では単純化のため q の添え字は省略している．具体的な場合と

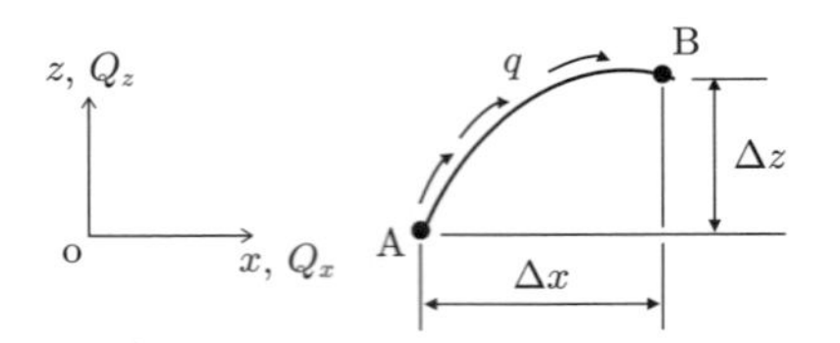

図 5.2.3　せん断流とせん断力の関係

して，図 5.2.1 に示す座標系に式 (5.2.1) を適用すると，x 軸方向のせん断力 Q_x と z 軸方向のせん断力 Q_z は式 (5.2.2)，式 (5.2.3) で与えられる．

$$Q_x = q\Delta x \tag{5.2.2}$$

$$Q_z = q\Delta z \tag{5.2.3}$$

式 (5.2.2) と式 (5.2.3) において，Δx と Δz は，せん断力を求めたい薄肉部材の両端の x 座標と z 座標の差分である．式 (5.2.2) と式 (5.2.3) で示した**せん断力**と**せん断流**の関係を図 5.2.3 に示す．

b. せん断流の重ね合わせ

翼断面の桁と外板で囲まれた面積 F の閉断面に働くねじりモーメント M_t とせん断流 q の関係は，式 (4.3.13) で与えらる（図 4.3.2 参照）．本章では式 (4.3.13) を式 (5.2.4) として再掲する．なお，簡単化のため q の添え字は省略している．

$$q = \frac{M_t}{2F} \tag{5.2.4}$$

次に，図 5.2.4 に示すように，補強材を持たない翼の 1 本桁箱型はり構造にせん断力 Q_z とねじりモーメント M_t が作用した場合の外板のせん断流を求める方法について式 (5.2.1)，式 (5.2.4) を適用して説明しよう．

図 5.2.4(a) において図心が上下の桁フランジの中間にあると仮定する．この場合，せん断力が桁から長さ c だけ離れた位置に作用するとすれば，この箱型はり構造には，せん断力 Q_z とねじりモーメント M_t が同時に作用することになる．この場合，図 5.2.4(b)，(c) に示すように，せん断力 Q_z とねじりモーメント M_t が個別に作用するとして，それぞれのせん断流を求めて重ね合わせればよい．

図 5.2.5(a) に示すせん断力 Q_z による鉛直部材のせん断流 q_1 は式 (5.2.1) から $q_1 = Q_z/h$ で与えられる．また，図 5.2.5(b) に示すねじりモーメントによ

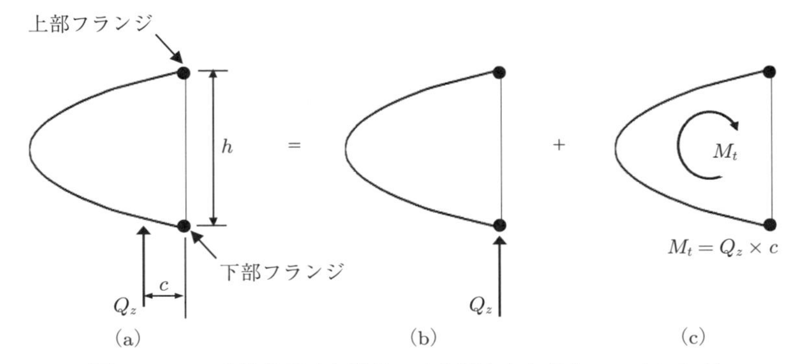

図 5.2.4 1本桁箱型はり構造にせん断力とねじりモーメントが作用する場合

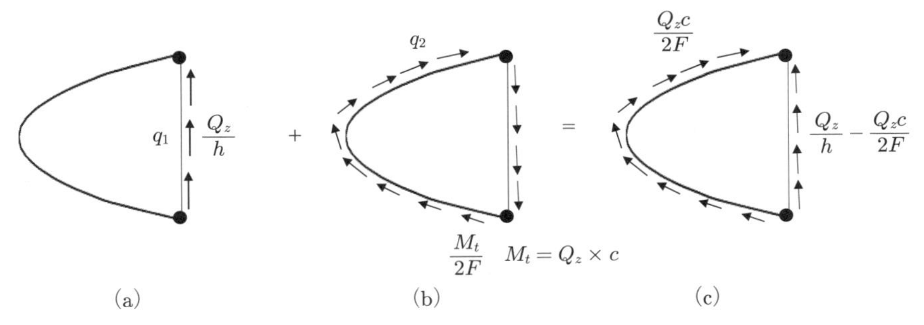

図 5.2.5 1本桁箱型はり構造のせん断流の重ね合わせ

る閉断面外周上のせん断流 q_2 は，式 (5.2.4) から $q_2 = M_t/2F$ で与えられる．図 5.2.4(a) の翼の前縁構造の外板に働くせん断流は図 5.2.5(a) と (b) の重ね合わせにより，図 5.2.5(c) のように求められる．なお，これらのせん断流は図 5.2.4 に示す外力と等置している．

c. 補強材を有する薄板箱型はり構造のせん断流 [5-4]

次に，翼の箱型はりを複数の補強材を持つ薄板構造として解析してみよう．補強材を持つ薄板構造のせん断流は，第 4 章の 4.2.1 項に示す方法により求めることができる．図 5.2.1 に示す本章の座標軸を考慮して図 4.2.2 を修正し図 5.2.6 として再記する．ここでは，せん断流の向きは時計回りを正としている．

ここで，曲げにより補強材に働く軸力とせん断流の軸方向の力の釣り合いは式 (4.2.20) で与えられる．式 (4.2.20) を式 (5.2.5) として再記する．なお，式 (5.2.5) において，図 4.2.2 と図 5.2.6 ではせん断流の向きが逆なので符号が反

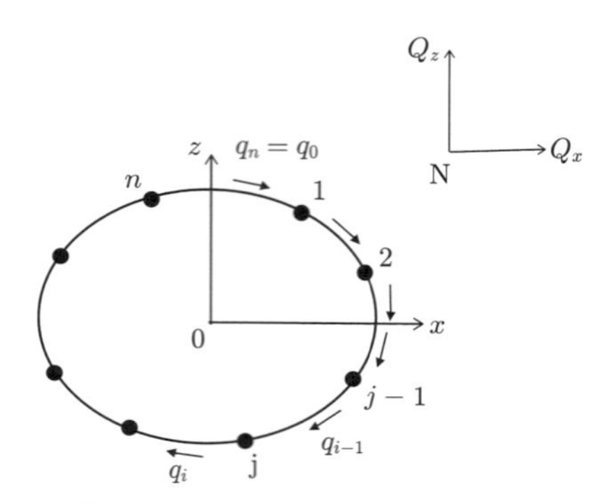

図 **5.2.6**　補強薄肉断面のせん断流

転していることと，図 5.2.6 では x-z 平面で解析を行っているため変数の添え字が変更されていることに注意されたい．

$$q_i - q_0 = \frac{1}{I_{xx}I_{zz} - {I_{xz}}^2}\left\{(I_{zz}Q_x - I_{xz}Q_z)\sum_{k=1}^{i} A_k x_k + (-I_{xz}Q_x + I_{xx}Q_z)\sum_{k=1}^{i} A_k z_k\right\}$$
$$(i = 1, 2, \cdots, n-1) \tag{5.2.5}$$

とくに，x，z 軸が断面の主軸なら，$I_{xz} = 0$ となり，式 (5.2.5) は式 (5.2.6) のように簡単な形になる．

$$q_i - q_0 = \frac{1}{I_{xx}} Q_x \sum_{k=1}^{i} A_k x_k + \frac{1}{I_{zz}} Q_z \sum_{k=1}^{i} A_k z_k$$
$$(i = 1, 2, \cdots, n-1) \tag{5.2.6}$$

式 (5.2.1)〜式 (5.2.6) により，複数の補強材を持つ一様断面の箱型はりのせん断流を求めることができる．次項以下で代表的な例について応力解析の手順を示そう．

5.2.2　2 本のフランジをもつ 1 本桁箱型はり構造の小骨の応力解析 [5-2,5-5]

a. 荷重条件と応力解析の基本式

図 5.2.7 において，偶力 Q_x とせん断力 Q_z は翼の後縁構造に作用する空気力による外力である．この外力と箱型はりの小骨のせん断流が釣り合うことに

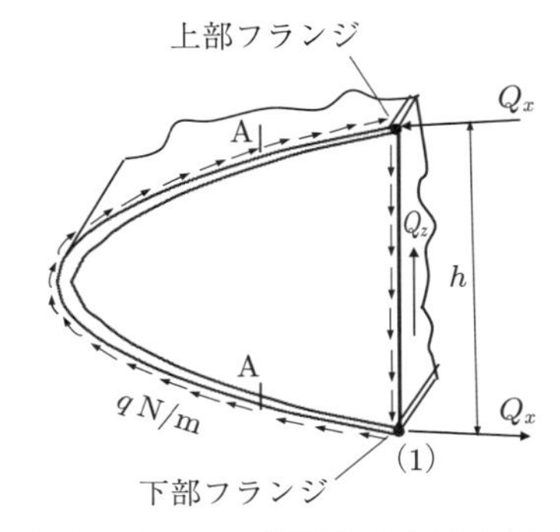

図 5.2.7 1 本桁構造の箱型はりに作用する荷重

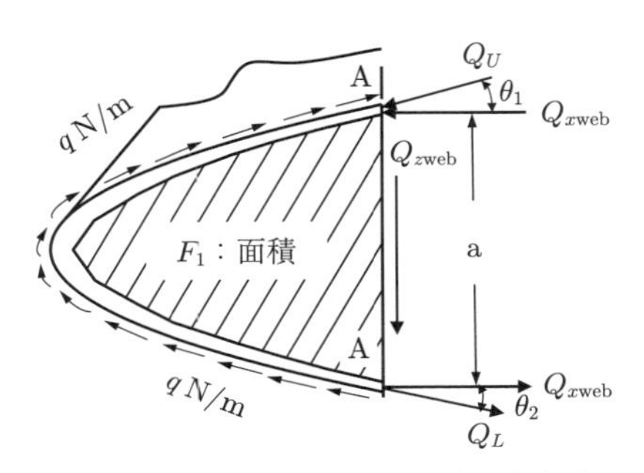

図 5.2.8 任意断面 A-A での力の釣り合い

なり，その釣り合い式は図 5.2.7 の（1）点まわりのモーメントの釣り合いとして式 (5.2.7) で与えられる．式 (5.2.7) を解いて，せん断流 q は式 (5.2.8) で求められる．

$$-Q_x h + 2Fq = 0 \tag{5.2.7}$$

$$q = \frac{Q_x h}{2F} \tag{5.2.8}$$

ここで，F は外板と桁フランジを結ぶ線で囲まれた閉じた部分の面積である．せん断流 q を求めると，箱型はりの任意断面での小骨のせん断力と曲げモーメントを決定することが可能になる．

b. 任意断面の応力解析

一例として，図 5.2.7 の A-A から前方の部分について，自由体としての力の釣り合いからせん断力 Q_{web}，上下のフランジに働く軸力 Q_L，Q_U を求めてみよう．任意断面 A-A での力の釣り合いを図 5.2.8 に示す．

図 5.2.8 において，せん断流 q によるねじりモーメントと桁フランジに作用する荷重 Q_U，Q_L の水平方向成分 $Q_{x\text{web}}$ による偶力のモーメントが等しいという関係から式 (5.2.9) を得る．ここで，F_1 は小骨の断面 A-A から前方部分の面積（斜線で表示）である．

$$2qF_1 = Q_{x\text{web}}a \tag{5.2.9}$$

これより，$Q_{x\text{web}}$ は式 (5.2.10) で与えられる．

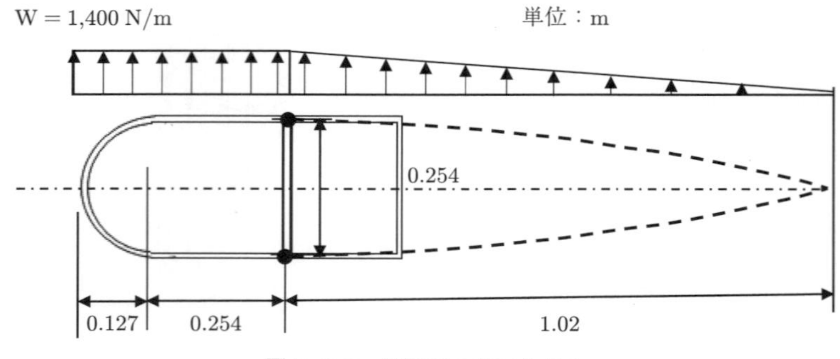

図 **5.2.9**　翼断面の諸元と外力

$$Q_{x\text{web}} = 2qF_1/a \tag{5.2.10}$$

図 5.2.8 より，上部フランジの軸力 Q_U と下部フランジの軸力 Q_L は式 (5.2.11) と式 (5.2.12) から求められる．

$$Q_U = Q_{x\text{web}}/\cos\theta_1 \tag{5.2.11}$$

$$Q_L = Q_{x\text{web}}/\cos\theta_2 \tag{5.2.12}$$

次に，小骨のウェブに作用する鉛直方向のせん断力 $Q_{z\text{web}}$ は，図 5.2.7 の構造に働く力の釣り合いから式 (5.2.13) のように求められる．

$$Q_{z\text{web}} = qa - Q_{x\text{web}}\tan\theta_1 - Q_{x\text{web}}\tan\theta_2 = qa - \frac{2qF_1}{a}(\tan\theta_1 + \tan\theta_2) \tag{5.2.13}$$

式 (5.2.10)～(5.2.13) を用いて，断面 A-A に働く荷重（$Q_{z\text{web}}$，Q_U，Q_L）を求めることができる．

c. 等分布荷重を受ける翼構造

等分布荷重を受ける翼構造の解析を行うため，翼の形状と空力荷重分布を単純化したモデルを図 5.2.9 に示す．図 5.2.9 は 1 本桁箱型はり構造の翼である．同図では，空力荷重分布は箱型はりの範囲では一様分布（$W = 1,400$ N/m），箱型はり後桁から翼後縁までは線形分布とする．単純化のため翼は対称翼として，断面は半円，長方形および三角形の組み合わせで構成されるものと仮定する．翼断面の諸元と外力を図 5.2.9 に，図 5.2.9 の箱型はりの部分に働く外力を図 5.2.10 に示す．

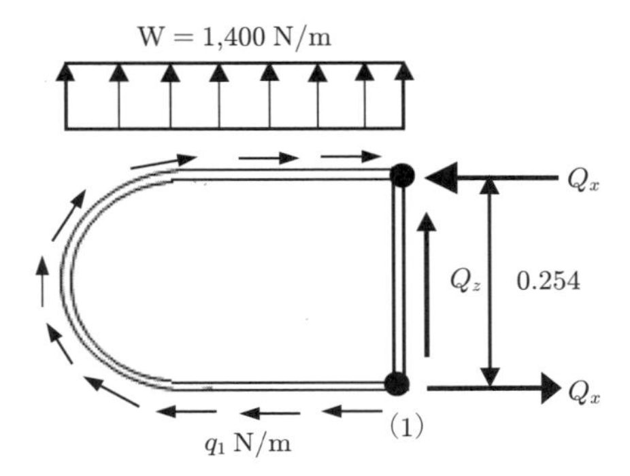

図 5.2.10　箱型はりの小骨に作用する外力

d. 応力解析

図 5.2.10 において，小骨を自由体と考え，力の釣り合いから小骨に働くせん断流を求める．小骨に働く外力は，後縁からの空気力によるモーメントと等置されるフランジ荷重 Q_x と小骨のウェブに働くせん断力 Q_z, 箱型はりに働く空気力による等分布荷重である．ここで後縁部からの荷重と等置して，フランジ荷重 Q_x とウェブ荷重 Q_z は次式のように求めることができる．

$$Q_x = 1400 \times \frac{1.02}{2} \times \frac{1.02}{3} \times \frac{1}{0.254} = 956\ \mathrm{N} \tag{5.2.14}$$

$$Q_z = 1400 \times \frac{1.02}{2} = 714\ \mathrm{N} \tag{5.2.15}$$

次にせん断流 q_1 はフランジ（1）まわりのモーメントの釣り合い式 (5.2.16) を解いて求めることができる．

$$-Q_x \times 0.254 + W \times (0.127 + 0.254) \times \frac{(0.117 + 0.254)}{2} + 2Fq_1 = 0 \tag{5.2.16}$$

式 (5.2.16) に式 (5.2.14)，式 (5.2.15) および $F = 0.09\ \mathrm{m}^2$ を代入すると釣り合い式は式 (5.2.17) で表される．ここで，F は前桁と前縁部分の外板で囲まれた部分の面積（$0.09\ \mathrm{m}^2$）である．

$$-956 \times 0.254 + 1400 \times (0.127 + 0.254) \times \frac{0.127 + 0.254}{2} + 2 \times 0.09 \times q_1 = 0 \tag{5.2.17}$$

式 (5.2.17) を解いて，小骨のせん断流は，$q_1 = 785\ \mathrm{N/m}$ として求められる．

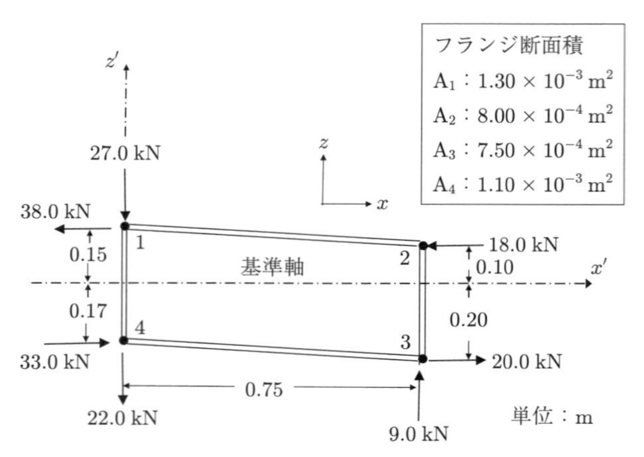

図 5.2.11　4 本のフランジを持つ非対称断面の小骨ウェブ

5.2.3　複数のフランジを持つ非対称断面箱型はりの小骨の応力解析

a. 箱型はりの諸元と外力

図 5.2.11 に示す **2 本桁箱型はり構造**を例として，4 本のフランジを持つ非対称な小骨の応力解析を説明しよう．図 5.2.11 において．フランジ 2 と 3 は後縁部分からの外力を受け持ち，フランジ 1 と 4 にはエンジンのパイロンなどからの外力を受け持っているとする．このように比較的大きな荷重を受け持つ小骨を力骨と呼ぶ．

図 5.2.11 において，x-z 面での釣り合いを考えると，各フランジに働く外力と小骨のせん断流が力学的に等置される．図 5.2.11 において，基準軸 x'-z' に関する慣性 2 次モーメントを I'_{zz}，I'_{xx}，I'_{xz}，図心の座標を（X_{G}，Z_{G}），中立軸 x-z に関する慣性 2 次モーメントを I_{zz}，I_{xx}，I_{xz} とすると，フランジ間のせん断流を q'_i として，曲げ荷重によるせん断流の変化は式 (5.2.5) に基づいて式 (5.2.18) で示される．

$$q'_{i+1} - q'_i = \Delta q'_i = \left(\frac{I_{zz}Q_x - I_{xz}Q_z}{I_{zz}I_{xx} - I_{xz}^2} x_i + \frac{-I_{xz}Q_x + I_{xx}Q_z}{I_{zz}I_{xx} - I_{xz}^2} z_i \right) \times A_i \tag{5.2.18}$$

式 (5.2.18) を用いるにあたって，図 5.2.11 の構造の図心の位置を求めて中立軸に関する慣性 2 次モーメントを計算する．計算手順を表 5.2.1 に示す．

表 5.2.1　断面特性の計算

①	②	③	④	⑤	⑥	⑦	⑧
フランジ	A_i	Z'	X'	$A \times Z'$	$A \times Z'^2$	$A \times X'$	$A \times X'^2$
番号	$(\times 10^{-4}\,\mathrm{m}^2)$	(m)	(m)	$(\times 10^{-4}\,\mathrm{m}^3)$	$(\times 10^{-4}\,\mathrm{m}^4)$	$(\times 10^{-4}\,\mathrm{m}^3)$	$(\times 10^{-4}\,\mathrm{m}^4)$
1	13.00	0.15	0	1.95	0.293	0.00	0.00
2	8.00	0.10	0.75	0.80	0.080	6.00	4.50
3	7.50	−0.20	0.75	−1.50	0.300	5.63	4.22
4	11.00	−0.17	0	−1.87	0.318	0.00	0.00
合計	39.50			−0.62	0.991	11.63	8.72

	⑨	⑩	⑪	⑫	⑬
フランジ	$A \times Z' \times X'$	Z_G	X_G	Z	X
番号	$(\times 10^{-4}\,\mathrm{m}^4)$	(m)	(m)	(m)	(m)
1	0.000	−0.0157	0.294	0.166	−0.294
2	0.600			0.116	0.456
3	−1.125			−0.184	0.456
4	0.000			−0.154	−0.294
合計	−0.525				

表 5.2.1 から中立軸に対する断面 2 次モーメントは式 (5.2.19)〜(5.2.21) で求められる．

$$I_{zz} = \Sigma\{A \times (z')^2\} - \Sigma(A \times Z_G^2) = 9.81 \times 10^{-5}\ \mathrm{m}^4 \tag{5.2.19}$$

$$I_{xx} = \Sigma\{A \times (X')^2\} - \Sigma(A \times X_G^2) = 5.31 \times 10^{-4}\ \mathrm{m}^4 \tag{5.2.20}$$

$$I_{xz} = \Sigma\{A \times (X') \times (Z')\} - \Sigma(A \times X_G \times Z_G) = -3.43 \times 10^{-5}\ \mathrm{m}^4 \tag{5.2.21}$$

次に，式 (5.2.18) の x と z の係数を求める．まず，Q_x と Q_z は合力を求めることで式 (5.2.22) と式 (5.2.23) で与えられる．

$$Q_x = -38.0 - 18.0 + 20.0 + 33.0 = -3.00\ \mathrm{kN} \tag{5.2.22}$$

$$Q_z = -27.0 + 9.0 - 22.0 = -40.0\ \mathrm{kN} \tag{5.2.23}$$

式 (5.2.19)〜(5.2.23) を用いて数値を代入すると，式 (5.2.18) の x_i と z_i の係数は式 (5.2.24)，(5.2.25) で与えられる．

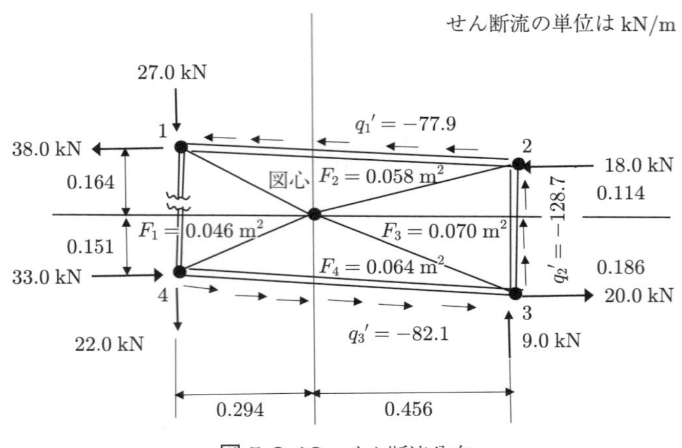

図 **5.2.12**　せん断流分布

$$\frac{I_{zz}Q_x - I_{xz}Q_z}{I_{zz}I_{xx} - I_{xz}^2} = -3.27 \times 10^7 \text{ N/m}^4 \tag{5.2.24}$$

$$\frac{-I_{xz}Q_x + I_{xx}Q_z}{I_{zz}I_{xx} - I_{xz}^2} = -4.19 \times 10^8 \text{ N/m}^4 \tag{5.2.25}$$

式 (5.2.24) と式 (5.2.25) を式 (5.2.18) に代入すると，せん断流の変化分 Δq_i の計算式として式 (5.2.26) を得る．

$$\Delta q_i' = (-3.27 \times 10^7 x_i - 4.19 \times 10^8 z_i) \times A_i \tag{5.2.26}$$

図 5.2.12 において，フランジ 4 とフランジ 1 の間のウェブを仮想的に切断して，そのせん断流を $q_0' = 0$ とすると，フランジ 1-2 間のせん断流 q_1 は式 (5.2.26) を用いて，フランジ 1 の x 座標と z 座標およびフランジ 1 の断面積を代入することにより，式 (5.2.27) のように与えられる．

$$\begin{aligned}\Delta q_1' &= \{-3.27 \times 10^7 \times (-0.294) - 4.19 \times 10^8 \times 0.166\} \times 1.30 \times 10^{-3} \\ &= -77.9 \text{ kN/m}\end{aligned} \tag{5.2.27}$$

同様の手順により，各フランジ間のせん断流を求めて式 (5.2.18) を用いると図 5.2.11 のせん断流分布は式 (5.2.28)～(5.2.30) で表される．

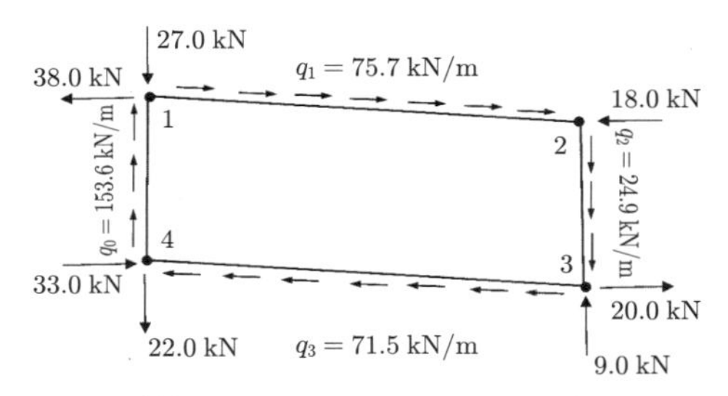

図 5.2.13　小骨のせん断流分布

$$q_1' = q_0' + \Delta q_1' = 0 - 77.9 = -77.9\,\text{kN/m} \tag{5.2.28}$$

$$q_2' = q_1' + \Delta q_2' = -77.9 - 50.8 = -128.7\,\text{kN/m} \tag{5.2.29}$$

$$q_3' = q_2' + \Delta q_3' = -128.7 + 46.6 = -82.1\,\text{kN/m} \tag{5.2.30}$$

せん断流の方向は時計回りを正としている．これらのせん断流の分布を図 5.2.12 に示す．

図 5.2.12 に示したせん断流と外力により，小骨のウェブにはねじりモーメントが働く．釣り合いの条件から，このねじりモーメントと同じ大きさで向きが反対のねじりモーメントを生じるせん断流が小骨のウェブの外周に働く．図 5.2.12 の外力とせん断流による図心周りのねじりモーメント $M_{\text{C.G.}}$ は時計回りを正として，式 (5.2.31) のように与えられる．

$$M_{\text{C.G.}} = -73.1\,\text{kNm} \tag{5.2.31}$$

小骨のウェブの外周に働くせん断流を Δq_0 とするとモーメントの釣り合いにより Δq_0 は式 (5.2.32) で求められる．ここで，F_i は図 5.2.11 に示す各区間の面積である．

$$\Delta q_0 = \frac{M_{t\text{C.G.}}}{2\sum F_i} = 153.6\,\text{kN/m} \tag{5.2.32}$$

小骨のウェブの外周に働く最終的なせん断流は，外力の曲げによるせん断流に Δq_0 を重ね合わせて求めることができる．その結果を式 (5.2.33)～(5.2.36) と図 5.2.13 に示す．

$$q_0 = \Delta q_0 + q'_0 = 153.6 + 0 = 153.6\,\mathrm{kN/m} \tag{5.2.33}$$

$$q_1 = \Delta q_0 + q'_1 = 153.6 - 77.9 = 75.7\,\mathrm{kN/m} \tag{5.2.34}$$

$$q_2 = \Delta q_0 + q'_2 = 153.6 - 128.7 = 24.9\,\mathrm{kN/m} \tag{5.2.35}$$

$$q_3 = \Delta q_0 + q'_3 = 153.6 - 82.1 = 71.5\,\mathrm{kN/m} \tag{5.2.36}$$

5.2.4　外板に切り欠きがある箱型はりにねじりモーメントが作用する場合 [5-3,5-6]

a. 概　要

翼の外板に切り欠きがある場合は，ねじり剛性が切り欠き部で急変するので，切り欠き部の前後の桁の端部に上下方向に反対向きの力が作用して桁が互いに反対方向に曲がる．この桁の端部に作用する偶力が閉断面の部分から伝達されるねじりモーメントと釣り合う．この桁の曲げを**ディファレンシャルベンディング（differential bending）**と呼ぶ．切り欠き部の前後の構造の剛性が大きい場合には，桁断面の面外方向の変形（warping）が拘束されるので，桁の上下のフランジ部に互いに反対方向の軸力が発生する．この軸力による偶力と桁の曲げモーメントが相殺されるので，桁の中央に変曲点が生じる．上記の桁断面の面外方向の変形の拘束については，第3章のコラム「はりの曲げねじり」で詳しく解説しているので併せて一読いただきたい．切り欠き部の端部の小骨（小骨2）に作用するせん断流は，外力により閉断面部分から生じるせん断流と上記のディファレンシャルベンディングよって生じるせん断流を個別に求めて重ね合わせることにより求めることができる．

ディファレンシャルベンディングの概要を図5.2.14に示す．切り欠き部の前後の桁にせん断力と軸力が作用していることに注意されたい．図では，作用する力をわかりやすく示すため，閉断面部分と切り欠き部分を仮想的に切り離して表示している．

b. 切り欠き部を持つ箱型はりの諸元と荷重条件

図5.2.15に示す切り欠きを持つ箱型はりについて，切り欠きに隣接する小骨の応力解析を項目aで述べた方法で行ってみよう．図5.2.15は，上下の外板，前後の桁と4枚の小骨で構成される箱型はりで，小骨により3つの区間に分けられ，そのうち区間2の上面外板（太線で示す部分）が，翼内の装備

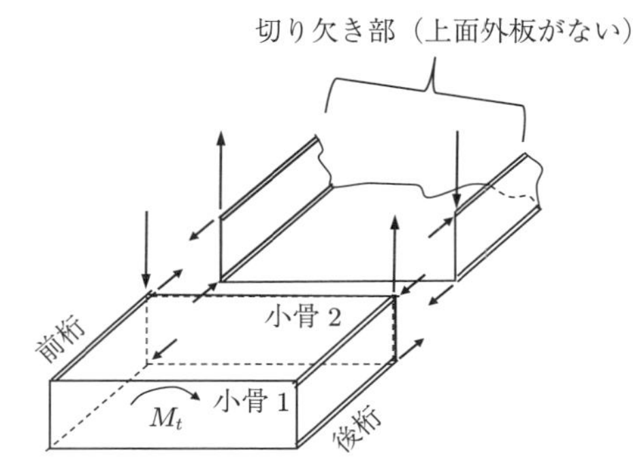

図 **5.2.14**　ディファレンシャルベンディングの概要

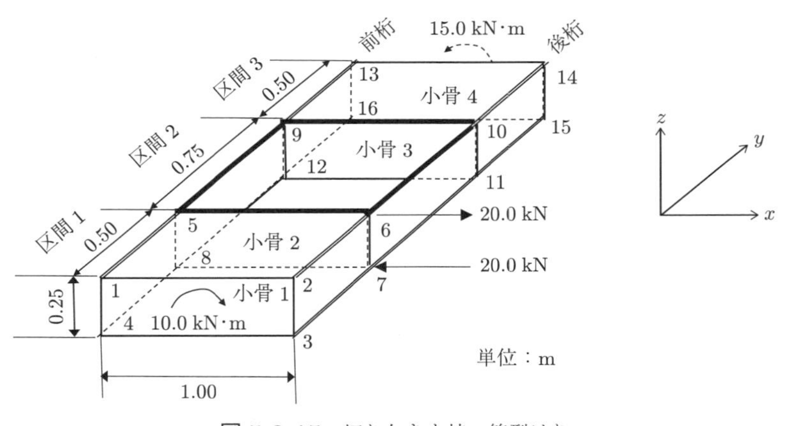

図 **5.2.15**　切り欠きを持つ箱型はり

品の点検・整備等のために取り除かれているものとする．外力は，小骨 1 に作用するねじりモーメントと小骨 2 に作用する偶力である．なお，前後桁と小骨の交点には識別のため番号を付与している．

c. 区間 1 から小骨 2 に作用するせん断流の解析

区間 1 については，ねじりモーメント $M_t = 10.0\,\mathrm{kN \cdot m}$ が作用しているので，小骨 2 の外周のせん断流 q は式 (5.2.37) で求められる．

$$q = \frac{M_t}{2A} = 20.0 \times 10^3\ \mathrm{N/m} \tag{5.2.37}$$

次に，図 5.2.15 の区間 2 の桁に作用する荷重を求める．まず，区間 2 に作用するねじりモーメントと釣り合う，ディファレンシャルベンディングによる桁

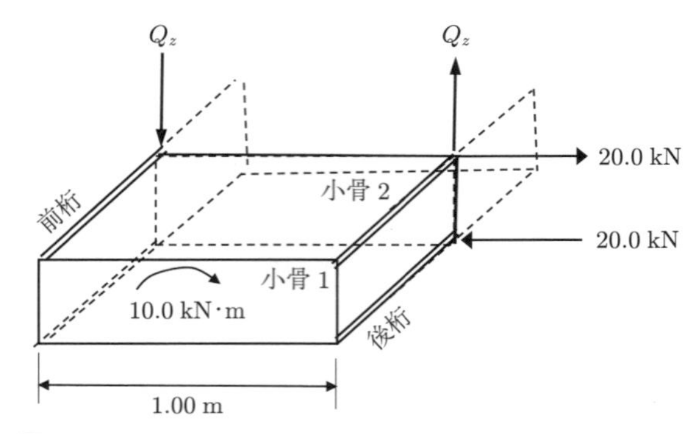

図 5.2.16　ディファレンシャルベンディングによる垂直力

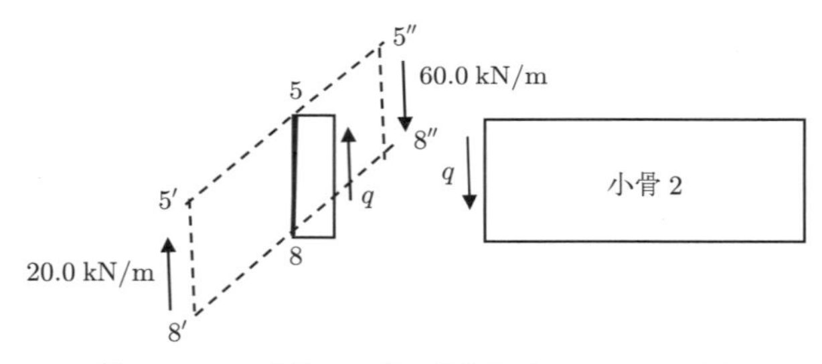

図 5.2.17　小骨 2 に働く前桁部分からのせん断流

の垂直荷重 Q_Z を求める．ねじりモーメントの釣り合いから，垂直力 Q_Z は式 (5.2.38) で求めることができる．

$$
\begin{aligned}
Q_z &= \frac{\text{区間 2 に作用するねじりモーメントの合計}}{\text{前桁と後桁の間隔}} \\
&= \frac{10.0 \times 10^3 + 20.0 \times 10^3 \times 0.25}{1.00} = 15.0 \times 10^3 \text{ N}
\end{aligned} \tag{5.2.38}
$$

図 5.2.16 に示すように，この垂直力 Q_Z は，桁からの反力として，小骨 2 の前桁部分では下向き，後桁部分では上向きに作用して偶力として外力のねじりモーメントと釣り合う．この垂直荷重 Q_Z による桁ウェブに働くせん断流 q は，$q = 15.0 \times 10^3/0.25 = 60.0$ kN/m で与えられ，その方向は垂直力と同じ方向である．

小骨 2 に作用する切り欠きによるせん断流 q は，上記で求めた前桁の区間 2 側と区間 1 側のせん断流の釣り合いから求めることができる．小骨 2 の前桁部分に働くせん断流を図 5.2.17 に示す．図 5.2.17 では，せん断流の釣り合い

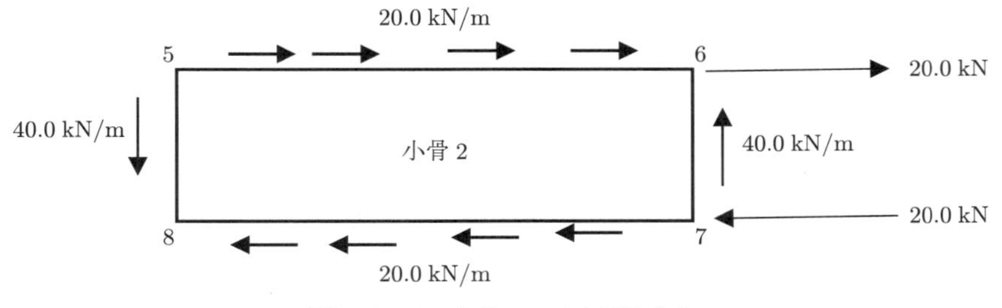

図 **5.2.18** 小骨 2 のせん断流分布

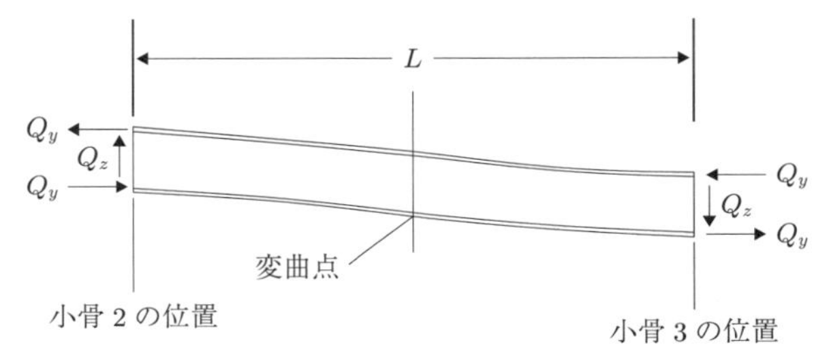

図 **5.2.19** 桁の変形図（前桁）

を示すため，小骨 2 と桁ウェブを仮想的に切り離している．

図 5.2.17 において力の釣り合いから，せん断流 q は式 (5.2.39) で与えられる．ここで，番号 5 と番号 8 は小骨 2 と前桁の交点を示し，番号 $5'$ と $8'$ は，小骨 2 から見て区間 1 側の前桁ウェブ上の点を示す．同様に，番号 $5''$ と $8''$ は，小骨 2 から見て区間 2 側の前桁ウェブ上の点を示す．

$$q = 60.0 - 20.0 = 40.0\,\mathrm{kN/m} \tag{5.2.39}$$

図 5.2.15 に示すねじりモーメントによる小骨の上下の辺のせん断流は式 (5.2.37) で与えられるので，式 (5.2.39) に示す垂直力 Q_Z によるせん断流を重ね合わせると，切り欠きの影響のない部分から小骨 2 に作用するせん断流分布が図 5.2.18 で与えられる．

d. 区間 2 の切り欠きにより小骨 2 に作用するせん断流の解析

切り欠きのある部分（区間 2）から小骨 2 に作用するせん断流を求める．区間 2 は上面外板を切り欠いているため，下面外板にはせん断流が作用しない．したがって，区間 2 から小骨 2 に作用するせん断流は，前後の桁のフランジとウェブから作用する．項目 a で述べたように，桁の両端が小骨 2 と小骨 3

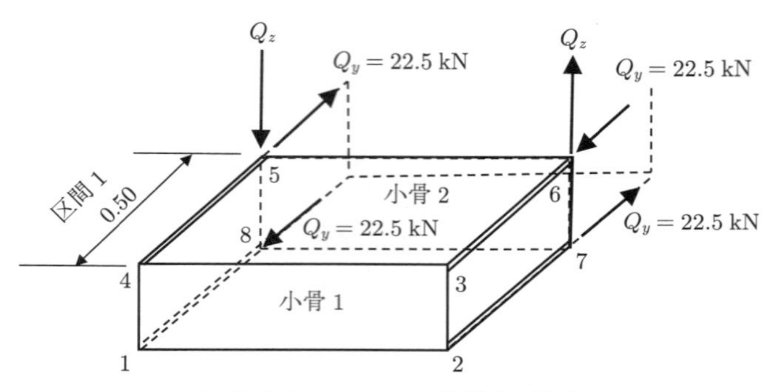

図 5.2.20　小骨 2 に作用する荷重

で完全に剛に固定されていて，桁断面の面外変形が拘束されているとすると，桁は，図 5.2.18 に示すように，桁中央部で変曲点を持つように変形する．

図 5.2.19 において，桁の中央部で変曲点が存在すると，その位置で曲げモーメントがゼロになる．桁高さを h，桁長さ（小骨 2 と小骨 3 の距離）を L とすると，桁端部にはディファレンシャルベンディングによる垂直力 Q_Z が作用しており，この Q_Z による桁中央での曲げモーメント M は，桁断面の面外変形を拘束することにより発生する軸力 Q_y による偶力と相殺して，桁の中央では曲げモーメントがゼロになる．Q_y は，Q_z による桁中央の曲げモーメントと偶力 Q_y によるモーメントを等置して式 (5.2.40) で求められる．

$$Q_y = Q_z \times \frac{\frac{L}{2}}{h} = 15.0 \times 10^3 \times \frac{\frac{0.75}{2}}{0.25} = 22.5 \times 10^3 \text{ N} \tag{5.2.40}$$

次に，切り欠きの存在により小骨 2 に作用する外力を図 5.2.20 に示す．これらの外力は桁からの外力の反力なので，桁に作用する外力とは大きさが同じで向きが反対になる．

図 5.2.20 において，Q_Z の影響は，図 5.2.18 で考慮済みなので，ここでは，Q_y による小骨 2 のせん断流分布について解析する．

水平力 Q_y は小骨 2 の位置で 22.5 kN であり，小骨 1 では 0 kN まで減少する．小骨 1 と小骨 2 の間隔は 0.5 m なので，この間のせん断流 q は式 (5.2.41) で与えられる．なお，せん断流の向きは，水平力 Q_y と同じ向きである．

$$q = \frac{Q_y}{0.5} = \frac{22.5 \times 10^3}{0.5} = 45.0 \times 10^3 \text{ N/m} \tag{5.2.41}$$

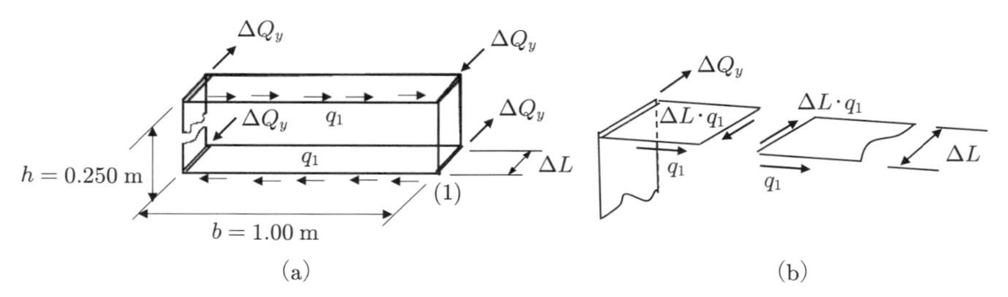

図 5.2.21　区間 1 内の幅 ΔL の部分の応力解析

小骨 1 と小骨 2 で区切られる区間 1 内の幅 ΔL の部分を図 5.2.21 に示す．ここでは，図 5.2.21 において，前桁のウェブの部分を仮想的に切り欠いてせん断流が連続しないようにしている．

図 5.2.21(a) において，$\Delta Q_y = 45.0 \times \Delta L$ kN であり，図 5.2.21(b) に示す y 軸方向力の釣り合い，$\Delta Q_y = q_1 \times \Delta L$ から，$q_1 = 45.0$ kN/m が求められる．

次に，せん断流が連続するとして，図 5.2.21(a) におけるモーメントの釣り合いを考えてみよう．せん断流 q_1 により．後桁下部フランジの (1) 点周りに生じるモーメント M は式 (5.3.42) で与えられる．

$$M = b \times h \times q_1 \tag{5.2.42}$$

式 (5.2.42) のモーメントと釣り合うために断面の外周に働くせん断流 q_0 はモーメントの釣り合いにより式 (5.2.43) で与えられる．

$$2 \times b \times h \times q_0 + M = 0 \tag{5.2.43}$$

式 (5.2.43) を解いて，$q_0 = -22.5$ kN/m（反時計回り）を得る．このせん断流 q_0 を図 5.2.20 で求めたフランジの軸力によるせん断流 $q = 45.0 \times 10^3$ N/m と重ね合わせると，切り欠き部の影響による小骨 2 のせん断流分布を求めることができる．その結果を図 5.2.22 に示す．図 5.2.22(c) が，求めるせん断流分布である．

e. 小骨 2 に作用するせん断流の重ね合わせ

小骨 2 の最終的なせん断流分布は，切り欠きの影響を受けない区間 1 からのせん断流分布を示す図 5.2.18 と区間 2 の切り欠きの影響を考慮したせん断流の分布を示す図 5.2.22(c) を重ね合わせることにより求めることができる．

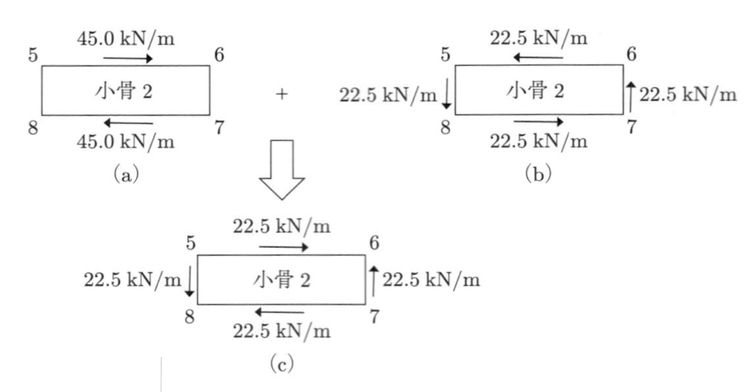

図 5.2.22　小骨 2 における切り欠き部の影響によるせん断流分布

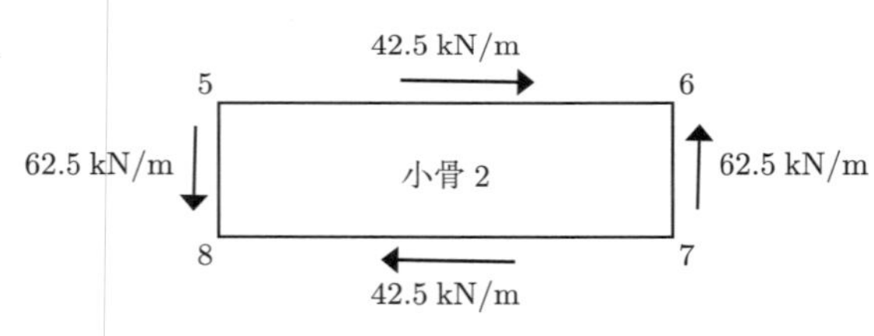

図 5.2.23　小骨 2 のせん断流分布

その結果を図 5.2.23 に示す．

なお．小骨 3 についても同様の方法でせん断流分布を求めることができる．

5.3　胴体フレームの応力解析 [5-3]

a. 胴体構造の概要と断面特性

胴体構造は，胴体の外径形状を保持する**フレーム**と曲げ荷重による軸力を分担する**補強材**およびねじり荷重と与圧荷重を分担する**外板**から構成されるセミモノコック構造である．小型機の胴体構造を図 5.3.1 に示す．

本節で扱う胴体構造の場合は，胴体断面（y-z 面）を尾翼方向に視ている．したがって，x 軸は紙面に垂直方向で後ろ向きが正である．また，ねじりモーメントとせん断流の正の向きは右ねじの方向（時計方向）である．胴体フレームに作用する外力は，垂直力と水平力に分けることができる．胴体構造は垂直な中心軸に対して対称なので，垂直力のみが作用する場合は，5.2 節で述べた

図 5.3.1 小型機の胴体構造

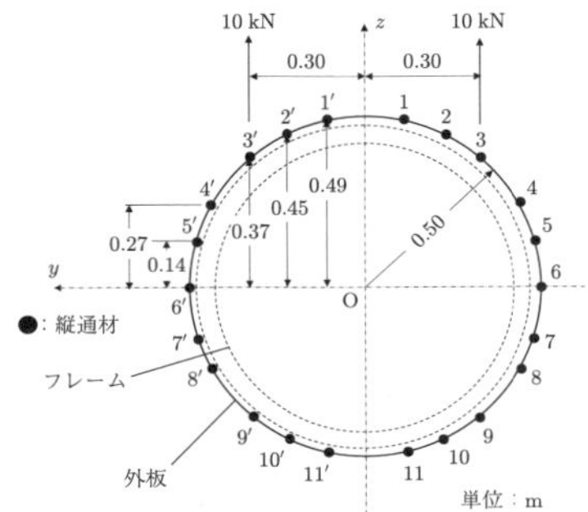

図 5.3.2 胴体構造の断面形状と外力

表 5.3.1 胴体の断面特性

補強材番号	面積 $\times 10^{-4}$ m^2	z 座標 m	Δl_{zz} $\times 10^{-5}$ m^4	l_{zz} $\times 10^{-5}$ m^4
1	1.00	0.49	2.40	
2	1.00	0.45	2.03	
3	2.00	0.37	2.74	
4	1.00	0.27	0.73	
5	1.00	0.14	0.20	
6	1.00	0	0.00	
合計	7.00		8.10	32.4

方法で胴体に働く曲げ応力を簡単な曲げ方程式を用いて求めることができる．円形断面の胴体構造を仮定し，簡単化のため，圧縮側の外板の有効幅による影響を考えないと仮定して，胴体構造の 1/4 を検討対象として応力解析を行う．胴体の断面形状と荷重条件を図 5.3.2 および表 5.3.1 に示す．この垂直荷重はフレームの外周に働いているせん断流と釣り合っている．いま，y 軸および z 軸に関する対称性から，胴体構造の右上の部分を代表して考える．

表 5.3.1 において，ΔI_{zz} は 1/4 断面の y 軸周りの断面 2 次モーメント，I_{zz} は胴体断面全体の y 軸周りの断面 2 次モーメントである．また，図 5.3.2 において，外力は水平尾翼から空気力で左右対称に作用している．

b. 胴体フレームに対称な外力が作用する場合

y，z 軸が断面の主軸なので，フレームのせん断流は式 (5.2.6) から求めるこ

表 5.3.2　フレームのせん断流分布

区間	Q_z	Q_z/l_{zz}	Δq_i	$q_{i-(i+1)}$
	kN	$\times 10^7$ kN/m^4	kN/m	kN/m
1′-1				0
			3.03	
1-2				3.03
			2.78	
2-3				5.81
	20	6.18	4.57	
3-4				10.38
			1.67	
4-5				12.05
			0.87	
5-6				12.92

とができる．ここで，座標平面の差異を考慮して変数の添え字を修正し，外力の条件 $Q_y = 0$ を代入して式 (5.2.6) を式 (5.3.1) として再記する．

$$q_i - q_0 = \frac{1}{I_{zz}} Q_z \sum_{k=1}^{i} A_k z_k \quad (i = 1, 2, \cdots, n-1) \tag{5.3.1}$$

式 (5.3.1) を用いて計算したフレームのせん断流分布を表 5.3.2 に示す．

ここで，図 5.3.2 の区間 1′-1 のせん断流を q_0 として，構造の対称性から $q_0 = 0$ とする．式 (5.2.6) において，n は解析の対象区間に含まれている補強材の本数で，図 5.3.2 の右上半分では $n = 6$ である．したがって，式 (5.3.1) において，$k = 1$〜5 までの各補強材の面積 A_k と z 座標 z_k に対して表 5.3.1 に示す値を代入すると，各区間のせん断流を求めることができる．

表 5.3.2 において，区間は補強材間のフレームを示す．たとえば，1-2 は補強材 1 と補強材 2 の間の区間を示している．

計算結果の妥当性を確認するため，表 5.3.2 に示したせん断流が外力 Q_z と釣り合っていることを示す．図 5.3.2 の z 方向の釣り合いの式は式 (5.3.2) で表される．

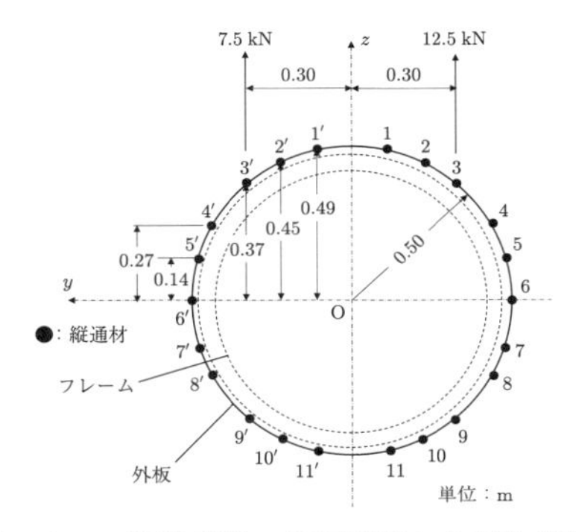

図 **5.3.3** 胴体構造の断面形状と非対称外荷重

$$
\begin{aligned}
&Q_z + 4 \times \sum_{1}^{5} q_{i-(i+1)} \times (z_{i+1} - z_i) \\
&\quad = 2000 + 4 \times \{3.03 \times (0.45 - 0.49) + 5.81 \times (0.37 - 0.45) \\
&\qquad + 10.38 \times (0.27 - 0.37) + 12.05 \times (0.14 - 0.27) + 12.92 \times (0 - 0.14)\} \times 10^3 \\
&\quad = 2000 + 4 \times (-5.00) \times 10^3 = 0
\end{aligned}
\tag{5.3.2}
$$

式 (5.3.2) からフレームのせん断流と外力が釣り合っていることがわかる.

c. 胴体フレームに非対称な外力が作用する場合

胴体フレームに非対称な外力が作用する場合は，外力による曲げモーメントとねじりモーメントの両者と釣り合うせん断流を個別に求めて重ね合わせることにより，非対称な外力と釣り合うフレームのせん断流分布を求めることができる．図 5.3.3 に胴体構造に非対称な外力が働いた場合の荷重条件と断面形状を示す．なお，断面特性は表 5.3.1 と同じとする.

非対称な外力が作用する場合の重ね合わせの考え方を図 5.3.4 に示す．図 5.3.4 のねじりモーメント M_t は式 (5.3.3) で与えられる．ここでは，時計回りのモーメントを正としている.

$$
M_t = 7.5 \times 0.3 - 12.5 \times 0.3 = -1.5\ \mathrm{kN \cdot m} \tag{5.3.3}
$$

このねじりモーメント M_t と式 (5.2.4) で与えられるフレームのせん断流によるモーメントの釣り合い条件を式 (5.3.4) に示す.

$$
M_t + 2Aq = -1.5 + 2 \times 3.14 \times 0.50^2 \times q_0 = 0 \tag{5.3.4}
$$

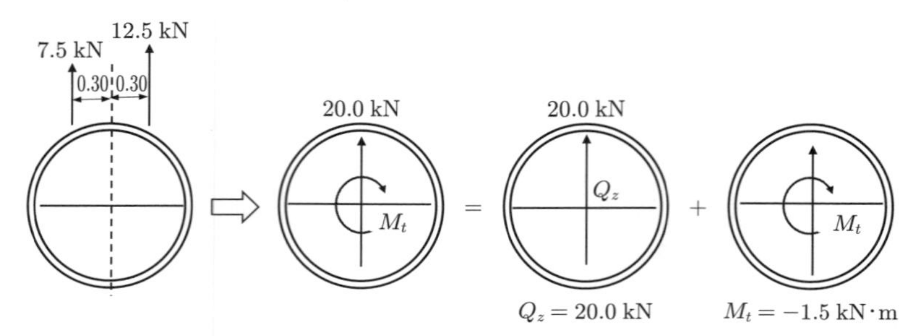

図 **5.3.4**　非対称荷重の取り扱い

式 (5.3.5) を解いて，$q_0 = 0.96$ kN/m を得る．図 5.3.3 のフレームのせん断流 $q_{i-(i+1)}u$ は，重ね合わせの原理により式 (5.3.5) で求められる．ここで，記号 u は非対称な外力が作用した場合のせん断流を示している．

$$q_{i-i+1}u = q_0 + q_{i-(i+1)} \tag{5.3.5}$$

断面特性と Q_z は図 5.3.2 と同じなので，式 (5.3.5) において，$q_{i-(i+1)}$ は表 5.3.2 に示す方法と同様に求められる．ここでは，非対称な外力が作用しているので胴体の上部左半分も追加して解析する．式 (5.3.5) の計算結果を表 5.3.3 および表 5.3.4 に示す．

なお，胴体の上部右半分（表 5.3.3）と上部左半分（表 5.3.4）ではせん断流の向きが逆になっていることに注意．

表 5.3.3 非対称荷重の場合のフレームのせん断流分布（右上半分）

区間	Q_z	Q_z/l_{zz}	Δq_i	$q_{i-(i+1)}$ (対称荷重)	非対称荷重によるモーメント (T)	釣り合いのせん断流 (q_0)	$q_{1-(i+1)}u$ (非対称荷重)
	kN	$\times 10^7$ kN/m^4	kN/m	kN/m	kN・m	kN/m	
1′-1	20	6.18		0.00	−1.5	0.96	0.96
			3.03				
1-2				3.03			3.99
			2.78				
2-3				5.81			6.77
			4.57				
3-4				10.38			11.34
			1.67				
4-5				12.05			13.01
			0.87				
5-6				12.92			13.88

表 5.3.4 非対称荷重の場合のフレームのせん断流分布（左上半分）

区間	Q_z	Q_z/l_{zz}	Δq_i	$q_{i-(i+1)}$ (対称荷重)	非対称荷重によるモーメント (T)	釣り合いのせん断流 (q_0)	$q_{1-(i+1)}u$ (非対称荷重)
	kN	$\times 10^7$ kN/m^4	kN/m	kN/m	kN・m	kN/m	kN/m
1-1′	20	6.18		0	−1.50	0.96	0.96
			−3.03				
1′-2′				− 3.03			− 2.07
			−2.78				
2′-3′				− 5.81			− 4.85
			−4.57				
3′-4′				−10.38			− 9.42
			−1.67				
4′-5′				−12.05			−11.09
			−0.87				
5′-6′				−12.92			−11.96

6

部材の強度

航空機や UAM（Urban Air Mobility），自動車等の輸送機器の軽量構造を設計する際には，まず，想定される運用条件の下での荷重を推定して荷重の伝達経路を考え，その荷重の大きさに適した構造様式を選定し，材料を適材適所に配置することが基本である．

本章では，適材適所に材料を配置するために必要な知識として，軽量構造用材料の種類と特長，強度基準，許容値，安全余裕等を解説し，材料選定の考え方を示す．

6.1　軽量構造の材料について

6.1.1　概　要

構造設計で使用する材料の特性で重要である応力とひずみの関係について述べる．ここでは，明確な降伏点を有する材料と明確な降伏点がない材料の例を示す．鋼合金系の材料は明確な降伏点を有し，代表的な応力–ひずみ線図は図 6.1.1 のようになる．図 6.1.1 において，弾性限までは応力の増加に応じて一定の比率でひずみが増加する．このときの応力とひずみの比率を縦弾性係数（ヤング率）と定義する．弾性限を過ぎて荷重を負荷しても除荷するとひずみはゼロに戻るが，降伏応力を越えると荷重を除荷してもひずみが残ることになる．このひずみを塑性ひずみと定義する．さらに荷重を負荷すると応力が最大値に達する．この最大応力を引張強さと定義する．

アルミニウム合金等のような明確な降伏点を示さない材料の応力–ひずみ線図を図 6.1.2 に示す．図 6.1.2 において，降伏応力は 0.2 % の永久ひずみに対応する応力として定義され耐力と称する．引張強さの定義は図 6.1.1 と同様に応力が最大値を示す点である．

縦弾性係数は，原点と弾性限を結ぶ直線の傾きとして定義されるので，垂直

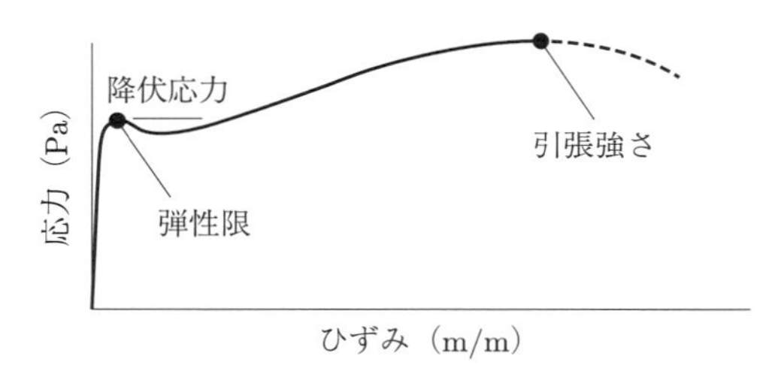

図 6.1.1 明確な降伏点を示す材料の応力-ひずみ線図

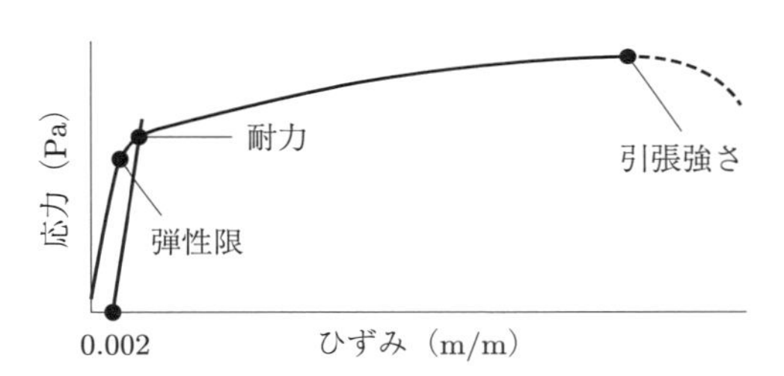

図 6.1.2 明確な降伏点を示さない材料の応力-ひずみ線図

応力 σ と縦ひずみ ε により式 (6.1.1) のように表される.

$$E = \frac{\sigma}{\epsilon} \tag{6.1.1}$$

せん断弾性係数は，せん断応力 τ と横ひずみ γ により式 (6.1.2) のように表される.

$$G = \frac{\tau}{\gamma} \tag{6.1.2}$$

また，均質な等方性材料の場合，縦弾性係数とせん断弾性係数の関係は，式 (6.1.3) で示される.

$$G = \frac{E}{2(1+\nu)} \tag{6.1.3}$$

ここで，ν はポアソン比である.

6.1.2 主な材料の特性

a. アルミニウム合金

アルミニウムにマグネシウム，銅，マンガン等の成分を少量加えた合金で，1930 年代から使用が本格化して，現在は航空機用の金属材料として最も広く使われている．軽くて強い材料を評価する指標として，単位重量当たりの強度（比強度）と単位重量当たりの剛性（比剛性）がある．アルミニウム合金は，比強度，比剛性に優れた合金で，比較的安価で加工が容易という優れた特性を持つ．代表的な合金として 2000 系合金と 7000 系合金がある．その特徴を以下に示す．

① 2000 系合金

アルミニウム合金の中では，中から高強度が要求される部材に適用され，2024 系の合金は疲労が標定の部位やき裂の進展を抑制したい部位に広く用いられている．航空機の部位では，主として引張力が作用する主翼の下面外板が代表的な適用部位である．

② 7000 系合金

アルミニウム合金の中では高強度の合金で，主として高い圧縮力が作用する部位に用いられる．航空機の部位では，主として圧縮力が作用する主翼の上面外板が代表的な適用部位である．ただし，やや脆くて加工性が悪く，き裂が進展しやすいので加工や運用中の損傷には注意が必要である．

なお，2000 系や 7000 系のアルミニウム合金に対しては，一般的に溶接は不可であるが，5000 系や 6000 系合金のように溶接可能なアルミニウム合金も存在する．また，アルミニウム合金にリチウムを加えたアルミリチウム合金が開発されており，従来のアルミニウム合金よりも軽量で高強度であるが，価格が高く，加工においてもリチウムを含んだ残材の処理に課題があり，まだ広く適用されるには至っていない．

b.　チタニウム合金

比強度，比剛性が高く，耐熱性と耐腐食性に優れた合金であるが，アルミニウム合金と比較して加工が困難で高価である．代表的なチタニウム合金は，Ti-6Al-4V 合金で，エンジン部品等の耐熱性を要求される部材に主として適用されている．また，近年，炭素繊維強化複合材料（CFRP）が構造部材に広く適用されるに伴って，電解腐食対策として，CFRP 部品同士を結合する締結金具等にも適用範囲が広がっている．

c.　鋼材 [6-1]

航空機用材料としては，高張力鋼，ステンレス鋼，耐熱合金等が用いられているが，その適用部位は，高い強度や耐熱性が求められ，軽合金材料では代替ができない部位に限られており，適用量は多くない．

高張力鋼としては，クロム・モリブデン鋼の **AISI-4130** やニッケル・クロムモリブデン鋼の **AISI-4340** が代表例で，主として脚構造等の高強度が要求される部材に用いられている．**ステンレス鋼**では，**AISI-316** や **AISI-310** が代表例で，耐食性が求められる部品に使われている．**耐熱合金**としては，**インコネル 718** や**インコネル 713C** が，ガスタービンエンジンの部品のうちタービンディスク，タービンブレード，タービンシャフト等の，チタニウム合金やアルミニウム合金の耐熱範囲を超える部品に適用されている．

6.2 部材の強度基準

6.2.1 材料データ

航空機等の設計で用いる材料強度は，公共規格で規定された条件と手順により実施された実験から取得したデータを用いて設定される．しかしながら，試験結果には変動があるので，設計に用いるデータは，試験結果の変動を考慮した最小の応力値を用いる必要がある．この値を**許容値**（**allowable**）と呼び，統計的な処理により **A 値**と **B 値**に区分されている．A 値と B 値の関係を図 6.2.1 に示す．設計ではこれらの値を用いることが規程で要求されている．

A 値は 95 % の信頼性で 99 % の確率で値を保証する許容値であり，B 値は 95 % の信頼性で 90 % の確率で値を保証する許容値である．したがって，たとえば，A 値を用いて設計した場合の破壊確率は 1 % 以下になる．これらの許容値は米国の公共規格である **MMPDS**（The Metallic Materials Properties Development Standardization Handbook: 金属材料特性開発標準化ハンドブック [6-2]）に記載されており，以下その応力の表記について簡単に説明する．

なお，文献 [6-2] では，応力は ksi（kilo-pound force per square inch）で示されているが，本書ではとくに断りがない限りメガパスカル（MPa）で表記する．

F_{tu}　：引張終極応力　　F_{su}　：せん断終極応力
F_{ty}　：引張降伏応力　　F_{bru}　：面圧終極応力
F_{cu}　：圧縮終極応力　　F_{bry}　：面圧降伏応力
F_{cy}　：圧縮降伏応力

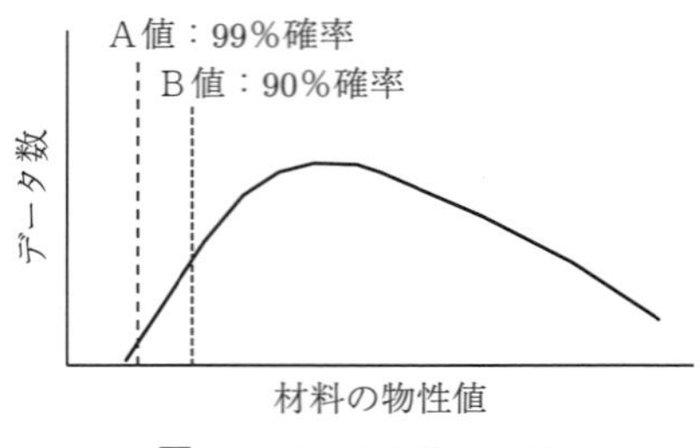

図 6.2.1　許容値の関係

表 6.2.1　代表的な軽合金材料の許容値　（単位：MPa）

物性値	2024-T3 Sheet		7075-T6 Sheet		Ti-6Al-4V Sheet	
	板厚範囲		板厚範囲		板厚範囲	
	3.28～6.32 mm		4.78～6.32 mm		4.76 mm 以下	
	A 値	B 値	A 値	B 値	A 値	B 値
F_{tu}	441	455	503	517	924	959
F_{ty}	324	331	441	455	869	904
F_{cy}	269	276	448	462	917	952
F_{su}	276	283	338	352	600	621
F_{bru}(e/D = 1.5)	731	738	800	828	1469	1524
F_{bry}(e/D = 1.5)	503	517	655	655	1179	1228
E注)	72		71		108	

注）　弾性係数（単位：GPa）

次に，代表的な軽合金材料の A 値，B 値の例を表 6.2.1 に示す．ここで，表 6.2.1 は材料間の値の違いや A 値と B 値の差異を確認するために使用することとして，設計等の許容値として用いる場合は公共規格（MMPDS 等）の値を使用してほしい．

表 6.2.1 に示す許容値は板厚の範囲によっても異なり，圧延加工や押し出し加工の加工方向（***L* 方向**）と加工方向に垂直な方向（***LT* 方向**）によっても異なる．表 6.2.1 に示した値は，いずれも L 方向の値である．このような差異が生じるのは，圧延加工や押し出し加工により金属の組織に方向性が生じるからである．加工方向と加工方向に垂直な方向の定義を図 6.2.2 に示す．また，代表的な材料の許容値について，L 方向と LT 方向の許容値を表 6.2.2 に

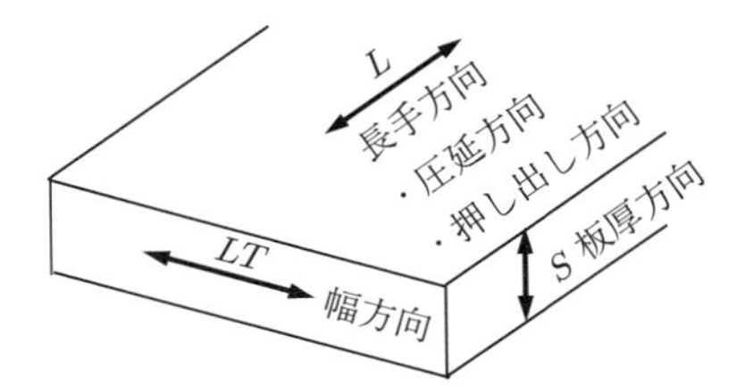

図 **6.2.2** 軽金属合金の異方性の定義

表 **6.2.2** L 方向と LT 方向の許容値の差異 (単位：MPa)

物性値	方向	2024-T3 Sheet		7075-T6 Sheet		Ti-6Al-4V Sheet	
		板厚範囲		板厚範囲		板厚範囲	
		3.28〜6.32 mm		4.78〜6.32 mm		4.76 mm 以下	
		A 値	B 値	A 値	B 値	A 値	B 値
F_{tu}	L	441	455	503	517	924	959
	LT	435	448	510	531	924	959
F_{cy}	L	269	276	448	462	917	952
	LT	310	317	476	490	931	973

示す.

6.2.2 強度基準 [6-3]

6.2.1 項では単一方向に荷重が作用する場合の材料の許容値を示したが，実構造では組み合わせ荷重が働くことが多い．組み合わせ荷重が働くときの強度基準についてはいくつかの仮説が提案されている．代表的な仮説を以下に示す．なお許容値は，材料試験データの変動を考慮した統計処理により設定された，破壊が生じない最小の応力値である．一方，本項で扱う強度基準は，降伏現象等の破壊が生じる領域を予測する手法である．この違いを認識しておこう．

延性材料の場合の降伏条件については最大せん断ひずみエネルギー説（**フォン・ミーゼスの降伏条件**），最大せん断応力説（**トレスカの降伏条件**）といった仮説が提案されている．また，脆性材料については**最大主応力説**が提案されている．以下にその概要を示す．

a. 最大せん断ひずみエネルギー説（フォン・ミーゼスの降伏条件）

最大せん断ひずみエネルギー説とは,「対象とする点に 6 つの応力成分が同時に作用しているとき，その点のせん断ひずみエネルギーが材料によって決まる『ある値』（限界値と称する）に達すると破損する」という仮説である．単位体積当たりのひずみエネルギーは，体積の変化によるエネルギー（体積ひずみエネルギー）とせん断変形によるひずみエネルギー（せん断ひずみエネルギー）の合計になるので，せん断ひずみエネルギーは，単位体積当たりのひずみエネルギーから体積ひずみエネルギーを差し引くことにより求めることができる．

いま，平面応力状態を考えて，単位体積当たりのひずみエネルギー E_{T} とすると，E_{T} は式 (6.2.1) で表される．

$$E_{\mathrm{T}} = \frac{1}{2}(\sigma_{xx}\epsilon_{xx} + \sigma_{yy}\varepsilon_{yy} + \tau_{xy}\gamma_{xy}) \tag{6.2.1}$$

平面応力での応力-ひずみ関係を用いると式 (6.2.1) は応力の関数として式 (6.2.2) のように表現される．

$$E_{\mathrm{T}} = \frac{1}{2E}(\sigma_{xx}^2 + \sigma_{yy}^2 - 2\nu\sigma_{xx}\sigma_{yy}) + \frac{1}{2G}\tau_{xy}^2 \tag{6.2.2}$$

次に，体積ひずみエネルギーは式（6.2.3）で表される．

$$E_{\mathrm{V}} = \frac{1}{2}\sigma_0\varepsilon_0 \tag{6.2.3}$$

式 (6.2.3) において，ε_0 は体積ひずみであり，微小ひずみの場合は式 (6.2.4) で表される．

$$\varepsilon_0 = \varepsilon_{xx} + \varepsilon_{yy} + \varepsilon_{zz} = \frac{\Delta V}{V} \tag{6.2.4}$$

式 (6.2.4) は応力-ひずみ関係から式 (6.2.5) のように表される．

$$\varepsilon_0 = \frac{3(1-2\nu)}{E}\sigma_0 \tag{6.2.5}$$

ここで，σ_0 は平均応力で，式 (6.2.6) で与えられる．

$$\sigma_0 = \frac{1}{3}(\sigma_{xx} + \sigma_{yy} + \sigma_{zz}) \tag{6.2.6}$$

平面応力の条件では，$\sigma_{zz} = 0$ になり，ε_{zz} は，式 (6.2.7) で与えられる．

$$\varepsilon_{zz} = -\nu(\varepsilon_{xx} + \varepsilon_{yy}) \tag{6.2.7}$$

式 (6.2.7) を式 (6.2.4) に代入し，式 (6.2.6) に $\sigma_{zz} = 0$ を使うと，式 (6.2.8) と式 (6.2.9) を得る．

$$\varepsilon_0 = (1-\nu)(\varepsilon_{xx} + \varepsilon_{yy}) \tag{6.2.8}$$

$$\sigma_0 = \frac{1}{3}(\sigma_{xx} + \sigma_{yy}) \tag{6.2.9}$$

体積ひずみエネルギーを表す式 (6.2.3) に式 (6.2.5) と式 (6.2.9) を代入すると，式 (6.2.10) を得る．

$$E_{\mathrm{V}} = \frac{1}{2}\sigma_0\varepsilon_0 = \frac{1}{2} \times \frac{3(1-2\nu)}{E}\sigma_0^2 = \frac{1}{6} \times \frac{(1-2\nu)}{E} \times (\sigma_{xx} + \sigma_{yy})^2 \tag{6.2.10}$$

式 (6.2.1) と式 (6.2.10) から，せん断ひずみエネルギー E_{S} は式 (6.2.11) で求められる．

$$E_{\mathrm{S}} = E_{\mathrm{T}} - E_{\mathrm{V}} \tag{6.2.11}$$

式 (6.2.11) に式 (6.2.2) と式 (6.2.10) を代入して式 (6.1.3) を用いて整理すると，せん断ひずみエネルギー E_{S} として式 (6.2.12) を得る．

$$E_{\mathrm{S}} = \frac{1}{2G}J_2 \tag{6.2.12}$$

ここで，J_2 は式 (6.2.13) で表される応力の 2 次不変量である．

$$J_2 = \frac{1}{6}[(\sigma_{xx} - \sigma_{yy})^2 + \sigma_{xx}^2 + \sigma_{yy}^2 + 6{\tau_{xy}}^2] \tag{6.2.13}$$

ここで，x-y 軸を応力の主軸とすると，$\sigma_{xx} = \sigma_1, \sigma_{yy} = \sigma_2, \tau_{xy} = 0$ になるので，J_2 は式 (6.2.14) で表される．ここで，σ_1, σ_2 は主応力である．

$$J_2 = \frac{1}{6}\{(\sigma_1 - \sigma_2)^2 + \sigma_1^2 + \sigma_2^2\} = \frac{1}{3}(\sigma_1^2 - \sigma_1\sigma_2 + \sigma_2^2) \tag{6.2.14}$$

したがって，最大せん断ひずみエネルギー説は，限界値を E_0 とすると式（6.2.15）で表される．

$$E_{\mathrm{S}} = \frac{1}{2G}J_2 = E_0 \tag{6.2.15}$$

次に，限界値 E_0 を求めるため，単純な既知の降伏条件を用いる．すなわち，単軸引張の場合の降伏条件は，$\sigma_{xx} = \sigma_Y$ と表され，他の応力成分はゼ

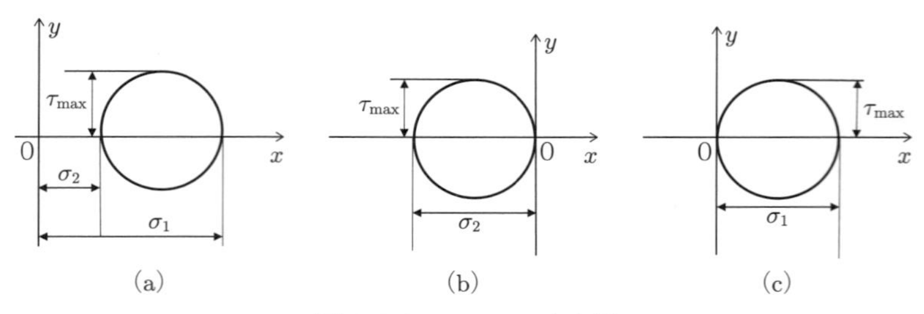

図 6.2.3　モールの応力円

ロとおける．ここで，σ_Y は材料の降伏応力である．この条件から J_2 を求めて，式 (6.2.15) に代入すると，式 (6.2.16) を得る．

$$\frac{1}{2G}J_2 = \frac{1}{2G} \times \frac{1}{3}\sigma_Y^2 = E_0 \tag{6.2.16}$$

限界値 E_0 は材料によって決まる定数だから，式 (6.2.16) を式 (6.2.15) に代入すると，一般的な降伏条件として式 (6.2.17) を得る．

$$J_2 = \frac{1}{3}\sigma_Y^2 \tag{6.2.17}$$

式 (6.2.17) を**フォン・ミーゼス（von Mises）の降伏条件**という．

なお，平面ひずみの条件でのフォン・ミーゼスの降伏条件は，主応力を用いて式 (6.2.18) で表される．

$$J_2 = \frac{1}{3}[(1-\nu+\nu^2)(\sigma_1-\sigma_2)^2 + (1-2\nu)^2\sigma_1\sigma_2] \tag{6.2.18}$$

b. 最大せん断応力説（トレスカの降伏条件）

塑性変形は，隣接する原子間で滑りが起こることにより生じる．この滑り現象は，転位が移動することにより生じ，その移動はせん断応力が作用することにより発生する．最大せん断応力説（トレスカ（Tresca）の降伏条件）では，せん断応力が限界値を越えると転位の移動が生じて，材料が降伏すると仮定している．いま，x-y 平面での平面応力状態を仮定して，x-y 平面の主応力を σ_1, σ_2 とした場合のモールの応力円は図 6.2.3 に示す 3 ケースが考えられる．

図 6.2.3(a) から主応力と最大せん断応力は一般的に式 (6.2.19) のように表される．

$$|\sigma_1 - \sigma_2| = 2\tau_{max} \tag{6.2.19}$$

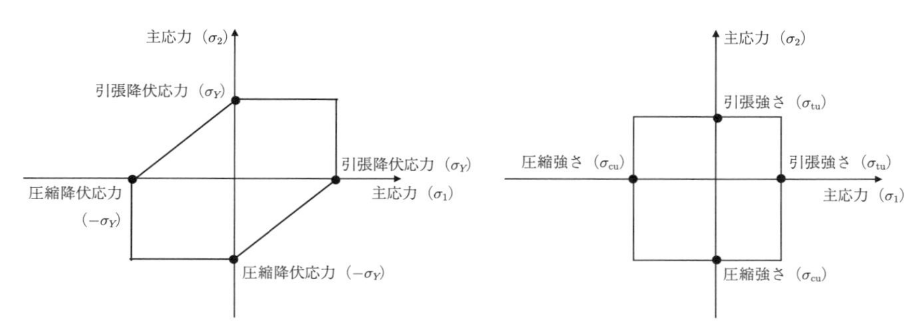

図 6.2.4 トレスカの降伏条件による降伏曲線　**図 6.2.5** 最大主応力説による破壊曲線

図 6.2.3(b) と (c) は図 6.2.3(a) の特別な場合（単軸応力状態）であり，これらの場合，主応力と最大せん断応力の関係は式 (6.2.20) と式 (6.2.21) のように表される．

$$|\sigma_1| = 2\tau_{\max} \tag{6.2.20}$$

$$|\sigma_2| = 2\tau_{\max} \tag{6.2.21}$$

降伏状態になるときの限界せん断応力を τ_Y とすると，式 (6.2.18) および式 (6.2.19) の $\tau_{\max}$ は τ_Y で置き換えることができる．なお，単軸引張の条件での降伏は，$2\tau_{\max} = 2\tau_Y = \sigma_Y$ で生じる．

この条件を式 (6.2.19)～(6.2.21) に代入すると，降伏曲線は図 6.2.4 のように示すことができる．なお，ここでは，引張と圧縮の降伏応力は等しいと仮定している．

図 6.2.4 において，中央の多角形で示された直線がトレスカの降伏条件による降伏曲線である．この曲線の外部の領域が，トレスカの降伏条件により降伏が生じる領域として定義される．

c. 最大主応力説

脆性材料では，応力-ひずみ曲線が線形なので，単軸の引張と圧縮の強度により破壊が決まる．したがって，組み合わせ応力の場合は主応力と引張強度と圧縮強度を比較することにより破壊の判定を行う最大主応力説が提案されている．

すなわち，終極引張応力と終極圧縮応力を，それぞれ σ_{tu}, σ_{cu} として，平面応力状態での主応力 σ_1, σ_2 とすると，それらの応力の間に式 (6.2.22a)～(6.2.22d) の関係があるときに破壊が生じる．これを最大主応力説という．ここで，圧縮応力は負とした．

$$\sigma_1 > 0 \text{ では，} \quad \sigma_1 = \sigma_{\mathrm{tu}} \tag{6.2.22a}$$

$$\sigma_1 < 0 \text{ では，} \quad \sigma_1 = \sigma_{\mathrm{cu}} \tag{6.2.22b}$$

$$\sigma_2 > 0 \text{ では，} \quad \sigma_2 = \sigma_{\mathrm{tu}} \tag{6.2.22c}$$

$$\sigma_2 < 0 \text{ では，} \quad \sigma_2 = \sigma_{\mathrm{cu}} \tag{6.2.22d}$$

式 (6.2.22a) から式 (6.2.22d) の関係は σ_1-σ_2 平面上で図 6.2.5 のように示される．最大主応力説では，図 6.2.5 において，中央の四角形の外側（線上を含む）が材料の破壊する領域として定義される．

6.3 安全余裕

6.2.1 項および 6.2.2 項では，材料の許容値について述べたので，本項では対象とする部材に作用する応力と許容値を比較して破壊の判定を行う方法を示す．許容値を F, 作用応力を f とすると，航空機構造の強度計算では，1.4 項の式 (1.4.1) に示される．式 (1.4.1) を式 (6.3.1) として再記する．

$$MS = \frac{F}{f} - 1 \tag{6.3.1}$$

1.4 節で述べられているように，MS は安全余裕（Margin of Safety）と呼ばれ，対象とする部材の強度上の安全性を判定するために用いられる．すなわち，$MS > 0$ ならば部材は安全と判断される．一方，$MS < 0$ ならば部材は不安全（強度不足）と判定され，強度検討作業では，部材の板厚を増加する等の対策をとることになる．

ここで，許容値として用いる応力値は，安全の条件をどのように考えるかによる．つまり，破壊しないという条件の場合は，許容値として終極応力を用い，降伏しないという条件なら降伏応力が用いられる．

なお，MS は米国の航空機の強度検討で用いる名称であるが，日本の航空機の強度検討では，式 6.3.2 で定義される強度率が用いられることがある．

$$\text{強度率} = \frac{F}{f} \tag{6.3.2}$$

この場合は，強度率 > 1 が安全の条件になる．

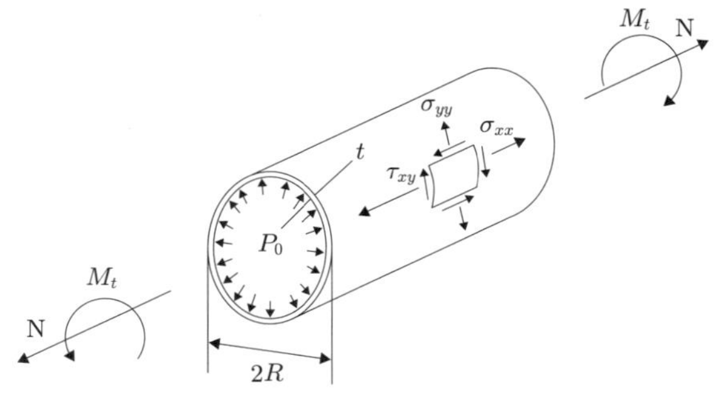

図 6.4.1　組み合わせ応力を受ける薄肉円筒

6.4　安全余裕の計算例

安全余裕の計算例として，図 6.4.1 に示すような，円筒に内圧（P_0 MPa）と軸方向荷重（N kN）およびねじりモーメント（T kN·m）が作用する場合を考える．円筒壁が引張荷重下で降伏しないという条件で MS を求める．なお，円筒の材料はアルミニウム合金 2024-T3 とし，円筒の板厚は t（mm），半径は R（m）とする．なお，円筒に内圧を負荷すると内圧による軸方向の応力が発生するが，単純化のため本計算例の N は，内圧 P_0 とは独立に負荷していると仮定する．

この例では組み合わせ応力状態での降伏の判定になるので，6.2.2 項 a で説明したフォン・ミーゼスの降伏条件を用いて計算する．フォン・ミーゼス応力を f_{vm} とすると，f_{vm} は式 (6.4.1) のように定義される．

$$f_{\mathrm{vm}} = \sqrt{\frac{1}{2}[(\sigma_{xx} - \sigma_{yy})^2 + \sigma_{xx}^2 + \sigma_{yy}^2 + 6\tau_{xy}^2]} \qquad (6.4.1)$$

式 (6.4.1) を用いてフォン・ミーゼスの降伏条件（式 (6.2.17)）を書き直すと式 (6.4.2) を得る．

$$f_{\mathrm{vm}} = \sqrt{\frac{1}{2}[(\sigma_{xx} - \sigma_{yy})^2 + \sigma_{xx}^2 + \sigma_{yy}^2 + 6\tau_{xy}^2]} = \sigma_Y \qquad (6.4.2)$$

式 (6.4.2) からフォン・ミーゼス応力が材料の降伏応力を上回ると材料が降伏することがわかる．

次に，図 6.4.1 に示す荷重条件で各応力を求めてフォン・ミーゼス応力を計算して降伏の判定を行う．

図 6.4.1 から，各応力は外荷重と円筒の寸法を用いて，式 (6.4.3)〜(6.4.6) のように表される．

$$\sigma_{xx} = \frac{N}{2\pi Rt} \tag{6.4.3}$$

$$q = \frac{M_t}{2F} = \frac{M_t}{2\pi R^2} \tag{6.4.4}$$

$$\tau_{xy} = \frac{q}{t} = \frac{M_t}{2\pi R^2 t} \tag{6.4.5}$$

$$\sigma_{yy} = \frac{P_0 R}{t} \tag{6.4.6}$$

ここで，$N = 5.00 \times 10^6$ N, $T = 2.00 \times 10^6$ N · m, $R = 1.00$ m, $P_0 = 1.5$ MPa, $t = 3.50$ mm とすると，各応力は式 (6.4.3)〜(6.4.6) により式 (6.4.7)〜(6.4.9) のように計算される．

$$\sigma_{xx} = \frac{N}{2\pi Rt} = 227\,\mathrm{MPa} \tag{6.4.7}$$

$$\tau_{xy} = \frac{T}{2\pi R^2 t} = 91.0\,\mathrm{MPa} \tag{6.4.8}$$

$$\sigma_{yy} = \frac{P_0 R}{t} = 429\,\mathrm{MPa} \tag{6.4.9}$$

式 (6.4.7)〜(6.4.9) を式 (6.4.2) に示したフォン・ミーゼス応力に代入すると，式 (6.4.10) を得る．

$$f_{\mathrm{vm}} = \sqrt{\frac{1}{2}[(\sigma_{xx} - \sigma_{yy})^2 + \sigma_{xx}^2 + \sigma_{yy}^2 + 6\tau_{xy}^2]} = 403\,\mathrm{MPa} \tag{6.4.10}$$

一方で，式 (6.4.2) の σ_Y について，本来は材料の降伏応力を用いることになるが，ここでは MS の計算を行うので，降伏応力として，表 6.2.1 に示した 2024-T3 の許容値の引張降伏応力 F_{ty} の B 値，331 MPa を用いる．この場合，式 (6.3.1) に示す MS は式 (6.4.11) のように表すことができる．

$$MS = \frac{\sigma_Y}{f_{\mathrm{vm}}} - 1 = \frac{331 \times 10^6}{403 \times 10^6} - 1 = -0.179 \tag{6.4.11}$$

上記の MS は負なので，このままでは構造が破壊（降伏）する．MS を正にするために板厚を増加する必要があるので，以下にその手順を示す．

まず，式 (6.4.3)，式 (6.4.5)，式 (6.4.6) を式 (6.4.2) に代入すると式 (6.4.12) を得る．

$$f_{\mathrm{vm}}=\sqrt{\frac{1}{2}[(\sigma_{xx}-\sigma_{yy})^2+\sigma_{xx}^2+\sigma_{yy}^2+6\tau_{xy}{}^2]}$$

$$=\sqrt{\frac{1}{2}\left[\frac{1}{t^2}\left(\frac{N}{2\pi R}-p_0R\right)^2+\frac{1}{t^2}\left\{\left(\frac{N}{2\pi R}\right)^2+(p_0R)^2+6\times\left(\frac{T}{2\pi R^2}\right)^2\right\}\right]} \tag{6.4.12}$$

ここで，$MS > 0$ とするために，板厚 t を変化させるので，式 (6.4.12) において t を変数として定数部を C とおくと，式 (6.4.13) を得る．

$$f_{\mathrm{vm}}=\frac{1}{t}\times \mathrm{C} \tag{6.4.13}$$

ここで，定数部 C は，式 (6.4.14) で表される．

$$\mathrm{C}=\sqrt{\frac{1}{2}\left[\left(\frac{N}{2\pi R}-p_0R\right)^2+\left\{\left(\frac{N}{2\pi R}\right)^2+(p_0R)^2+6\times\left(\frac{T}{2\pi R^2}\right)^2\right\}\right]} \tag{6.4.14}$$

次に，板厚 t のときの MS を a とすると，a は式 (6.4.15) で表される．

$$MS=a=\frac{F_{\mathrm{ty}}}{f_{\mathrm{vm}}}-1=F_{\mathrm{ty}}\times\frac{t}{\mathrm{C}}-1 \tag{6.4.15}$$

ここで，板厚 t のときには $MS < 0$ であるとして，$MS = 0$ を満足する板厚を t' とすると，t' は式 (6.4.16) で表される．

$$MS=F_{\mathrm{ty}}\times\frac{t'}{\mathrm{C}}-1=0 \tag{6.4.16}$$

式 (6.4.15) と式 (6.4.16) から板厚 t と t' の関係は式 (6.4.17) で表される．

$$t'=\frac{t}{1+a} \tag{6.4.17}$$

式 (6.4.16) に $a = -0.179$ と $t = 3.50$ mm を代入すると，$MS = 0$ を満足する板厚 t' は，4.26 mm になる．したがって，$MS > 0$ とするためには，板厚を 4.26 mm 以上になるように選べばよいことになる．たとえば，$t = 4.30$ mm とすると，$MS = 0.008$ となり，$MS > 0$ を満足する．なお，航空機のような極限まで軽量化を目指す場合は，$0.1 > MS > 0$ の範囲に抑える場合が多い．

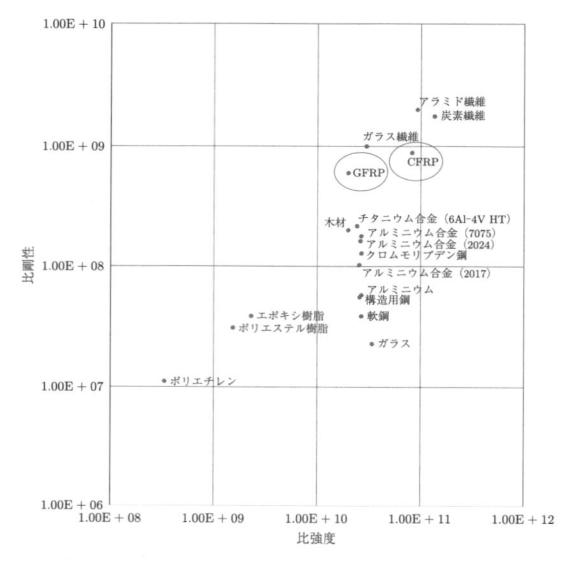

図 6.5.1　代表的な金属材料の比強度・比剛性比較

6.5　材料選定の考え方

軽量構造を実現するためには，軽くて強い材料を選定することが基本的な考え方の一つである．そのための指標として，前述した単位重量当たりの強度（比強度）と単位重量当たりの剛性（比剛性）がある．代表的な材料の比強度–比剛性を図 6.5.1 に示す．図 6.5.1 では，斜め右上に位置する合金ほど軽量化の可能性が高い材料といえる．

図 6.5.1 から，アルミニウム合金やチタニウム合金は強度や縦弾性係数では鋼系合金に及ばないが，比強度と比剛性では優れており，軽量化について優れた特性を有していることがわかる．また，木材も軽量構造に適した材料であることを示しており，このことは初期の航空機や第二次大戦中の戦闘爆撃機であるデハビランド社のモスキート，戦後のジェット戦闘機のバンパイアの機体構造に木材（合板）が使われた理由の一つでもある．また，図 6.5.1 の CFRP（炭素繊維強化プラスチック）と GFRP（ガラス繊維強化プラスチック）の比強度，比剛性から，これらの複合材料がきわめて高い軽量化の可能性を有していることがわかる．

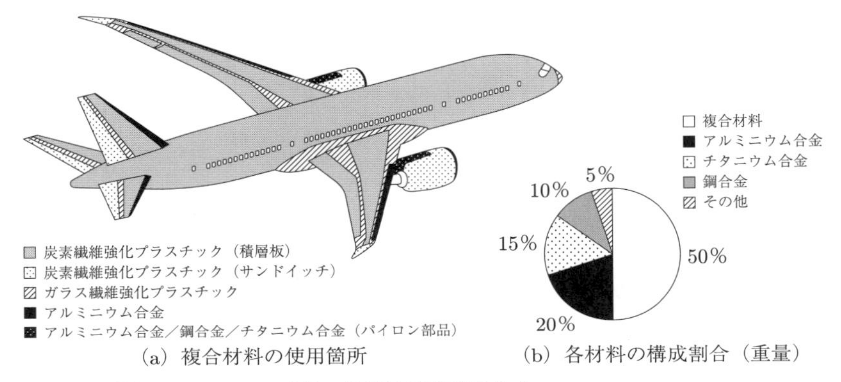

(a) 複合材料の使用箇所　(b) 各材料の構成割合（重量）

図 6.5.2 B787 型機の使用材料配置図 [6-4]
(a)(b)の色分けはそれぞれ対応していないことに注意

6.6 ま と め

構造設計においては，想定される運用条件の下での荷重を推定して荷重の伝達経路を考え，その荷重の大きさに応じた構造様式を選定し，材料を適材適所に配置することが基本である．その具体例をボーイング社の B787 型機の材料配置を例に説明する．B787 型機は長距離路線を運航する高効率の中型旅客機で，軽量化のため，主翼，胴体，尾翼等の 1 次構造に CFRP を適用して，その比率は機体構造重量の約 50 % に達する．図 6.5.2 からわかるように，大きな荷重が作用する主翼，胴体，尾翼の外板のように機体の表面にあたる部位はほとんどが CFRP 積層板構造で，エンジンナセルや動翼（補助翼，方向舵，昇降舵等）の比較的荷重が小さい部位は軽量で高剛性の CFRP サンドイッチ構造が使われている．また，比較的低い荷重を分担する 2 次構造であるフェアリング等には GFRP が使用されている一方で，異物衝突や腐食等の可能性が高い主翼前縁や尾翼の前縁は安価で修理・交換が容易なアルミニウム合金が適用されている．なお，機体重量の 15 % に適用されているチタニウム合金は，電解腐食対策のため CFRP 部材同士を結合する締結部品等に主として適用されているが，機体内部に使用されているので図中にはほとんど現れていない．

このように，実機の構造では，負荷される荷重や使用条件等を考慮して，各種材料を，その特性に応じて適材適所に配置していることがわかる．

7

継　手

継手（接手とも書く）は複数の構造部材を結合する構造要素であり，分散している荷重を1カ所に集めて，さらに結合する相手の構造部材に伝達する役割を持っている．力が集中するため強度的に重要な部材であるが，ボルト孔の製造上の公差やボルトと穴の嵌め合いにより，金具内部の応力分布には不確定な要因がある．このため，民間航空機では1.15の安全係数が適用される．したがって，応力解析では設計荷重に金具係数として1.15を通常の1.5に乗じた安全率を用いて解析を行う．なお，後述する面圧応力の解析では，継手に相対的な回転がある場合，衝撃荷重や振動荷重が作用する場合には，ボルト径の拡大によるブッシングの交換頻度を減らすため面圧応力を低く抑える必要があり，面圧係数を適用する．この場合，金具係数と面圧係数を重複して適用する必要はない．

なお，継手は荷重の伝達方法によって，**せん断継手**，**引張継手**，**接着継手**に大別される．以下にその詳細と各継手の応力解析を述べる．

7.1　せん断継手

代表的なせん断継手の結合法として，せん断面が1カ所の一面せん断とせん断面が2カ所の二面せん断がある．一面せん断は，せん断面に曲げモーメントが生じるので，主として接合する板の中心間距離が短い薄板をリベット等で接合する場合を除き好ましい接合法ではない．本節では，せん断継手として図7.1.1に示す二面せん断を例に応力解析の考え方を解説する．

7.1.1　せん断継手の応力解析

せん断金具の金具部に図7.1.2に示すような伝達荷重 N が作用する場合を考える．この場合，穴の位置と金具の寸法の関係から次のような破壊の形式が

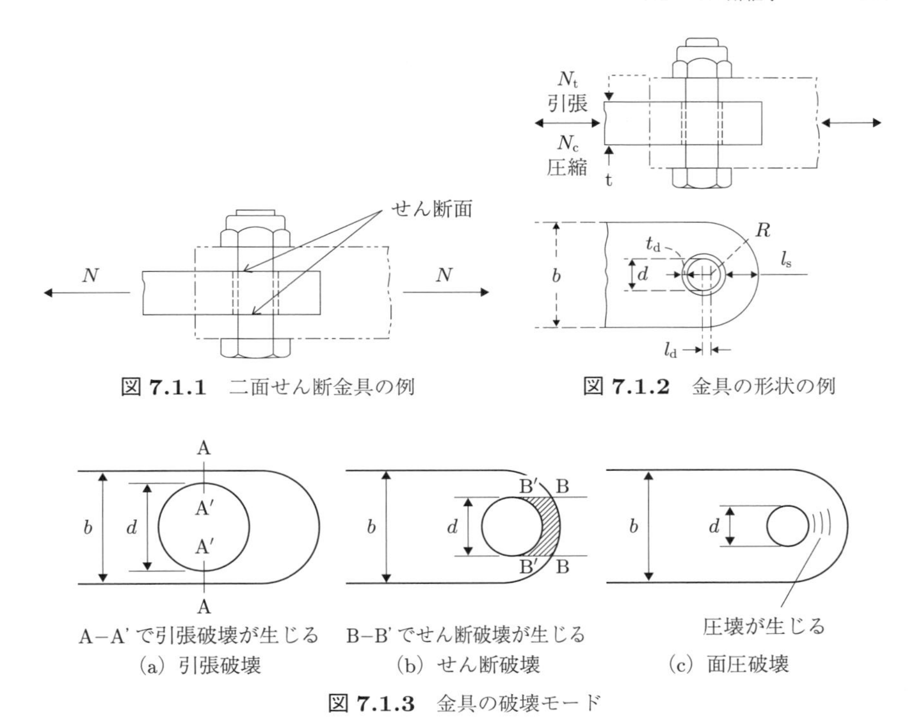

図 7.1.1 二面せん断金具の例

図 7.1.2 金具の形状の例

図 7.1.3 金具の破壊モード

考えられる．金具の板厚を t として，それぞれの場合の応力解析を示す．

a. 引張破壊

図 7.1.3(a) のように金具の幅 b と比較してボルトの直径 d が大きいときは引張荷重を分担する断面積が小さいので引張破壊が生じる．

この場合，式 (7.1.1) により引張応力を計算して金具の引張許容応力 F_{tu} と比較する．式 (7.1.1) の寸法については図 7.1.2 を参照されたい．ここで，t_{d} はブッシング（入れ子）の厚さである．

$$f_{\mathrm{t}} = \frac{N}{(b-d-2t_{\mathrm{d}})t} \tag{7.1.1}$$

b. せん断破壊

図 7.1.3(b) のように穴の位置が金具の端部に近い場合は，図 7.1.2 の l_{s} が小さくなってせん断荷重を受け持つ面積が小さくなり，図 7.1.3(b) の斜線部分にせん断破壊が生じる．この場合，せん断面が 2 カ所（図中の B−B′）あるので式 (7.1.2) でせん断応力を計算して，金具のせん断許容応力 F_{su} と比較す

る．

$$f_{\mathrm{s}} = \frac{N}{2l_{\mathrm{s}}t}, \quad l_{\mathrm{s}} = R + l_{\mathrm{d}} - \frac{d}{2} - t_{\mathrm{d}} \tag{7.1.2}$$

ここで，l_d は，金具の外径円の中心とボルト径の中心の間の距離である．

c. 面圧破壊

$b-d$ や l_{s} が十分大きい場合は，図 7.1.3(c) に示すようにボルトと金具の接触面で材料が圧壊する破壊が生じる．これを面圧破壊という．強度計算上は式 (7.1.3) で面圧応力を計算して，許容値である金具の面圧終極応力 F_{bru} と比較して破壊の判定を行う．

$$f_{\mathrm{br}} = \frac{N}{dt} \tag{7.1.3}$$

d. せん断ボルトの応力解析

ここでは，ボルトのせん断破壊について述べる．図 7.1.1 に示す二面せん断の場合はボルトの断面積の 2 倍の面積でせん断荷重を受け持つことになるので，式 (7.1.4) でせん断応力を計算して，ボルトの許容値であるせん断終極応力 F_{su} と比較して強度判定を行う．

$$f_{\mathrm{s}} = \frac{N/2}{\pi d^2/4} \tag{7.1.4}$$

7.2 引張継手 [7-1]

せん断継手は 2 方向の荷重を伝達できるため広く使用されているが，結合する金具間でボルト穴を合わせる加工の難易度が高く，穴が合わないとボルトの挿入が困難になるという問題がある．逆に穴の公差を緩くするとボルトの片当たりの原因になり，複数のボルトで結合する場合には，ボルトの分担荷重の不均等が原因で，ボルトに想定以上の荷重が負荷される可能性がある．これに対して，揚力による主翼桁の曲げを軸力として受け持つ主翼の桁フランジのような部材の結合には引張継手が用いられる場合もある．引張継手の概要を図 7.2.1 に示す．

引張継手は，2 つの金具を初期張力が付与されたボルトで結合する方式の継手で，主として伝達する荷重が引張の軸力である場合に適しているが，通常は図 7.2.1 に示すようにせん断力 Q も伝達する必要があるので，せん断力を伝

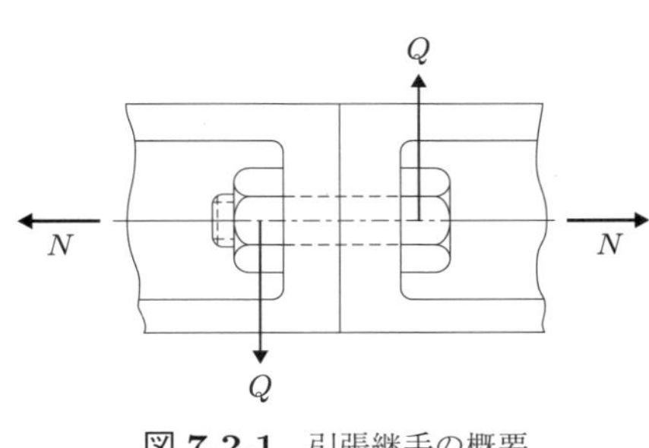

図 7.2.1 引張継手の概要

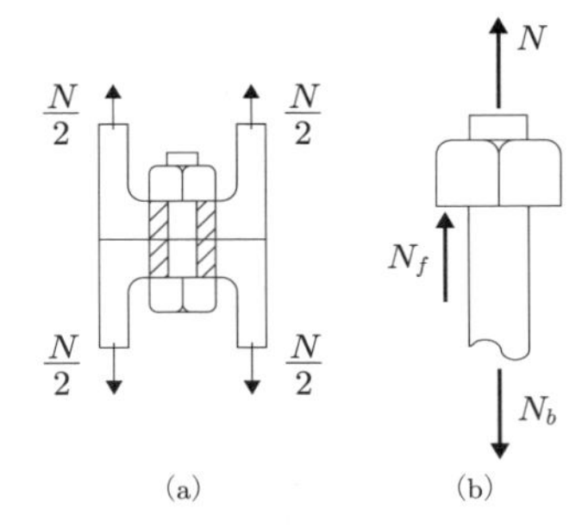

図 7.2.2 引張継手とボルトに作用する荷重

達する構造要素を組み合わせて使用する.

7.2.1 引張継手の応力解析

引張金具とボルトに働く力を図 7.2.2 に示す.

ここで, 伝達荷重を N, 引張ボルトに作用する力を N_{b}, 引張金具に作用する圧縮力（正とする）を N_{f}, ボルトの初期力を N_{b0}, ボルトの断面積を A_{b}, 縦弾性係数を E_{b} とする. また, 金具の圧縮荷重を受け持つ部分を図 7.2.2 に斜線で示し, その断面積を A_{f}, 縦弾性係数を E_{f}, 金具の初期力を N_{f0} とする. ここで, 伝達荷重 N によって生じたボルトおよび金具のひずみを ε として解析を行う.

図 7.2.2(b) に示すボルトの自由体図での力の釣り合いから式 (7.2.1) を得る. ここで, N_{f} は金具に働く圧縮力の反力である.

$$N = N_{\mathrm{b}} - N_{\mathrm{f}} \tag{7.2.1}$$

ΔN_{b} と ΔN_{f} を継手に作用する伝達荷重 N によるボルトと金具の荷重増分とすると, ボルトに働く力の釣り合いは, 式 (7.2.2) で与えられる.

$$N_{\mathrm{b}} = N_{\mathrm{b0}} + \Delta N_{\mathrm{b}} \tag{7.2.2}$$

また, 金具荷重 N_{f} は, 金具に働く引張荷重の増分 ΔN_{f} だけ減少するので, 金具荷重は式 (7.2.3) で与えられる.

$$N_{\mathrm{f}} = N_{\mathrm{f0}} - \Delta N_{\mathrm{f}} \tag{7.2.3}$$

ボルトおよび金具のひずみ ε と ΔN_{b} と ΔN_{f} の関係はフックの法則により式 (7.2.4) および式 (7.2.5) で表される．

$$\Delta N_{\mathrm{b}} = A_{\mathrm{b}} E_{\mathrm{b}} \varepsilon \tag{7.2.4}$$

$$\Delta N_{\mathrm{f}} = A_{\mathrm{f}} E_{\mathrm{f}} \varepsilon \tag{7.2.5}$$

荷重を負荷する前の引張継手の力の釣り合いから式 (7.2.6) が得られる．

$$N_{\mathrm{b0}} = N_{\mathrm{f0}} \tag{7.2.6}$$

式 (7.2.1) に式 (7.2.2) と式 (7.2.3) を代入して，式 (7.2.4) と式 (7.2.5) および式 (7.2.6) を使うと，式 (7.2.7) を得る．

$$N = \Delta N_{\mathrm{b}} + \Delta N_{\mathrm{f}} = (A_{\mathrm{b}} E_{\mathrm{b}} + A_{\mathrm{f}} E_{\mathrm{f}}) \varepsilon \tag{7.2.7}$$

式 (7.2.7) から ε を求めて式 (7.2.4) に代入すると，ΔN_{b} の式として式 (7.2.8) を得る．

$$\Delta N_{\mathrm{b}} = \frac{N}{\left(1 + \frac{A_{\mathrm{f}} E_{\mathrm{f}}}{A_{\mathrm{b}} E_{\mathrm{b}}}\right)} \tag{7.2.8}$$

式 (7.2.8) から金具の開口荷重 N_{A} を求める．開口時の荷重を N_{A} とすると，開口の条件は，$N_{\mathrm{f}} = 0$ だから 式 (7.2.3) から $\Delta N_{\mathrm{f}} = N_{\mathrm{f0}}$ を得る．また，開口時のボルトおよび金具のひずみを ε_{A} とすると，式 (7.2.5) と式 (7.2.7) より式 (7.2.9) を得る．

$$\Delta N_{\mathrm{f}} = A_{\mathrm{f}} E_{\mathrm{f}} \varepsilon_{\mathrm{A}} = A_{\mathrm{f}} E_{\mathrm{f}} \frac{N_{\mathrm{A}}}{A_{\mathrm{f}} E_{\mathrm{f}} + A_{\mathrm{b}} E_{\mathrm{b}}} = N_{\mathrm{f0}} = N_{\mathrm{b0}} \tag{7.2.9}$$

これより，開口荷重 N_{A} は式 (7.2.10) で与えられる．

$$N_{\mathrm{A}} = N_{\mathrm{b0}} \frac{A_{\mathrm{f}} E_{\mathrm{f}} + A_{\mathrm{b}} E_{\mathrm{b}}}{A_{\mathrm{f}} E_{\mathrm{f}}} = N_{\mathrm{b0}} \left(1 + \frac{A_{\mathrm{b}} E_{\mathrm{b}}}{A_{\mathrm{f}} E_{\mathrm{f}}}\right) \tag{7.2.10}$$

これは，式 (7.2.8) において $\Delta N_{\mathrm{b}} = N_{\mathrm{A}} - N_{\mathrm{b0}}$ と置いても求められる．このことは，引張継手に作用する伝達荷重 N と N によるボルトの荷重増分 ΔN_{b} の差がボルトの初張力に達すると金具が開口することを意味しているので，最大荷重で開口しない設計が必要である．

次に，具体的な例を挙げて引張継手の特性を解説する．図 7.2.2 に示す引張継手において，鋼製のボルトとアルミニウム合金製の引張金具を想定して物性

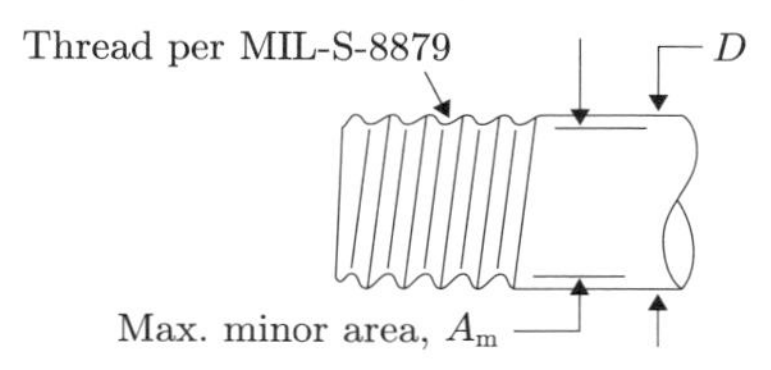

図 7.2.3 引張ボルトの A_m の定義

値等を以下のように設定する．

ボルト：ボルト径 $D = 9/16$ in (14.3 mm)，ボルトの縦弾性係数を $E_b = 200$ GPa, 引張降伏応力を $F_{ty} = 1,280$ MPa とする．ボルトの断面積は次式で与えられる．

$$A_b = \frac{\pi \times (14.3 \times 10^{-3})^2}{4} = 1.61 \times 10^{-4}\ \mathrm{m}^2$$

引張金具：図 7.2.2(a) の網掛け部分の内径を 14.4 mm, 外径を 24.6 mm, 金具の縦弾性係数 $E_f = 70$ GPa とする．網掛け部分の断面積は次式で与えられる．

$$A_f = \frac{\pi \times \{(24.6 \times 10^{-3})^2 - (14.4 \times 10^{-3})^2\}}{4} = 3.12 \times 10^{-4}\ \mathrm{m}^2$$

引張継手において，ボルトの初張力は，式 (7.2.11) で求められる [7-2]．

$$P_{b0} = 0.75 F_{ty} A_m \tag{7.2.11}$$

ここで，A_m は図 7.2.3 で定義される面積で，ボルト径 $D = 9/16$ in の場合は $A_m = 126\ \mathrm{mm}^2$ である [7-2]．したがって，式 (7.2.11) から $P_{b0} = 121$ kN を得る．

これらの値を式 (7.2.10) に代入すると，ボルトの開口荷重 N_A は式 (7.2.12) で与えられる．

$$N_A = 121 \times \left(1 + \frac{1.61 \times 10^{-4} \times 2.00 \times 10^{11}}{3.12 \times 10^{-4} \times 7.00 \times 10^{10}}\right) = 299\ \mathrm{kN} \tag{7.2.12}$$

ここで，式 (7.2.2)，式 (7.2.8) から N と N_b の関係を求めると，式 (7.2.13) が導かれる．

$$N_b = \Delta N_b + N_{b0} = \frac{N}{(1 + \frac{A_f E_f}{A_b E_b})} + N_{b0} \tag{7.2.13}$$

ボルトが開口する条件は，$N_b = N$ なので，ボルトの開口荷重 N_A は式

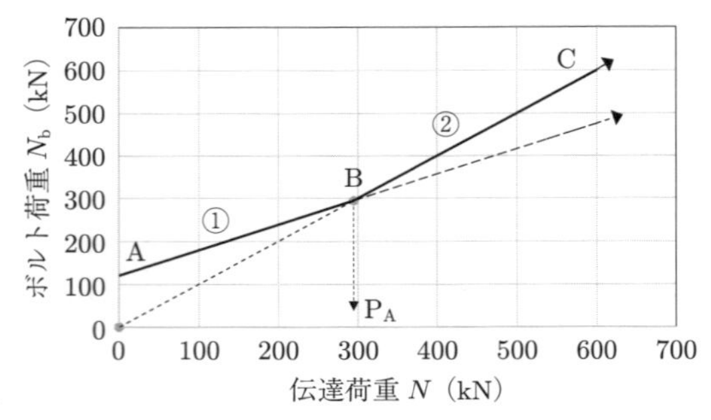

図 7.2.4　伝達荷重とボルト荷重の関係

(7.2.13) と $N_b = N$ の直線の交点として求められる．この関係を図 7.2.4 に示す．

図 7.2.4 において，ボルト荷重は A→B→C のように変化し，直線①はボルト開口前の関係を示し，直線②はボルト開口後の関係を示す．直線①と直線②の交点がボルトの開口荷重 N_A である．また，ボルトが開口するまでの関係（直線①）から，伝達荷重 N の変化に対して，ボルト荷重 N_b の変動が小さくなり，ボルトの疲労特性が向上することがわかる．

7.3　接着継手 [7-1]

接着継手として図 7.3.1 に示す継手を考える．ここで，母材の板厚を t_1,t_2, 接着層の長さを 2ℓ として，長手方向に x 軸をとり，接着層の中央を原点とする．また，紙面に垂直方向の幅を b とする．板に作用する荷重を N, 接着層の厚さを t, 板の縦弾性係数を E, 接着層のせん断弾性係数を G とする．引張荷重 N に偏心 e があるので，曲げ変形を考慮する必要があるが，航空機等の軽量構造では薄板を対象にしているので，偏心 e の影響は微小と仮定して応力解析を行う．また，後述するように接着層内ではせん断ひずみ，せん断応力の変化が大きいが，ここではそのような変化を許容する**可変せん断場**として取り扱っている．なお，ここでの解析は 4.5.2 項で扱っている**シア・ラグ解析**と同じなので，4.2.5 項も併せて参考されたい．

図 7.3.1(b) に示す自由体図における力の釣り合いから式 (7.3.1) と式 (7.3.2) が求められる．

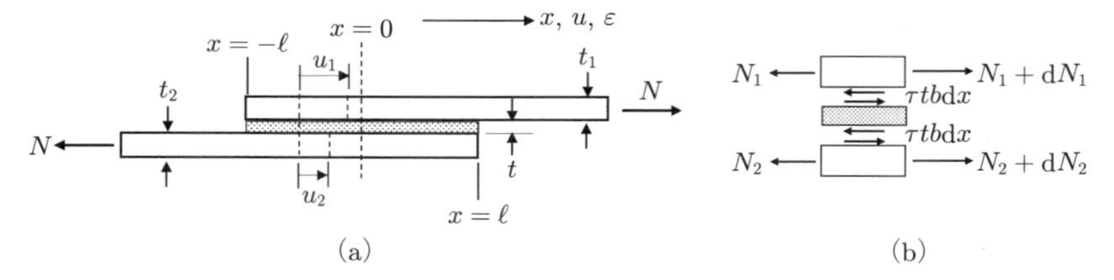

図 7.3.1 接着継手

$$\frac{\mathrm{d}N_1}{\mathrm{d}x} = \tau b \tag{7.3.1}$$

$$\frac{\mathrm{d}N_2}{\mathrm{d}x} = -\tau b \tag{7.3.2}$$

また，x 軸方向の変位 u_i と軸力 N_i の間にはフック（Hook）の法則が成り立つので，式 (7.3.3) と式 (7.3.4) を得る．

$$N_1 = Et_1 b\frac{\mathrm{d}u_1}{\mathrm{d}x} \tag{7.3.3}$$

$$N_2 = Et_2 b\frac{\mathrm{d}u_2}{\mathrm{d}x} \tag{7.3.4}$$

また，接着層内のせん断応力とせん断ひずみの関係は式 (7.3.5) のように表される．

$$\tau = \frac{G(u_1 - u_2)}{t} \tag{7.3.5}$$

式 (7.3.1) と式 (7.3.2) から式 (7.3.6) が導かれる．

$$\frac{\mathrm{d}}{\mathrm{d}x}(N_1 + N_2) = 0 \tag{7.3.6}$$

図 7.3.1 の境界条件は式 (7.3.7) と式 (7.3.8) で与えられる．

$$x = -l; N_1 = 0, \quad x = l; N_1 = N \tag{7.3.7}$$

$$x = -l; N_2 = N, \quad x = l; N_2 = 0 \tag{7.3.8}$$

式 (7.3.6) を x で積分して，境界条件の式 (7.3.7) と式 (7.3.8) を考慮すると式 (7.3.9) が導かれる．

$$N_1 + N_2 = N \tag{7.3.9}$$

式 (7.3.5) を x で微分して式 (7.3.10) を導く．

$$\frac{\mathrm{d}}{\mathrm{d}x}(\tau)=\frac{\mathrm{d}}{\mathrm{d}x}\left\{\frac{G(u_1-u_2)}{t}\right\}=\frac{G}{t}\left\{\frac{\mathrm{d}}{\mathrm{d}x}(u_1)-\frac{\mathrm{d}}{\mathrm{d}x}(u_2)\right\} \tag{7.3.10}$$

式 (7.3.10) に式 (7.3.1)，および式 (7.3.3)，(7.3.4) を代入して式 (7.3.11) を得る．

$$\frac{1}{b}\frac{\mathrm{d}}{\mathrm{d}x}\left(\frac{\mathrm{d}N_1}{\mathrm{d}x}\right)=\frac{G}{t}\left\{\frac{N_1}{Et_1b}-\frac{N_2}{Et_2b}\right\} \tag{7.3.11}$$

式 (7.3.11) の N_2 に式 (7.3.9) を代入して整理すると式 (7.3.12) を得る．

$$\frac{\mathrm{d}^2N_1}{\mathrm{d}\xi^2}-\lambda^2N_1=-\frac{NGl^2}{Ett_2} \tag{7.3.12}$$

式 (7.3.12) において，ξ と λ は，それぞれ無次元化座標と無次元化パラメーターで，式 (7.3.13) と式 (7.3.14) で与えられる．

$$\xi=\frac{x}{l} \tag{7.3.13}$$

$$\lambda^2=\frac{Gl^2}{Et}\left(\frac{1}{t_1}+\frac{1}{t_2}\right) \tag{7.3.14}$$

式 (7.3.12) は 2 階の非同次線形微分方程式なので，その一般解は式 (7.3.15) で表される．式 (7.3.15) の第 1 項と第 2 項は式 (7.3.12) に示す非同次微分方程式の随伴する同次方程式の一般解，第 3 項は式 (7.3.12) の特解である．

$$N_1=C_1\sin h\lambda\xi+C_2\cos h\lambda\xi+\frac{t_1N}{t_1+t_2} \tag{7.3.15}$$

式 (7.3.15) について，境界条件の式 (7.3.7) と式 (7.3.8) から係数 C_1 と C_2 は式 (7.3.16) のように決定される．

$$C_1=\frac{N}{2\sin h\lambda},\quad C_2=\frac{(t_2-t_1)P}{2(t_1+t_2)\cos h\lambda} \tag{7.3.16}$$

被接着部材の板厚が等しい場合（$t_1=t_2=t_F$）には，N_1 は式 (7.3.17) で与えられる．

$$N_1=\frac{N}{2}\left(1+\frac{\sin h\lambda\xi}{\sin h\lambda}\right) \tag{7.3.17}$$

接着層のせん断応力 τ は，式 (7.3.17) を式 (7.3.1) に代入して，式 (7.3.18) で与えられる．

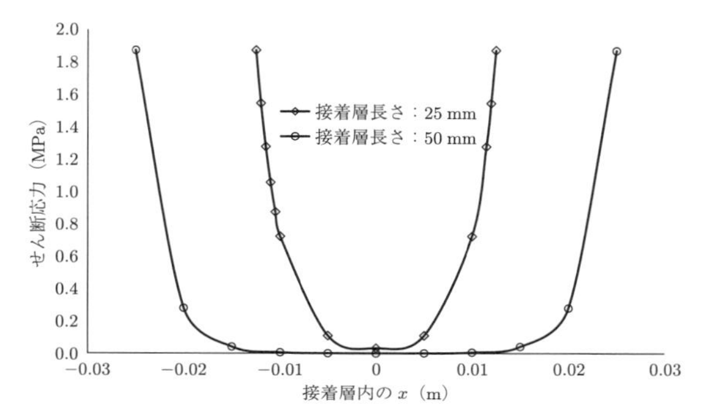

図 7.3.2　接着層内の応力分布

$$\tau = \tau_{\mathrm{mean}} \left(\frac{\lambda \cos h\lambda\xi}{\sin h\lambda} \right) \tag{7.3.18}$$

ここで，τ_{mean} は接着層の平均応力で，式 (7.3.19) で与えられる．

$$\tau_{\mathrm{mean}} = \frac{N}{2bl} \tag{7.3.19}$$

次に，実際の材料を想定して接着層のせん断応力分布と接着層の長さの関係を調べる．被接着層として疑似等方性の CFRP 材，接着剤として熱硬化型接着剤を想定する．

CFRP の縦弾性係数を 50 GPa, 接着剤のせん断弾性係数を 0.908 GPa, 伝達荷重 $N = 500$ N, 継手の幅 $b = 25.4$ mm, 母材の厚さ $t_{\mathrm{F}} = 5$ mm, 接着層の厚さ $t = 0.2$ mm とし，接着層の長さを 50 mm と 25 mm の 2 ケースについて接着層のせん断応力分布を図 7.3.2 に示す．ここで，横軸は図 7.3.1 に示す接着層の x 座標である．

図 7.3.2 から，接着継手では接着層の端部で応力集中が生じており，接着層の長さを長くしても式 (7.3.19) で定義される平均せん断応力は低下するが，端部での応力集中のため最大せん断応力はほとんど同じであることがわかる．このように接着継ぎ手の検討にあたっては，端部の応力集中に注意し，端部の応力集中に影響を与える要因を考慮する必要がある．

8

はりと薄板の弾性座屈理論

8.1 座　屈

座屈（buckling）とは，構造物に加える荷重を増加させていくと，ある荷重で変形モードが突然変化することを指す．材料力学でもよく知られた長柱の座屈の例（図 8.1.1）では，単軸圧縮の変形モードから曲げを含んだ変形モードへと遷移している．このような遷移が発生する理由は，ある境界条件に対する釣り合い状態の解が 2 つ以上存在し，その中で構造がより安定な状態をとろうとするためである．したがって，解の一意性が保証される線形な問題では座屈は発生しない．材料的・幾何学的な理由で非線形性が存在すると，座屈が発生しうる．図 8.1.2 には，解が 2 つ以上存在し，座屈が発生する例を概念的なグラフで示した．図 8.1.2(a) は解の**分岐**（bifurcation）であり，荷重–変位曲線が 2 つ以上の解に分岐し，その片方の解から他の解へと変形モードが変化する．図 8.1.2(b) は**飛び移り**（snap-through）と呼ばれるものであり，荷重–変位曲線が極値を持つために釣り合い点が複数存在するもので，この荷重–変位曲線の間で飛び移りが発生し，これに伴って変形モードの変化が発生する．

本章では，簡単な例として，まず長柱に圧縮がかかる場合の座屈現象について座屈方程式を導く．次に，航空機構造で使用されることの多い平板について座屈方程式を導く．最後に，有限要素法を用いて座屈モードや座屈荷重を計算する，座屈固有値解析の理論の基礎を記述する．

8.2 長柱の圧縮に関する座屈理論

8.2.1 たわみを考慮に入れた長柱の圧縮（平衡方程式）

長さ l の柱について考える（図 8.2.1）．ここで柱の幅は h とし，$h \ll l$ とす

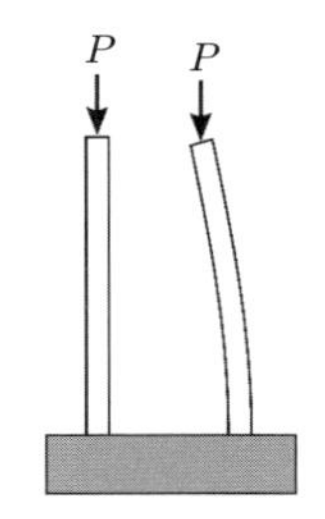

図 **8.1.1**　長柱の圧縮座屈

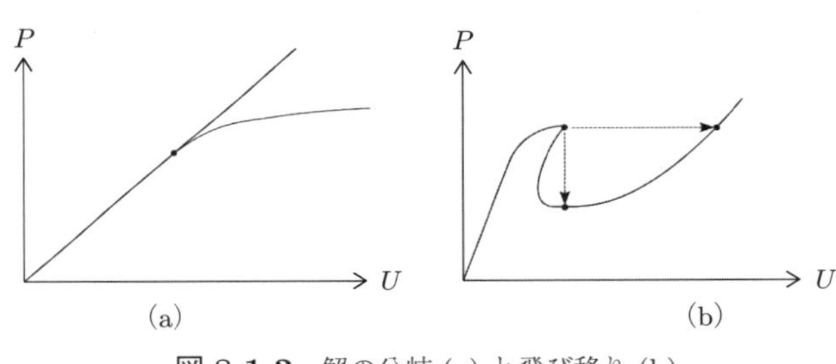

図 **8.1.2**　解の分岐 (a) と飛び移り (b)

る．もし長柱が z 方向への曲げを起こさないと仮定すれば，釣り合いの状態は 1 つに定まってしまい，解の分岐は起こらない．一方，変形によって曲げ（回転）が生じると仮定して，回転を考慮に入れた平衡方程式を求めてみよう．このとき，z 方向へのたわみは w とし，たわみの 1 階微分 $\mathrm{d}w/\mathrm{d}x$ は大きくない（1 次の微小量）と仮定する．これより，

$$\sin\frac{\mathrm{d}w}{\mathrm{d}x} \approx \frac{\mathrm{d}w}{\mathrm{d}x}, \quad \cos\frac{\mathrm{d}w}{\mathrm{d}x} \approx 1 \tag{8.2.1}$$

とみなしてよいとする．

この場合の釣り合いを考えるために，まず位置 x で柱を仮想的に切断した際に切断面にかかっている力を考える（図 8.2.2）．このとき，断面は回転によって $\mathrm{d}w/\mathrm{d}x$ だけ回転している．これより，x, z 方向にかかる力は，式 (8.2.1) の関係を参照して，

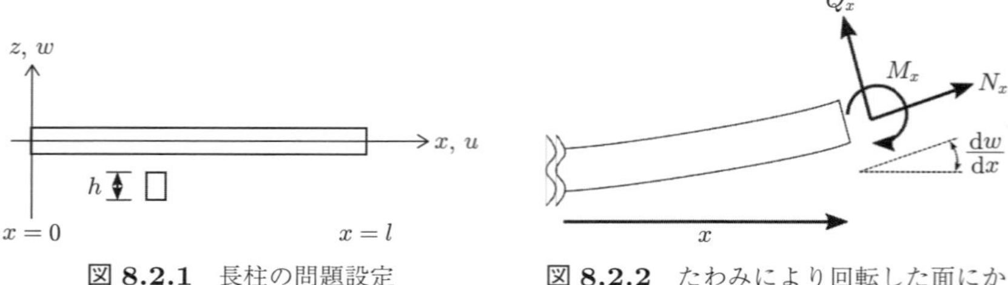

図 **8.2.1**　長柱の問題設定

図 **8.2.2**　たわみにより回転した面にかかる軸力とせん断力

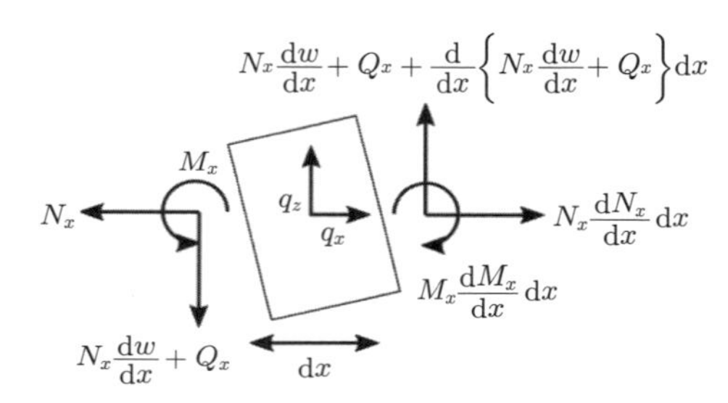

図 **8.2.3**　たわみによる回転を考慮した柱の微小部分の力の釣り合い

$$N_x \cos\frac{\mathrm{d}w}{\mathrm{d}x} - Q_x \sin\frac{\mathrm{d}w}{\mathrm{d}x} \approx N_x - Q_x\frac{\mathrm{d}w}{\mathrm{d}x} \tag{8.2.2}$$

$$Q_x \cos\frac{\mathrm{d}w}{\mathrm{d}x} + N_x \sin\frac{\mathrm{d}w}{\mathrm{d}x} \approx Q_x + N_x\frac{\mathrm{d}w}{\mathrm{d}x} \tag{8.2.3}$$

となる．

ただし，いま考えているような，長さに対して断面積が十分小さい長柱を考えている場合，軸力 N_x に対してせん断力 Q_x は十分小さく，さらに $\mathrm{d}w/\mathrm{d}x$ も大きくないと仮定しているので，式 (8.2.2) はさらに，

$$N_x - Q_x\frac{\mathrm{d}w}{\mathrm{d}x} \approx N_x \tag{8.2.4}$$

と近似される．

以上を考慮して，回転が生じている柱の微小要素にかかっている力の釣り合いを考えると図 8.2.3 のようになる．体積力は回転によって影響を受けないと仮定すると，x 方向の力の釣り合いは

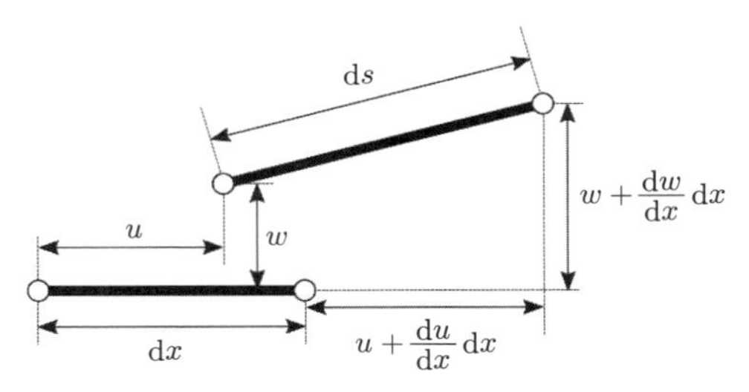

図 8.2.4　たわみによる回転を考慮した柱の微小部分の伸縮

$$N_x+\frac{\mathrm{d}N_x}{\mathrm{d}x}\mathrm{d}x-N_x+q_x\mathrm{d}x=0$$

$$\frac{\mathrm{d}N_x}{\mathrm{d}x}+q_x=0 \tag{8.2.5}$$

z 方向の力の釣り合いは，

$$Q_x+N_x\frac{\mathrm{d}w}{\mathrm{d}x}+\frac{\mathrm{d}}{\mathrm{d}x}\left(Q_x+N_x\frac{\mathrm{d}w}{\mathrm{d}x}\right)\mathrm{d}x-Q_x-N_x\frac{\mathrm{d}w}{\mathrm{d}x}+q_z\,\mathrm{d}x=0$$

$$\frac{\mathrm{d}Q_x}{\mathrm{d}x}+\frac{\mathrm{d}}{\mathrm{d}x}\left(N_x\frac{\mathrm{d}w}{\mathrm{d}x}\right)+q_z=0 \tag{8.2.6}$$

となる．モーメントの釣り合いに関しては回転がないときと同様であるので，

$$\frac{\mathrm{d}M_x}{\mathrm{d}x}-Q_x=0 \tag{8.2.7}$$

となる．以上で，たわみがある際の長柱の平衡方程式が導かれた．たわみを考慮しない場合には引張とせん断が完全に独立の式になるのであるが，たわみを考慮した式 (8.2.5) から式 (8.2.7) では引張とせん断が連成していることに注意してほしい．

8.2.2　たわみを考慮に入れた長柱の圧縮（ひずみ・構成式）

次に，たわみを考慮に入れた際のひずみについて考える．柱の微小部分の変形を図 8.2.4 に示す．ひずみは微小部分の長さの変化から求めることができ，

$$\varepsilon_x=\frac{\mathrm{d}s-\mathrm{d}x}{\mathrm{d}x} \tag{8.2.8}$$

となる．ここで $\mathrm{d}s$ は変形後の柱の微小部分の長さであり，

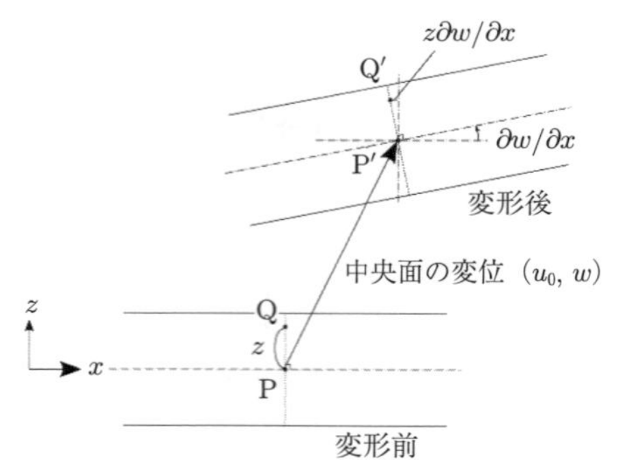

図 8.2.5　ベルヌーイ-オイラーの仮説

$$\mathrm{d}s = \sqrt{\left(\mathrm{d}x + \frac{\mathrm{d}u}{\mathrm{d}x}\,\mathrm{d}x\right)^2 + \left(\frac{\mathrm{d}w}{\mathrm{d}x}\,\mathrm{d}x\right)^2} \tag{8.2.9}$$

となる．これを式 (8.2.8) に代入すれば，

$$\varepsilon_x = \sqrt{\left(1 + \frac{\mathrm{d}u}{\mathrm{d}x}\right)^2 + \left(\frac{\mathrm{d}w}{\mathrm{d}x}\right)^2} - 1 \approx \frac{\mathrm{d}u}{\mathrm{d}x} + \frac{1}{2}\left(\frac{\mathrm{d}w}{\mathrm{d}x}\right)^2 \tag{8.2.10}$$

となる．最右辺の近似については $\sqrt{(1+x)^2+y^2}$ を $x=0$, $y=0$ の周りでテイラー展開するとえられる．たわみを考慮しないときのひずみと比較すると，たわみを考慮することによって式 (8.2.10) の最右辺第 2 項が付け加わっていることがわかる．

ここで，柱の変位は**ベルヌーイ-オイラーの仮説**に従うものとする．つまり，

$$u(x,z) = u_0(x) - z\frac{\mathrm{d}w}{\mathrm{d}x} \tag{8.2.11}$$

$$w(x,z) = w(z) \tag{8.2.12}$$

とする．図 8.2.5 を参照すれば，ベルヌーイ-オイラーの仮説とは，変形前に中央線に対して垂直な線上にあった点 Q が変形後も中央線に垂直な線上 Q' にあるということを意味することがわかる．これは薄いはりについては概ね妥当である．

これを変位-ひずみ関係式 (8.2.10) に代入すれば，

$$\varepsilon_x = \varepsilon_{x0} + z\kappa_x \tag{8.2.13}$$

$$\varepsilon_{x0} = \frac{\mathrm{d}u_0}{\mathrm{d}x} + \frac{1}{2}\left(\frac{\mathrm{d}w}{\mathrm{d}x}\right)^2 \tag{8.2.14}$$

$$\kappa_x = -\frac{\mathrm{d}^2 w}{\mathrm{d}x^2} \tag{8.2.15}$$

となる．ここで ε_{x0} は中央線上のひずみ，κ_x は中央線の曲率を意味している．一方，ひずみと応力の関係（構成式）は，とくにたわみを考慮するかどうかによって変化しない．したがって，

$$\sigma_x = E\varepsilon_x \tag{8.2.16}$$

である．式 (8.2.13)～(8.2.15) を (8.2.16) に代入の上，柱にかかっている軸力 N_x を計算すると（式 (3.1.6) を参照），

$$\begin{aligned} N_x &= \int_A \sigma_x \mathrm{d}A = \int_A E\left\{\frac{\mathrm{d}u_0}{\mathrm{d}x} + \frac{1}{2}\left(\frac{\mathrm{d}w}{\mathrm{d}x}\right)^2 - z\frac{\mathrm{d}^2 w}{\mathrm{d}x^2}\right\}\mathrm{d}A \\ &= EA\left\{\frac{\mathrm{d}u_0}{\mathrm{d}x} + \frac{1}{2}\left(\frac{\mathrm{d}w}{\mathrm{d}x}\right)^2\right\} \end{aligned} \tag{8.2.17}$$

となる．A は柱の断面積を意味する．ここで u_0 と w は x のみに依存すること，および x 軸は中立線上にあるため，z を面内で積分すれば正負が打ち消し合って 0 になることを利用した．一方，柱にかかる曲げモーメント M_x を計算すると，

$$\begin{aligned} M_x &= \int_A z\sigma_x \mathrm{d}A = \int_A Ez\left\{\frac{\mathrm{d}u_0}{\mathrm{d}x} + \frac{1}{2}\left(\frac{\mathrm{d}w}{\mathrm{d}x}\right)^2 - z\frac{\mathrm{d}^2 w}{\mathrm{d}x^2}\right\}dA \\ &= -E\left(\frac{\mathrm{d}^2 w}{\mathrm{d}x^2}\right)\int_A z^2\,\mathrm{d}A = -EI\kappa_x \end{aligned} \tag{8.2.18}$$

となる．ここで I は柱の断面 2 次モーメントである（定義は式 (3.1.11) を参照）．また，平衡方程式 (8.2.7) を用いると，せん断力 Q_x は，

$$Q_x = -\frac{\mathrm{d}}{\mathrm{d}x}\left(EI\frac{\mathrm{d}^2 w}{\mathrm{d}x^2}\right) \tag{8.2.19}$$

となる．平衡方程式 (8.2.6) に式 (8.2.19) を代入して式 (8.2.5) を考慮すれば，

$$-\frac{\mathrm{d}^2}{\mathrm{d}x^2}\left(EI\frac{\mathrm{d}^2w}{\mathrm{d}x^2}\right)+N_x\frac{\mathrm{d}^2w}{\mathrm{d}x^2}-q_x\frac{\mathrm{d}w}{\mathrm{d}x}+q_z=0 \tag{8.2.20}$$

なる，たわみに関する支配方程式を得ることができる．

8.2.3 たわみを考慮に入れた長柱の圧縮（境界条件）

たわみを考慮に入れた場合の，柱の端部での境界条件を考える．境界条件が荷重で与えられた場合，つまり $x=l$ で軸力 $\bar{N}_x$ およびせん断力 $\bar{F}_x$ が与えられた場合は，式 (8.2.3) と (8.2.4) を参照し，式 (8.2.19) を考慮すれば，

$$N_x|_{x=l}=\bar{N}_x \tag{8.2.21}$$

$$Q_x|_{x=l}+\left(N_x\frac{\mathrm{d}w}{\mathrm{d}x}\right)\bigg|_{x=l}=\bar{F}_x$$

$$-\frac{\mathrm{d}}{\mathrm{d}x}\left(EI\frac{\mathrm{d}^2w}{\mathrm{d}x^2}\right)\bigg|_{x=l}+\left(N_x\frac{\mathrm{d}w}{\mathrm{d}x}\right)\bigg|_{x=l}=\bar{F}_x \tag{8.2.22}$$

となる．また，もし端部での境界条件が曲げモーメント $\bar{M}_x$ で与えられた場合は，式 (8.2.18) を参照して，

$$M_x|_{x=l}=-\left(EI\frac{\mathrm{d}^2w}{\mathrm{d}x^2}\right)\bigg|_{x=l}=\bar{M}_x \tag{8.2.23}$$

となる．

なお，もし端部での境界条件がたわみ，あるいはその微分で与えられた場合は，

$$w|_{x=l}=\bar{w},\quad \frac{\mathrm{d}w}{\mathrm{d}x}\bigg|_{x=l}=\overline{\frac{\mathrm{d}w}{\mathrm{d}x}} \tag{8.2.24}$$

となる．以上のような境界条件のもとで，式 (8.2.20) を解いて，解が複数生じる条件を見つければ座屈の解析ができる．以下の項でいくつか例を見てみよう．

8.2.4 長柱の圧縮座屈

例として，両端部が単純支持され，右端に圧縮荷重 P を受けている長柱を考えてみよう（図 8.2.6）．このとき，両端での境界条件は，

図 8.2.6 両端単純支持柱

$$w|_{x=0} = 0, \quad \left.\frac{\mathrm{d}^2 w}{\mathrm{d}x^2}\right|_{x=0} = 0 \quad (M_x|_{x=0} = 0 \text{ より}) \tag{8.2.25}$$

$$w|_{x=l} = 0, \quad \left.\frac{\mathrm{d}^2 w}{\mathrm{d}x^2}\right|_{x=l} = 0 \quad (M_x|_{x=l} = 0 \text{ より}) \tag{8.2.26}$$

$$N_x|_{x=l} = -P \tag{8.2.27}$$

となる．

ここで，座屈直前でたわみが生じていない際の x 方向変位と軸力，たわみを $\hat{u}_0, \hat{N}_x, \hat{w}$ とし，そこからの微小増分を u_0^*, N_x^*, w^* とする．すなわち，

$$u_0 = \hat{u}_0 + u_0^*, \quad N_x = \hat{N}_x + N_x^*, \quad w = \hat{w} + w^* \tag{8.2.28}$$

とする．ただし，座屈直前ではたわみは生じていない（$\hat{w} = 0$）ので，

$$w = w^* \tag{8.2.29}$$

である．分布力 $q_x = 0$ であるから式 (8.2.5) を参照すれば，

$$\frac{\mathrm{d}\hat{N}_x}{\mathrm{d}x} = 0, \quad \hat{N}_x = -P \tag{8.2.30}$$

であることがわかる．よって，$N_x = -P + N_x^*$ となる．さらに，座屈直後でも境界条件は $N_x|_{x=l} = -P$ かつ，$\mathrm{d}N_x/\mathrm{d}x = 0$ であることは変わらないので，x 全域にわたって，

$$\hat{N}_x = -P, \quad N_x^* = 0 \tag{8.2.31}$$

となる．

これらを考慮して式 (8.2.20) に代入すれば，

$$-\frac{\mathrm{d}^2}{\mathrm{d}x^2}\left(EI\frac{\mathrm{d}^2w^*}{\mathrm{d}x^2}\right)-P\frac{\mathrm{d}^2w^*}{\mathrm{d}x^2}=0 \tag{8.2.32}$$

なる式を得ることができる．EI が断面を通じて一定だとすれば，

$$\frac{\mathrm{d}^4w^*}{\mathrm{d}x^4}+\left(\frac{\beta}{l}\right)\frac{\mathrm{d}^2w^*}{\mathrm{d}x^2}=0 \tag{8.2.33}$$

なる方程式 (座屈方程式) を導くことができる．ここで，

$$\beta^2=\frac{Pl^2}{EI} \tag{8.2.34}$$

である．

ここで，式 (8.2.33) には一般解が知られており，

$$w^*=C_0+C_1\left(\frac{x}{l}\right)+C_2\sin\left(\frac{\beta}{l}x\right)+C_3\cos\left(\frac{\beta}{l}x\right) \tag{8.2.35}$$

となる．これを境界条件式 (8.2.25) および (8.2.26) に代入すれば，

$$\begin{bmatrix} 1 & 0 & 0 & 1 \\ 0 & 0 & 0 & -\left(\dfrac{\beta^2}{l^2}\right) \\ 1 & 1 & \sin\beta & \cos\beta \\ 0 & 0 & -\left(\dfrac{\beta^2}{l^2}\right)\sin\beta & -\left(\dfrac{\beta^2}{l^2}\right)\cos\beta \end{bmatrix}\begin{bmatrix} C_0 \\ C_1 \\ C_2 \\ C_3 \end{bmatrix}=\begin{bmatrix} 0 \\ 0 \\ 0 \\ 0 \end{bmatrix} \tag{8.2.36}$$

となる．このとき，左辺の係数行列が逆行列を持っている場合，式 (8.2.36) の両辺に逆行列をかけることによって，$C_0=C_1=C_2=C_3=0$ という解が得られる．これは，座屈が生ずることなく，まっすぐに圧縮される解に相当する．一方，左辺の係数行列が逆行列を持たない場合は，たわみを生じる解となることがわかる．このための条件は，

$$\det\begin{bmatrix} 1 & 0 & 0 & 1 \\ 0 & 0 & 0 & -\left(\dfrac{\beta^2}{l^2}\right) \\ 1 & 1 & \sin\beta & \cos\beta \\ 0 & 0 & -\left(\dfrac{\beta^2}{l^2}\right)\sin\beta & -\left(\dfrac{\beta^2}{l^2}\right)\cos\beta \end{bmatrix}=0 \tag{8.2.37}$$

図 8.2.7　片端拘束片端自由の柱の圧縮

である．これを解くと，$\sin\beta = 0$ となり，$\beta = m\pi\,(m = 1,\, 2,\, \cdots)$ が得られる．式 (8.2.34) を参照すれば，座屈が発生する荷重を，

$$P = \frac{m^2\pi^2}{l^2}EI \tag{8.2.38}$$

と得ることができる．また，$\beta = m\pi\,(m = 1, 2, \cdots)$ を式 (8.2.36) に代入すれば，座屈波形（座屈モードとも呼ばれる）を得ることができる．この場合は $C_0 = C_1 = C_3 = 0$ で，C_2 が不定となる．これにより，座屈波形は

$$w^* = C_2 \sin\left(\frac{m\pi}{l}x\right) \quad (m = 1, 2, \cdots) \tag{8.2.39}$$

となる．$m = 1$ のときが最も座屈発生荷重が低くなるので，$P = (\pi^2/l^2)EI$ が座屈荷重になる．

例題　一端固定，他端自由の柱の圧縮座屈

次に，8.2.4 項とは異なる境界条件での座屈について，図 8.2.7 のように一端を拘束支持，他端を自由として圧縮荷重を加えた場合を考えてみよう．

このとき，両端の拘束条件を考えると，まず $x = 0$ において，

$$w|_{x=0} = 0, \quad \left.\frac{\mathrm{d}w}{\mathrm{d}x}\right|_{x=0} = 0 \tag{8.2.40}$$

である．また，$x = l$ においては

$$\left.\left(\frac{\mathrm{d}^3 w}{\mathrm{d}x^3}\right)\right|_{x=l} + \left(\frac{\beta}{l}\right)^2 \left.\left(\frac{\mathrm{d}w}{\mathrm{d}x}\right)\right|_{x=l} = 0 \quad (\bar{F}_x|_{x=l} = 0 \text{ より}),$$

$$\left.\frac{\mathrm{d}^2 w}{\mathrm{d}x^2}\right|_{x=l} = 0 \quad (M_x|_{x=l} = 0 \text{ より}) \tag{8.2.41}$$

$$N_x|_{x=l} = -P \tag{8.2.42}$$

となる．ここで，8.2.4 項と同様，座屈直前でたわみが生じていない際の x 方向変位

と軸力，たわみを $\hat{u}_0$, $\hat{N}_x$, $\hat{w}$ とし，そこからの微小増分を u_0^*, N_x^*, w^* として整理すると，座屈方程式 (8.2.33) が得られる．この一般解は式 (8.2.35) の通りであるから，これを境界条件式 (8.2.40)，(8.2.41) に代入すれば，

$$\begin{bmatrix} 1 & 0 & 0 & 1 \\ 0 & \dfrac{1}{l} & \dfrac{\beta}{l} & 0 \\ 0 & \dfrac{1}{l}\left(\dfrac{\beta}{l}\right)^2 & 0 & 0 \\ 0 & 0 & -\left(\dfrac{\beta^2}{l^2}\right)\sin\beta & -\left(\dfrac{\beta^2}{l^2}\right)\cos\beta \end{bmatrix} \begin{bmatrix} C_0 \\ C_1 \\ C_2 \\ C_3 \end{bmatrix} = \begin{bmatrix} 0 \\ 0 \\ 0 \\ 0 \end{bmatrix} \tag{8.2.43}$$

となる．この方程式が $C_0 = C_1 = C_2 = C_3 = 0$ 以外の解を持つためには，係数行列が逆行列を持たなければよく，このためには係数行列の行列式が 0 であればよい．したがって，$\cos\beta = 0$, $\beta = \frac{2m-1}{2}\pi$ $(m = 1,\ 2,\ \cdots)$ が座屈の条件となる．式 (8.2.34) を参照すれば，座屈が発生する荷重は

$$P = \frac{(2m-1)^2\pi^2}{4l^2}EI$$

である．最も低い座屈荷重は $m = 1$ のときで，

$$P = \frac{\pi^2 EI}{4l^2}$$

となる．また，このときの座屈波形は，式 (8.2.43) から，

$$w^* = C_0\left(1 - \cos\frac{(2m-1)\pi x}{2l}\right) \quad (m = 1,\ 2,\ \cdots) \tag{8.2.44}$$

となる．

以上のように，座屈解析の基本的な考え方は，非線形性を考慮した支配方程式を立式し，その解が複数発生する条件を探せばよい，ということになる．

8.3　平板に関する座屈理論

8.3.1　非線形性を考慮した平衡方程式

本節では前節の長柱に対する座屈解析の考え方を平板に拡張し，航空宇宙構造でよく問題となる，薄板に対する座屈解析の例を示す．まず，長柱の場合と同様，平衡方程式を導く．式 (8.2.5) を導いたのと同様に，面内の合応力に対する平衡方程式として，

$$\frac{\partial N_x}{\partial x} + \frac{\partial N_{xy}}{\partial y} + q_x = 0$$
$$\frac{\partial N_{xy}}{\partial x} + \frac{\partial N_y}{\partial y} + q_y = 0 \tag{8.3.1}$$

が得られる（図 8.2.3 を参照）.

次に，面外せん断力に関する平衡方程式として，式 (8.2.6) を参考として，

$$\frac{\partial Q_x}{\partial x} + \frac{\partial Q_y}{\partial y} + \frac{\partial}{\partial x}\left(N_x \frac{\partial w}{\partial x}\right) + \frac{\partial}{\partial y}\left(N_y \frac{\partial w}{\partial y}\right) + \frac{\partial}{\partial x}\left(N_{xy} \frac{\partial w}{\partial y}\right) + \frac{\partial}{\partial y}\left(N_{xy} \frac{\partial w}{\partial x}\right) + q_z = 0 \tag{8.3.2}$$

となる．面内のせん断力が，板の傾きによりせん断力に寄与していることに注意してほしい.

最後に，モーメントの釣り合いは，式 (8.2.7) を参考に

$$\begin{aligned} \frac{\partial M_x}{\partial x} + \frac{\partial M_{xy}}{\partial y} - Q_x + m_x = 0 \\ \frac{\partial M_{xy}}{\partial x} + \frac{\partial M_y}{\partial y} - Q_y + m_y = 0 \end{aligned} \tag{8.3.3}$$

となる．ここで m_x, m_y は分布モーメントであるが，ここでは分布モーメントは考えないものとする.

8.3.2　ひずみ–変位関係式・構成式

ひずみと変位の関係式に関しても，長柱の場合と同様の考え方で定式化することができる．式 (8.2.10) を算出した式を参考にして，

$$\varepsilon_x = \frac{\partial u}{\partial x} + \frac{1}{2}\left(\frac{\partial w}{\partial x}\right)^2, \quad \varepsilon_y = \frac{\partial v}{\partial y} + \frac{1}{2}\left(\frac{\partial w}{\partial y}\right)^2, \quad \gamma_{xy} = \frac{\partial u}{\partial y} + \frac{\partial v}{\partial x} + \frac{\partial w}{\partial x}\frac{\partial w}{\partial y} \tag{8.3.4}$$

となる.

また，薄板に対して成立する**キルヒホッフ-ラヴ**（Kirchhoff-Love）**の仮説**が成立するものとする．これは柱に対するベルヌーイ-オイラーの仮説を板に拡張したものであり，変形前に中央面に垂直な線上にあった点は変形後も中央面に垂直な線上にあることを意味しており，薄板であれば概ね該当することが

知られている（図 8.2.5 を再度参照されたい）.

中央面上の変位を u_0, v_0, w とすると，中央面の曲率を

$$\kappa_x = -\frac{\partial^2 w}{\partial x^2},\ \kappa_y = -\frac{\partial^2 w}{\partial y^2},\ \kappa_{xy} = -\frac{\partial^2 w}{\partial x \partial y} \tag{8.3.5}$$

として,

$$\varepsilon_x = \varepsilon_{x0} + z\kappa_x, \quad \varepsilon_y = \varepsilon_{y0} + z\kappa_y, \quad \gamma_{xy} = \gamma_{xy0} + 2z\kappa_{xy} \tag{8.3.6}$$

$$\begin{gathered} \varepsilon_{x0} = \frac{\partial u_0}{\partial x} + \frac{1}{2}\left(\frac{\partial w}{\partial x}\right)^2, \quad \varepsilon_{y0} = \frac{\partial v_0}{\partial y} + \frac{1}{2}\left(\frac{\partial w}{\partial y}\right)^2, \\ \gamma_{xy0} = \frac{\partial u_0}{\partial y} + \frac{\partial v_0}{\partial x} + \frac{\partial w}{\partial x}\frac{\partial w}{\partial y} \end{gathered} \tag{8.3.7}$$

となる.

構成式に関しては通常の板理論と変化はないので,

$$N_x = \frac{Eh}{1-\nu}(\varepsilon_{x0} + \nu\varepsilon_{y0}), \quad N_y = \frac{Eh}{1-\nu}(\varepsilon_{y0} + \nu\varepsilon_{x0}), \quad N_{xy} = Gh\gamma_{xy0} \tag{8.3.8}$$

および,

$$M_x = D(\kappa_x + \nu\kappa_y), \quad M_x = D(\kappa_y + \nu\kappa_x), \quad M_{xy} = D(1-\nu)\kappa_{xy} \tag{8.3.9}$$

ただしここで，D は板の曲げ剛性であり,

$$D = \frac{Eh^3}{12(1-\nu^2)} \tag{8.3.10}$$

と表される.

8.3.3　たわみを考慮した薄板の支配方程式

以上で導出された式を組み合わせることにより，たわみによる非線形性を考慮した，薄板の支配方程式を得ることができる．まず，式 (8.3.3) を式 (8.3.2) に代入すれば,

$$\begin{aligned} \frac{\partial^2 M_x}{\partial x^2} + 2\frac{\partial^2 M_{xy}}{\partial x \partial y} + \frac{\partial^2 M_y}{\partial y^2} + q_z + \frac{\partial}{\partial x}\left(N_x\frac{\partial w}{\partial x}\right) + \frac{\partial}{\partial y}\left(N_y\frac{\partial w}{\partial y}\right) \\ + \frac{\partial}{\partial x}\left(N_{xy}\frac{\partial w}{\partial y}\right) + \frac{\partial}{\partial y}\left(N_{xy}\frac{\partial w}{\partial x}\right) = 0 \end{aligned}$$

ここに式 (8.3.9) および式 (8.3.5)，さらに式 (8.3.1) を代入すれば,

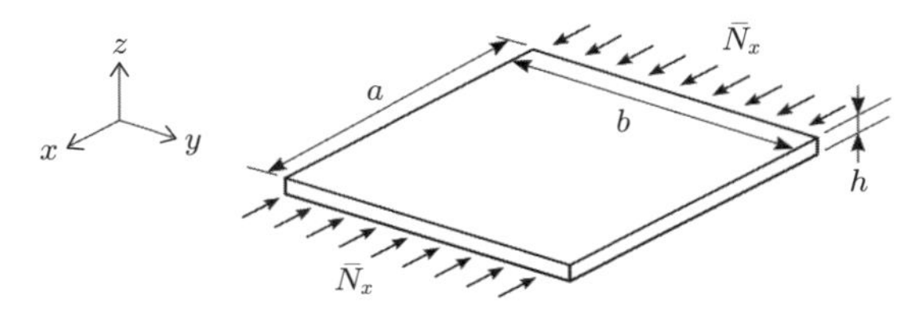

図 **8.3.1** 一様圧縮を受ける平板

$$
\begin{aligned}
-D\left(\frac{\partial^4}{\partial x^4}+2\frac{\partial^4}{\partial x^2\partial y^2}+\frac{\partial^4}{\partial y^4}\right)w+q_z-q_x\frac{\partial w}{\partial x}-q_y\frac{\partial w}{\partial y}\\
+N_x\frac{\partial^2 w}{\partial x^2}+2N_{xy}\frac{\partial^2 w}{\partial x\partial y}+N_y\frac{\partial^2 w}{\partial y^2}=0
\end{aligned}
\tag{8.3.11}
$$

となる．ここで，

$$
\nabla^2=\frac{\partial^2}{\partial x^2}+\frac{\partial^2}{\partial y^2} \tag{8.3.12}
$$

をラプラス演算子とすると，式 (8.3.11) は

$$
-D\nabla^2\nabla^2 w+q_z-q_x\frac{\partial w}{\partial x}-q_y\frac{\partial w}{\partial y}+N_x\frac{\partial^2 w}{\partial x^2}+2N_{xy}\frac{\partial^2 w}{\partial x\partial y}+N_y\frac{\partial^2 w}{\partial y^2}=0 \tag{8.3.13}
$$

となる．これがたわみを考慮した薄板の支配方程式であり，式 (8.3.13) をさまざまな境界条件下で解き，座屈を分析することになる．式 (8.3.13) はたわみを考慮することによって左辺第 3 項以降が追加されており，面内変形と面外変形が連成している．これらの項により複数の解が生じる可能性があるわけである．

8.3.4 面内一方向圧縮を受ける平板の座屈

図 8.3.1 のように，面内で一様な圧縮荷重 $-\bar{N}_x$ を受ける場合の平板の座屈について考えてみよう．なお，境界条件は 4 辺が単純支持されているものとする．

まず，長柱の場合に行ったのと同様，座屈を生じる直前，たわみを生じていない状態での変位，合応力，モーメントを，座屈を生じる直前の成分と，そこからの微小増分の和として考える．すなわち，

$$
\begin{aligned}
u_0 = \hat{u}_0 + u_0^*, \quad v_0 = \hat{v}_0 + v_0^*, \quad w = \hat{w} + w^* \\
N_x = \hat{N}_x + N_x^*, \quad N_y = \hat{N}_y + N_y^*, \quad N_{xy} = \hat{N}_{xy} + N_{xy}^* \\
M_x = \hat{M}_x + M_x^*, \quad M_y = \hat{M}_y + M_y^*, \quad M_{xy} = \hat{M}_{xy} + M_{xy}^*
\end{aligned}
\tag{8.3.14}
$$

とする．ここで $\hat{}$ が付いた成分がたわみを生じていないときの成分，* が付いた成分がそこからの微小増分を意味する．たわみを生じていない状態では $\hat{w} = \hat{M}_x = \hat{M}_y = \hat{M}_{xy} = 0$ であるから，

$$
w = w^*, \quad M_x = M_x^*, \quad M_y = M_y^*, \quad M_{xy} = M_{xy}^* \tag{8.3.15}
$$

これを支配方程式 (8.3.13) に代入して，たわみを生じる直前の釣り合いを考慮して微小増分の 2 次以上の項を無視すると，

$$
-D\nabla^2\nabla^2 w^* + \hat{N}_x \frac{\partial^2 w^*}{\partial x^2} + 2\hat{N}_{xy}\frac{\partial^2 w^*}{\partial x \partial y} + \hat{N}_y \frac{\partial^2 w^*}{\partial y^2} = 0 \tag{8.3.16}
$$

となる．なお，ここで境界条件から，$q_x = q_y = q_z = 0$ とした．

ここで，たわみを生じる直前では境界条件から，

$$
\hat{N}_x = -\bar{N}_x, \quad \hat{N}_y = 0, \quad \hat{N}_{xy} = 0 \tag{8.3.17}
$$

であるので，解くべき座屈方程式は，

$$
-D\nabla^2\nabla^2 w^* - \bar{N}_x \frac{\partial^2 w^*}{\partial x^2} = 0 \tag{8.3.18}
$$

となる．境界条件は 4 辺単純支持なので，

$$
\begin{gathered}
w^*|_{x=0,a} = 0, \quad w^*|_{y=0,b} = 0 \\
\left.\frac{\partial w^{*2}}{\partial x^2}\right|_{x=0,a} = 0 \quad (M_x^* = 0 \text{ より}), \quad \left.\frac{\partial w^{*2}}{\partial y^2}\right|_{y=0,b} = 0 \quad (M_y^* = 0 \text{ より})
\end{gathered}
\tag{8.3.19}
$$

である．このような境界条件の場合，たわみ w^* の一般解はサイン波状になることが推測できるので，一般解を

$$
w^* = C_{mn} \sin\frac{m\pi x}{a} \sin\frac{n\pi y}{b} \tag{8.3.20}
$$

とおく．明らかに式 (8.3.20) は境界条件を満足している．これを座屈方程式 (8.3.18) に代入すれば，

$$\bar{N}_x = \frac{D\left\{\left(\dfrac{m\pi}{a}\right)^2 + \left(\dfrac{n\pi}{b}\right)^2\right\}^2}{\left(\dfrac{m\pi}{a}\right)^2} \tag{8.3.21}$$

を得ることができる．これが，一様圧縮荷重を与えられた板の座屈荷重である．

式 (8.3.21) を見ると，明らかに $n = 1$ が最小値を与えることがわかる．一方で，m については a と b，すなわち板のアスペクト比によって座屈固有値が変化するため，注意が必要である．ここで，

$$\sigma_{\mathrm{e}} = \frac{\pi^2 D}{hb^2} \tag{8.3.22}$$

なるパラメータ σ_{e} を定義する．すると，座屈が発生する応力を σ_{cr} とすると，

$$\sigma_{\mathrm{cr}} = \frac{\bar{N}_x}{h} = k\sigma_{\mathrm{e}} = \left\{\frac{mb}{a} + \frac{a}{mb}\right\}^2 \sigma_{\mathrm{e}} \tag{8.3.23}$$

と表現することができる．これを用いて，図 8.3.2 に板の縦横比 a/b と k をプロットしたグラフを示す．また，図 8.3.3 に $m = 1$，2，3 のときの座屈波形を示す．たとえ板の幅 b が一定であっても，長さ a が変化すると最小の座屈荷重を与える m が変化し，最初に発生する座屈波形の x 方向の波数が変化することがわかる．また，a と b の比が整数倍のとき，座屈荷重が極小値を示す．図 8.3.3 を参照すると，a と b の比を整数倍にすると正方形状の座屈波形が起こりやすくなることが直感的に理解できよう．

8.3.5 一様せん断を受ける平板の座屈（せん断座屈）

座屈の支配方程式 (8.3.16) を参照すると，薄板の場合は純粋せん断の応力条件下（図 8.3.4）でも座屈が発生することがわかる．これをせん断座屈という．せん断によって座屈が生じることは，純粋せん断を受ける板の対角線方向には圧縮が生じることから直感的には理解できるであろう．

せん断座屈について式 (8.3.16) に $\hat{N}_x = \hat{N}_y = 0$ および $\hat{N}_{xy} = \bar{N}_{xy}$ を代入した式，

$$-D\nabla^2\nabla^2 w^* + 2\bar{N}_{xy}\frac{\partial^2 w^*}{\partial x \partial y} = 0 \tag{8.3.24}$$

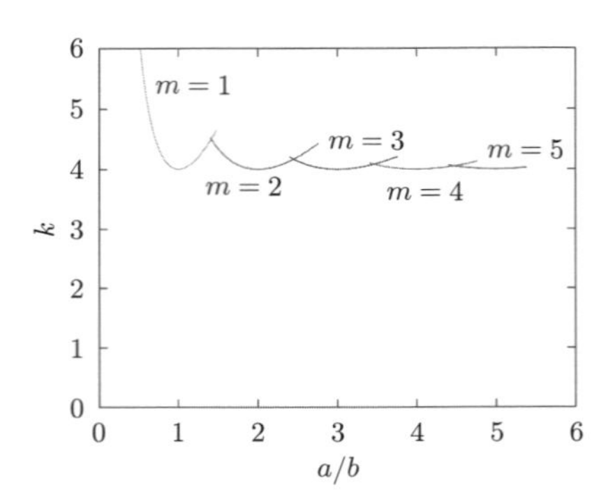

図 **8.3.2**　板の縦横比と座屈荷重の関係

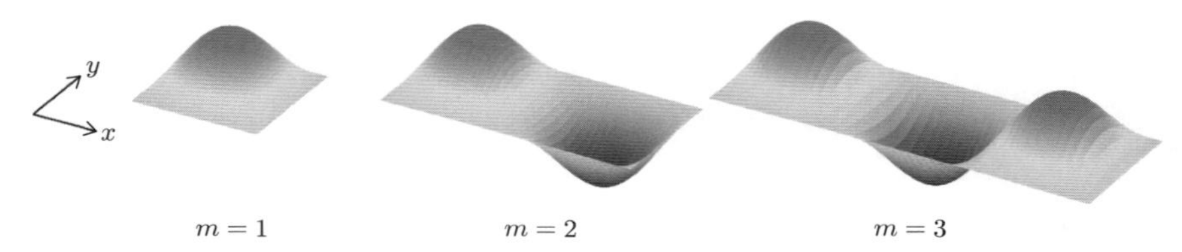

図 **8.3.3**　座屈波形（$m=1,2,3$ で，それぞれ $a/b=1,2,3$ のとき）

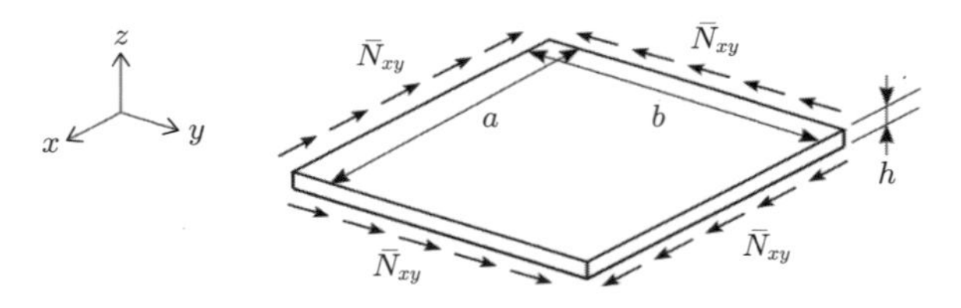

図 **8.3.4**　一様せん断を受ける平板

を直接解いて座屈荷重を求めることは困難であり，一般的に近似解法を用いて求められる．以下では，境界条件を周辺単純支持として解法の例を紹介する．

まず，式 (8.3.24) の式に，$-\sin\frac{m\pi x}{a}\sin\frac{n\pi y}{b}$ $(m,\ n=1,\ 2,\ \cdots)$ を乗じて板全体で積分して弱形式に変換すると（重み付き残差法），

$$\int_0^a\int_0^b\left\{D\nabla^2\nabla^2 w^* - 2\bar{N}_{xy}\frac{\partial^2 w^*}{\partial x\partial y}\right\}\sin\frac{m\pi x}{a}\sin\frac{n\pi y}{b}\,\mathrm{d}x\mathrm{d}y$$
$$=0\quad(m,\ n=1,\ 2,\ \cdots)\tag{8.3.25}$$

となる．さらにここで，解 w^* を式 (8.3.20) の形の無限級数として以下のよう

表 8.3.1 板の縦横比 a/b に対する k の値

a/b	1	2	3	$\cdots$	∞
k	9.34	6.6	6.1	$\cdots$	5.35

に仮定する.

$$w^* = \sum_{i=1}^{\infty}\sum_{j=1}^{\infty} C_{ij} \sin\frac{i\pi x}{a} \sin\frac{j\pi y}{b} \tag{8.3.26}$$

すると，各 m, n に対して C_{ij} を含む等式が 1 つ得られる．これを行列形式にまとめると，

$$\begin{bmatrix} A_{1111} & A_{1112} & \cdots \\ A_{1211} & \ddots & \vdots \\ \vdots & \cdots & \end{bmatrix} \begin{bmatrix} C_{11} \\ C_{12} \\ \vdots \end{bmatrix} = \begin{bmatrix} 0 \\ 0 \\ \vdots \end{bmatrix} \tag{8.3.27}$$

となる．この連立方程式の解が，C_{ij} がすべて 0 となる自明の解以外の解を持つためには，係数行列の行列式が 0 でなくてはならない．すなわち，

$$\det \begin{bmatrix} A_{1111} & A_{1112} & \cdots \\ A_{1211} & \ddots & \vdots \\ \vdots & \cdots & \end{bmatrix} = 0 \tag{8.3.28}$$

となる．式 (8.3.26) は無限級数であるが，実際には有限な数で近似を打ち切って，有限な項数の行列式として式 (8.3.28) を計算する．

これにより，$\bar{N}_{xy}$ の近似解が得られる．この最小値を q_{cr} とすれば，

$$\frac{q_{\mathrm{cr}}}{h} = \tau_{\mathrm{cr}} = k\sigma_{\mathrm{e}} \tag{8.3.29}$$

が得られる．なおここで，σ_{e} は式 (8.3.22) で定義したものと同じである．縦横比 a/b に対する k の具体的な値を表 8.3.1 に示す．

第 2 章で述べた通り，航空機胴体のスキンは薄板構造であるが，胴体の曲げに伴うせん断荷重を負担する．このため，航空機胴体表面ではここで紹介したせん断座屈が発生することが多く，航空機構造においては重要な座屈モードである（図 8.3.5).

図 8.3.5　長期間使用された航空機外板におけるせん断座屈の様子

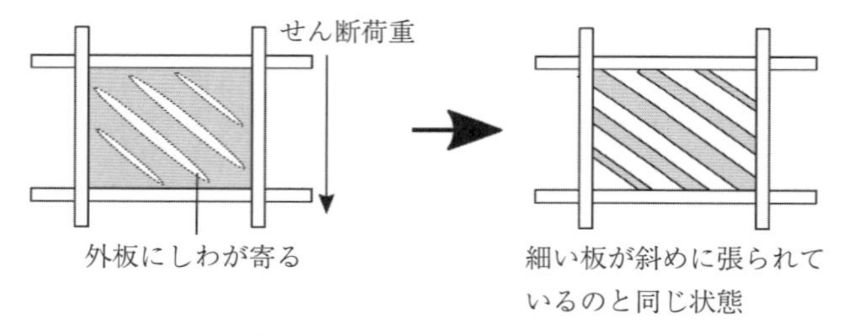

図 8.3.6　張力場理論の概要

8.3.6　張　力　場

せん断座屈については，座屈によってしわがよった後も，図 8.3.6 に見られるように，しわの寄らない部分が斜めに突っ張り，引張によってせん断荷重を負担するため，必ずしも座屈によって一気に荷重負担能力を失うわけではない．このとき，引張方向と圧縮方向では見かけの剛性が大きく異なっており，このような板の状態を**張力場**（tension field）という．とくに，圧縮方向の剛性がゼロとなる極限を**完全張力場**（pure tension field）という．なお，しわが生じた膜の状態もほぼこれと同じである．これらは，方向をそろえた無数の弦の集合を張った状態と同等で，弦の方向のせん断応力も持つことができない．

ここでは，図 8.3.7 のような，3 方を軸力部材で補強された薄肉構造について，薄板がせん断座屈を起こした後の状態を考えてみよう．せん断座屈を起こした場合の座屈波の稜線方向（張力場の方向）は図の $\alpha \approx 40^\circ \sim 45^\circ$ となることが知られている．

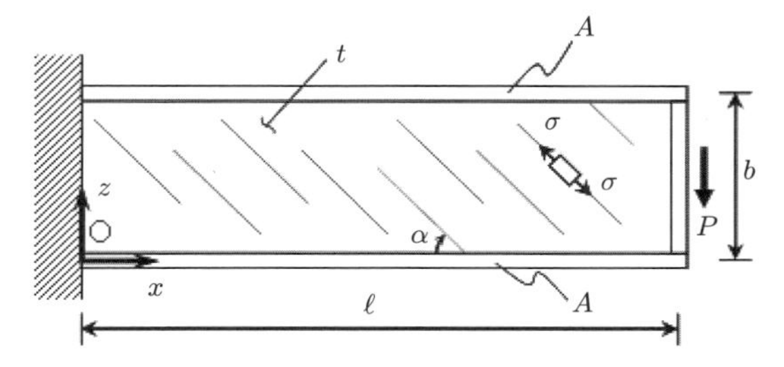

図 8.3.7 せん断座屈した薄板を持つ薄肉補強はり構造

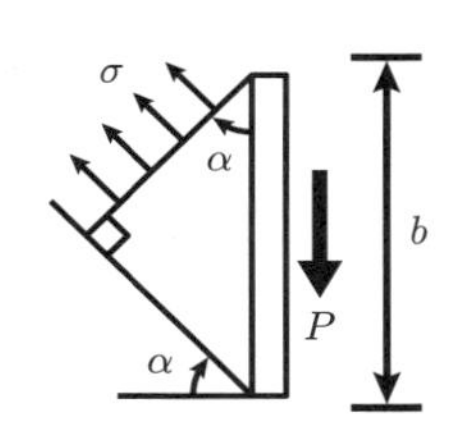

図 8.3.8 縦の補強材の力の釣り合い

$x = l$ の位置の垂直方向（z 方向）の補強材について，z 方向の力の釣り合いを考えると，張力方向の応力を σ とすれば（図 8.3.8），$P = tb\cos\alpha\,\sigma\sin\alpha$ であることから，

$$\sigma = \frac{2P}{tb\sin 2\alpha} \approx \frac{2P}{tb} \tag{8.3.30}$$

となる．

次に，x 方向（水平方向）の力の釣り合いを考えると，上下にある水平方向の補強材の軸力 $F(x)$ は $x = l$ で，ともに

$$F(l) = -\frac{1}{2}\sigma tb\cos^2\alpha \tag{8.3.31}$$

を満たす．したがって，上下の補強材における $x = x$ から $x = l$ の間で x 方向の力の釣り合いを考えることによって，軸力は，

$$F(x) = F(l) \pm \sigma t(l - x)\sin\alpha\cos\alpha \quad \text{（複号は上下の部材に対応）} \tag{8.3.32}$$

これに式 (8.3.31) および式 (8.3.30) を代入すれば，

$$F(x) = -\frac{P}{2}\frac{\cos\alpha}{\sin\alpha} \pm \frac{P}{b}(l - x) \tag{8.3.33}$$

となる．この式の右辺第 1 項は張力場の張力により発生した軸圧縮力であり，第 2 項は座屈前にも生じている，曲げ荷重 P による曲げ応力である．つまりこの場合，上下の部材には座屈によって生じた張力によって上記のような圧縮力が追加されることとなり，下側部材の軸圧縮力がさらに大きくなっている．

8.4　有限要素法による座屈解析（座屈固有値解析）

近年，有限要素法を用いた座屈解析が汎用有限要素法ソフトウェアでも可能になり，広く用いられている．ここではその基本となる理論について簡単に紹介する．有限要素法では弱形式化した支配方程式（構造解析の場合は仮想仕事の原理）を立式した上で，その解析領域を有限要素に分割して解くことによって解をえる．ここでは 8.2 節で紹介した長柱の圧縮による座屈を例として，有限要素法で座屈荷重を求める際の計算法を紹介する．

まず，長柱の曲げの支配方程式，式 (8.2.20) を弱形式化する．なおここでは分布荷重が与えられていない場合，$q_x = q_z = 0$ の場合を考える．この両辺に仮想変位として δw をかけ，長柱全体で積分することにより，

$$-\int_V \frac{\mathrm{d}^2}{\mathrm{d}x^2}\left(EI\frac{\mathrm{d}^2 w}{\mathrm{d}x^2}\right)\delta w\,\mathrm{d}V + \int_V N_x \frac{\mathrm{d}^2 w}{\mathrm{d}x^2}\delta w\,\mathrm{d}V = 0 \tag{8.4.1}$$

左辺第 1 項を x について 2 度，同じく第 2 項を x について 1 度部分積分し，かつ境界において $\delta w = 0$ および $\mathrm{d}\delta w/\mathrm{d}x = 0$ なる仮想変位を考えることにより，以下の式をえることができる．

$$\int_V EI\frac{\mathrm{d}^2 w}{\mathrm{d}x^2}\frac{\mathrm{d}^2 \delta w}{\mathrm{d}x^2}\,\mathrm{d}V + \int_V N_x \frac{\mathrm{d}w}{\mathrm{d}x}\frac{\mathrm{d}\delta w}{\mathrm{d}x}\,\mathrm{d}V = 0 \tag{8.4.2}$$

これが長柱への圧縮に関する支配方程式の弱形式（仮想仕事の原理）である．この式が成立していれば長柱の至るところで支配方程式は成立する．ここでは，長柱にかかっている初期圧縮荷重を P とし，その λ 倍の荷重がかかった際に座屈が発生すると仮定する．すると，座屈発生時には N_x は至るところで $-\lambda P$ となるから，

$$\int_V EI\frac{\mathrm{d}^2 w}{\mathrm{d}x^2}\frac{\mathrm{d}^2 \delta w}{\mathrm{d}x^2}\,\mathrm{d}V - \lambda\int_V \frac{\mathrm{d}w}{\mathrm{d}x}P\frac{\mathrm{d}\delta w}{\mathrm{d}x}\,\mathrm{d}V = 0 \tag{8.4.3}$$

となる．

次に，長柱を N 個の要素に分割する．そのうち i 番目の要素に注目し，要素内の任意点のたわみ w とその 1 回微分 $\theta = \mathrm{d}w/\mathrm{d}x$ が節点での値，w_i, w_j, θ_i, θ_j によって以下のように補間できるとする（図 8.4.1）．

$$w = \boldsymbol{N}\boldsymbol{w}_i \tag{8.4.4}$$

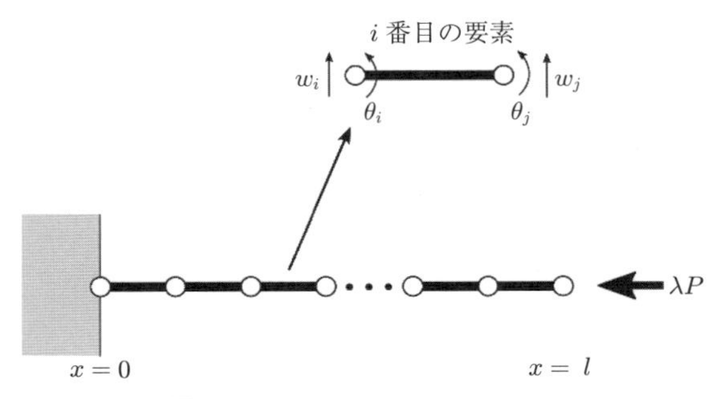

図 **8.4.1** 長柱の有限要素モデル

ここで $\boldsymbol{N}$ は形状関数と呼ばれ，要素内の変位を節点変位からの近似方法に対応する行列である．$\boldsymbol{w}_i$ は節点変位を並べたベクトルで，ここでは

$$\boldsymbol{w}_i = [\, w_i w_j \theta_i \theta_j \,]^T \tag{8.4.5}$$

である．式 (8.4.4) を x で微分することによって，

$$\frac{\mathrm{d}w}{\mathrm{d}x} = \boldsymbol{B_D}\boldsymbol{w}_i \tag{8.4.6}$$

$$\frac{\mathrm{d}^2 w}{\mathrm{d}x^2} = \boldsymbol{B_L}\boldsymbol{w}_i \tag{8.4.7}$$

なる関係をえることができる．$\boldsymbol{B_D}, \boldsymbol{B_L}$ は $\boldsymbol{N}$ を x で微分したマトリクスである．これを用いて，式 (8.4.2) の左辺第 1 項を要素 i について計算すると，

$$\int_{V_i} \boldsymbol{\delta w}_i^T \boldsymbol{B_L}^T EI \boldsymbol{B_L} \boldsymbol{w}_i \, \mathrm{d}V \tag{8.4.8}$$

となる．ここで V_i は要素の体積を示している．左辺第 2 項は，

$$-\lambda \int_{V_i} \boldsymbol{\delta w}_i^T \boldsymbol{B_D}^T P \boldsymbol{B_D} \boldsymbol{w}_i \, \mathrm{d}V \tag{8.4.9}$$

である．これらを要素 1 から N まで足し合わせれば，式 (8.4.2) を表現することができる．ただしこの際，$\boldsymbol{\delta w}_i$ および $\boldsymbol{w}_i$ はモデルの全節点での変位を並べたベクトル $\boldsymbol{\delta w}$ および $\boldsymbol{w}$ を用いて表すことにする（この操作をマージという）．すると，

$$\boldsymbol{\delta w}^T \boldsymbol{K} \boldsymbol{w} - \boldsymbol{\delta w}^T \lambda \boldsymbol{K_\sigma} \boldsymbol{w} = 0 \tag{8.4.10}$$

となる．なおここで，

$$\boldsymbol{K} = \sum_{i=1}^{N} \int_{V_i} \boldsymbol{B_L^T} EI \boldsymbol{B_L} \, \mathrm{d}V, \quad \boldsymbol{K_\sigma} = \sum_{i=1}^{N} \int_{V_i} \boldsymbol{B_D^T} P \boldsymbol{B_D} \, \mathrm{d}V \tag{8.4.11}$$

とした．式 (8.4.10) は任意の仮想変位 $\boldsymbol{\delta w}$ で成立しなければならないから，結局，

$$(\boldsymbol{K} - \lambda \boldsymbol{K_\sigma})\boldsymbol{w} = \boldsymbol{0} \tag{8.4.12}$$

が，離散化された仮想仕事の原理，式 (8.4.2) ということになる．

次に座屈荷重について考える．本章で述べてきた通り，支配方程式の解が一意に定まらないとき，座屈が発生する．したがって，式 (8.4.12) の左辺の係数行列が逆行列を持たないとき，座屈が発生することになる．したがって，

$$\det(\boldsymbol{K} - \lambda \boldsymbol{K_\sigma}) = 0 \tag{8.4.13}$$

を満たすパラメータ λ を求めれば，荷重 λP が座屈荷重になることがわかる．式 (8.4.13) は行列の固有値解析の手法で解くことが可能で，λ は固有値に対応している．座屈によるたわみ変形の形状（座屈モード）は固有値に対応する固有ベクトル $\boldsymbol{w}$ として得ることができる．

このような手法で座屈点と座屈モードを解析する方法を**座屈固有値解析**といい，多くの汎用有限要素法プログラムに実装されている．式 (8.4.13) において，$\boldsymbol{K}$ は変位に対する剛性を意味しており，剛性マトリクスと呼ばれる．一方，$\boldsymbol{K_\sigma}$ は初期応力剛性マトリクス，あるいは幾何剛性マトリクスと呼ばれ，変形によって応力が受ける影響に対応している（図 8.2.3 のような状況を想像すればよい）．

長柱の問題に限らず，一般の有限要素モデルでも座屈固有値解析の手順は同様であり，初期荷重条件を用いて $\boldsymbol{K}$ と $\boldsymbol{K_\sigma}$ を計算し，式 (8.4.13) を解いて座屈荷重，座屈モードを計算する．航空機構造のような大規模構造でも同様である．なお，座屈固有値解析では座屈荷重と座屈モードの推定はできても，座屈後挙動の解析はできない．座屈後挙動を知りたい場合は，大変形問題を非線形有限要素法により増分的に解いていくことになる．有限要素法について詳しくは，参考文献 [8-4]～[8-6] を参照されたい．

9

複合材料構造

9.1 航空宇宙構造への複合材料の適用

近年，航空宇宙構造には複合材料の適用が増加している．**複合材料**（composite material）という用語は，「複数の素材を（巨視的なスケールで）組み合わせて，単体では持ち得ない特性を持つようになった材料」という意味で用いられる．この定義からは，古代から用いられている，藁で強化した日干し煉瓦や，建築土木の分野では欠くことのできない材料である鉄筋コンクリート（RC: reinforced concrete）も当てはまる．しかし近年，航空宇宙用途に用いられる複合材料は**先進複合材料**（advanced composite materials）と呼ばれる，化学的に合成された材料である．本章も基本的には先進複合材料を主な対象として記述する．

先進複合材料には，繊維を用いて母材（マトリクス）を強化した形態のものが多い．繊維は一般に引張方向の強度・剛性に優れるものの，圧縮方向には座屈により剛性を持つことができない．これを母材を用いて支持することにより座屈を抑制し，工業材料としての利便性を持たせている．航空宇宙用途に使用される先進複合材料には，樹脂（ポリマー）を繊維によって強化した**繊維強化プラスチック**（FRP: fiber reinforced plastic あるいは PMC: polymer matrix composites）や，耐熱性が重要なエンジン・熱防護構造に用いられる**繊維強化セラミックス**（CMC: ceramics matrix composites），衝撃力を受ける部分に適用される**繊維強化金属**（MMC: metal matrix composites）などがある．

FRP，PMC は強化する繊維によって特性が異なり，それぞれ利点欠点がある．近年，伸長が著しいのが炭素繊維を強化材として用いた**炭素繊維強化プラスチック**（CFRP: carbon fiber reinforced plastic）である．炭素繊維は比強度・比弾性率に優れており，軽量高剛性・高強度が求められる航空宇宙用途と

表 9.1.1　各種 FRP の物性値の例．比較のため代表的なアルミニウム合金とチタン合金の特性も併記した [9-1]

材料		比重	弾性率（繊維方向）E_L（GPa）	引張強度（繊維方向）F_L^T（MPa）	圧縮強度（繊維方向）F_L^C（MPa）	熱膨張率（繊維方向）α_L（μm/C°）
GFRP	E-Glass	2.1	45	1020	620	7.1
	S-Glass	2.0	55	1620	690	6.3
AFRP（Aramid K49）		1.38	76	1240	275	−1
CFRP	High-strength	1.58	145	1240	1100	-0.16
	High-modulus	1.64	220	760	690	N/A
	Ultra High-modulus	1.7	290	620	620	N/A
Aluminum alloy（2024-T3）		2.76	72	454	280*	23
Titanium alloy（Ti 6Al-4V）		4.4	110	1102	1030*	9

なお，*は降伏時の値を表す

図 9.1.1　GE　CF6-80C2 ターボファンエンジン．

図 9.1.2　航空機の主脚のブレーキ

※カラーの図は右の QR コードを参照．

して利点が多い．ただし，CFRP は電波を遮蔽してしまうことから，レドームやアンテナ周辺などには，ガラス繊維を強化材とした，**ガラス繊維強化プラスチック**（GFRP: glass fiber reinforced plastic）が使用される（図 6.5.2 を参照）．GFRP は CFRP よりは比強度・非弾性率に劣る（表 9.1.1）．また，衝撃によるエネルギー吸収を重視する場合（たとえば航空エンジンのファンケース，図 9.1.1）は，アラミド繊維を強化材とした AFRP（aramid fiber reinforced plastic）あるいは KFRP（Kevlar® fiber reinforced plastic）が用いられることもある．ただし，アラミド繊維は吸水によって材料特性が劣化するとされ，注意が必要である．

また，**マトリクス**（母材）として用いられる樹脂も複数あり．現在最も多く用いられているのはエポキシ樹脂である．機械的特性，耐熱性，取り扱いなどバランスが良好である．一方，耐熱性を向上させるためにポリイミド（PI）やポリエーテルエーテルケトン（PEEK），ポリエーテルケトンケトン（PEKK）などのいわゆるスーパーエンプラを母材として使用する研究も進んできている．また，コスト削減などのため，成形性に優れる熱可塑製樹脂ポリアミド6（PA6）などを適用する例も出てきている．

CMC としては，強化材，母材の双方に炭化ケイ素を用いた SiC/SiC 複合材料や，強化材，母材の双方に炭素を用いた，C/C 複合材料が実用されている．双方とも高温に耐えるため，エンジンまわりなどに適用されている．とくに，SiC/SiC については近年，ターボファンエンジンの燃焼器まわりや高圧タービン部などへの適用が進んでいる．C/C 複合材については航空機の主脚ブレーキディスク等に適用されている（図 9.1.2）．

MMC にはチタンを母材とし炭化ケイ素で強化した SiC/Ti，アルミニウムを母材とした複合材料などがあり，衝撃荷重に対する耐性が高いことから，主脚構造などへの適用が期待されている．

9.2　CFRP 構造の生産方法

本節では，航空機構造によく使用される CFRP について，その生産方法を概説する．以下の説明は熱硬化製樹脂を用いた高強度 CFRP に対するものであることには注意されたい．

炭素繊維にはポリアクリロニトリルを前駆体とする **PAN 系炭素繊維**と，ピッチを原料とするピッチ系炭素繊維がある．ピッチ系は弾性率の高い炭素繊維を得ることができ，高弾性 CFRP を製作する際に有利である．PAN 系は弾性率の高いものや強度の高いものなどさまざまな炭素繊維が開発されているが，とくに航空機構造には高強度の PAN 系炭素繊維が用いられることが多い．たとえば T800SC（東レ）などが代表的である．

PAN 系炭素繊維は，ポリアクリロニトリルの前駆体糸を高温の炉に入れて順に処理していく．まず，耐炎化炉（200～300 ℃）に入れ，ポリアクリロニトリル前駆体の分子構造を変化させ，高温に耐えるようにする．次に不活性

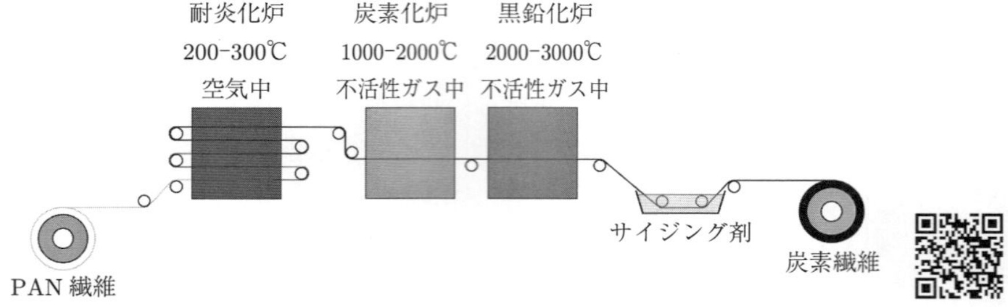

図 9.2.1　PAN 系炭素繊維製造プロセス　※カラーの図は右の QR コードを参照.

ガス下で炭素化炉（1000〜2000 ℃ に入れ，炭素以外の元素を前駆体から追い出し，炭素繊維を得る．場合によってはこの後に，不活性ガス下で黒鉛化炉（2000〜3000 ℃ にて処理して黒鉛結晶を成長させる．これは主に高弾性 PAN 系炭素繊維を得るために行う．最後に繊維にサイジング剤などを塗布して，炭素繊維としては完成する（図 9.2.1）.

次に，炭素繊維を一方向に引き揃え，そこに未硬化の樹脂フィルムを含浸させ，**プリプレグ**（prepreg）と呼ばれる成形前駆体を作る．熱硬化性樹脂を用いた CFRP の場合は，このプリプレグは硬化反応が進まないよう冷凍庫内にて保管する必要がある.

プリプレグを所望の方向に積層し，これをオートクレーブ（圧力釜）に入れて高温，高圧下で樹脂を硬化させることにより，CFRP を製造する.

なお，上述したプリプレグ-オートクレーブを用いたプロセスは，クオリティが高い CFRP を成形することができるが，コストの高い方法である．2023 年現在では，CFRP のコストを低減するため，オートクレーブを用いない成形プロセス（out-of-autoclave，OoA と総称される）が盛んに研究されている．CFRP 構造は製造コストが非常に高いため，コストの低減が強く求められている.

9.3　複合材料構造の力学的取り扱い

先進複合材料は繊維状の強化材を用いて母材を強化する形態を取るため，材料特性の異方性が強いという特徴がある．本節ではまず一方向に強化材が配向された一方向材についての力学的取り扱いを概観する．その後，航空機構造に使用されることの多い，一方向材を板厚方向に積層して得られる積層板の取り扱いを見ていく．なお，本節で取り扱う材料特性は基本的にはCFRPのものを想定しているが，他の先進複合材料にも適用することが可能である．

9.3.1 一方向材の弾性定数

まず繊維が一方向に配向された複合材料（図9.3.1）を考える．繊維・母材とも等方線形弾性体であると仮定し，繊維の弾性率を E_{f}，母材の弾性率を E_{m} とする．図9.3.1の L 方向へひずみ ε_L をかけ，他のひずみ成分をすべて0であるとすると，繊維も母材も同じようにひずみを負荷されることから，繊維に発生する応力は $\sigma_{\mathrm{f}} = E_{\mathrm{f}}\varepsilon_L$，母材に発生する応力は $\sigma_{\mathrm{m}} = E_{\mathrm{m}}\varepsilon_L$ となる．ここで材料の中で繊維の占める体積率（**繊維体積含有率**，fiber volume fraction）を V_{f} とすると，複合材料自体の L 方向の応力を考えると，

$$\sigma_L = E_L\varepsilon_L = \{V_{\mathrm{f}}E_{\mathrm{f}} + (1 - V_{\mathrm{f}})E_{\mathrm{m}}\}\varepsilon_L \tag{9.3.1}$$

弾性率 E_L は，

$$E_L = V_{\mathrm{f}}E_{\mathrm{f}} + (1 - V_{\mathrm{f}})E_{\mathrm{m}} \tag{9.3.2}$$

と表すことができる．式(9.3.2)は比較的よい近似を与えることが知られており，**複合則**（mixture rule）と呼ばれる．

次に，図9.3.1の繊維と直交する方向（T_1 方向）に荷重をかけた場合を考えてみよう．もし T_1 方向への応力 σ_{T_1} だけが負荷され，他の応力成分がすべて0であり，かつ，複合材料を図9.3.2のように近似することができるとすると，材料の構成素材にそれぞれ σ_{T_1} が負荷されることになる．このため，繊

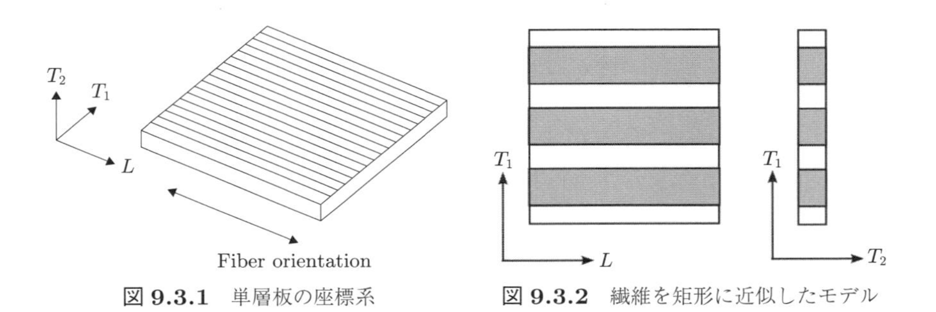

図 9.3.1 単層板の座標系　　**図 9.3.2** 繊維を矩形に近似したモデル

維に生じるひずみが，$\varepsilon_{\mathrm{f}} = \sigma_{T_1}/E_{\mathrm{f}}$，母材に生じるひずみが $\varepsilon_{\mathrm{m}} = \sigma_{T_1}/E_{\mathrm{m}}$ となる．複合材料全体の T_1 方向のひずみはこれらを合計したものであるから，

$$\varepsilon_{T_1} = V_{\mathrm{f}}\varepsilon_{\mathrm{f}} + (1 - V_{\mathrm{f}})\varepsilon_{\mathrm{m}} = \frac{V_{\mathrm{f}}\sigma_{T_1}}{E_{\mathrm{f}}} + \frac{(1 - V_{\mathrm{f}})\sigma_{T_1}}{E_{\mathrm{m}}} = \frac{\sigma_{T_1}}{E_{T_1}} \tag{9.3.3}$$

となる．複合材料の T_1 方向の弾性率は，

$$E_{T_1} = \frac{1}{\frac{V_{\mathrm{f}}}{E_{\mathrm{f}}} + \frac{(1-V_{\mathrm{f}})}{E_{\mathrm{m}}}} \tag{9.3.4}$$

と表すことができる．これも複合則と呼ばれることもある．

ただし，残念ながら式 (9.3.4) は実験的に求めた E_{T_1} に対してそれほどよい近似を与えない．これは図 9.3.2 の近似が大胆すぎることに原因がある．このため，実際には実験的に求められた以下のツァイ-ハーン（Tsai-Hahn）の式

$$E_{T_1} = \frac{V_{\mathrm{f}} + \eta_y(1 - V_{\mathrm{f}})}{\frac{V_{\mathrm{f}}}{E_{\mathrm{f}}} + \frac{(1-V_{\mathrm{f}})\eta_y}{E_{\mathrm{m}}}} \tag{9.3.5}$$

等が用いられることが多い．ここで η_y は実験的に求めるパラメータであり，$0 < \eta_y \leqq 1$ である．η_y の値は材料によって様々であるが，たとえば GFRP 等の場合は $\eta_y = 0.5$ 程度の値になる．

せん断弾性率についても図 9.3.2 のような近似を考えると，

$$G_{LT_1} = \frac{1}{\frac{V_{\mathrm{f}}}{G_{\mathrm{f}}} + \frac{(1-V_{\mathrm{f}})}{G_{\mathrm{m}}}} \tag{9.3.6}$$

と求めることができる．ここで G_{f} と G_{m} はそれぞれ繊維と樹脂のせん断弾性率である．やはりこの式もそれほど近似の程度はよくなく，次のツァイ-ハーンの式

$$G_{LT_1} = \frac{V_{\mathrm{f}} + \eta_s(1 - V_{\mathrm{f}})}{\frac{V_{\mathrm{f}}}{G_{\mathrm{f}}} + \frac{(1-V_{\mathrm{f}})\eta_s}{G_{\mathrm{m}}}} \tag{9.3.7}$$

等を用いることが多い．η_{s} も実験的に求めるパラメータであり，$0 < \eta_s \leqq 1$ である．一般的には，η_y と η_s の値は異なる．

最後に，一方向材の図 9.3.1 の座標系での一般化フック（Hooke）の法則を表す式を紹介する．

$$\begin{bmatrix} \varepsilon_L \\ \varepsilon_{T_1} \\ \varepsilon_{T_2} \\ \gamma_{T_1T_2} \\ \gamma_{T_2L} \\ \gamma_{LT_1} \end{bmatrix} = \begin{bmatrix} \frac{1}{E_L} & -\frac{\nu_{T_1L}}{E_{T_1}} & -\frac{\nu_{T_2L}}{E_{T_2}} & 0 & 0 & 0 \\ -\frac{\nu_{LT_1}}{E_L} & \frac{1}{E_{T_1}} & -\frac{\nu_{T_2T_1}}{E_{T_2}} & 0 & 0 & 0 \\ -\frac{\nu_{LT_2}}{E_L} & -\frac{\nu_{T_1T_2}}{E_{T_1}} & \frac{1}{E_{T_2}} & 0 & 0 & 0 \\ 0 & 0 & 0 & \frac{1}{G_{T_1T_2}} & 0 & 0 \\ 0 & 0 & 0 & 0 & \frac{1}{G_{T_2L}} & 0 \\ 0 & 0 & 0 & 0 & 0 & \frac{1}{G_{LT_1}} \end{bmatrix} \begin{bmatrix} \sigma_L \\ \sigma_{T_1} \\ \sigma_{T_2} \\ \tau_{T_1T_2} \\ \tau_{T_2L} \\ \tau_{LT_1} \end{bmatrix} \tag{9.3.8}$$

なお，ここで一方向材は直交異方性の弾性体であるとみなしている．弾性コンプライアンス行列が対称であることから，

$$\frac{\nu_{T_1L}}{E_{T_1}} = \frac{\nu_{LT_1}}{E_L}, \quad \frac{\nu_{T_2L}}{E_{T_2}} = \frac{\nu_{LT_2}}{E_L}, \quad \frac{\nu_{T_2T_1}}{E_{T_2}} = \frac{\nu_{T_1T_2}}{E_{T_1}} \tag{9.3.9}$$

という関係がある．このため，独立した弾性定数は 9 つになる．一般に，一方向強化複合材料の場合，E_L は E_{T_1}, E_{T_2} に比べて 1 桁以上大きい．また，一般的に板厚方向（T_2 方向）の弾性率は実験的に取得するのが難しいことが多く，$E_{T_1} = E_{T_2}$, $\nu_{LT_1} = \nu_{LT_2}$, $G_{LT_1} = G_{T_2L}$ 等として，T_1 方向と T_2 方向の特性は等しいと仮定して解析する（独立な弾性定数は 6 つになる）ことも多い．

9.3.2 積層板の特性

次に，異なる方向へ積層された積層板について，その弾性特性の計算方法を述べる．式 (9.3.8) の一般化フック則は，材料の軸に沿った座標系で書かれている．さまざまな方向を向いた層を考えるために，座標系を回転させることを考える．まず，式 (9.3.8) の逆行列を考え，以下のような弾性スティフネス行列を考える．

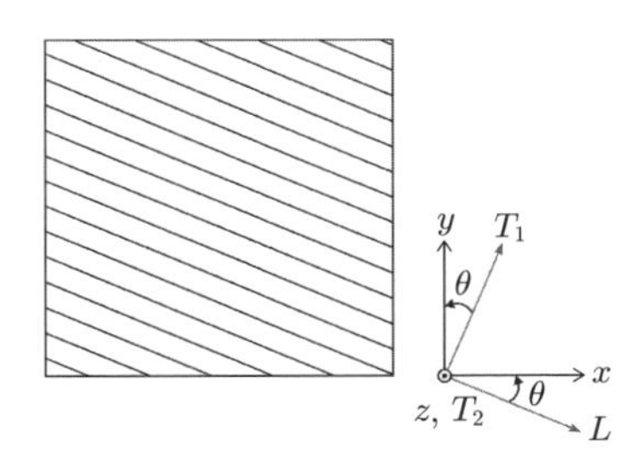

図 9.3.3 単層板の座標変換

$$
\begin{bmatrix} \sigma_L \\ \sigma_{T_1} \\ \sigma_{T_2} \\ \tau_{T_1T_2} \\ \tau_{T_2L} \\ \tau_{LT_1} \end{bmatrix} = \begin{bmatrix} Q_{11} & Q_{12} & Q_{13} & 0 & 0 & 0 \\ & Q_{22} & Q_{23} & 0 & 0 & 0 \\ & & Q_{33} & 0 & 0 & 0 \\ & & & Q_{44} & 0 & 0 \\ & \text{Sym.} & & & Q_{55} & 0 \\ & & & & & Q_{66} \end{bmatrix} \begin{bmatrix} \varepsilon_L \\ \varepsilon_{T_1} \\ \varepsilon_{T_2} \\ \gamma_{T_1T_2} \\ \gamma_{T_2L} \\ \gamma_{LT_1} \end{bmatrix} \tag{9.3.10}
$$

Q_{ij} の各成分は工学的弾性定数を用いて，次式のようになる．

$$
\begin{aligned}
&Q_{11} = \frac{E_L(1-\nu_{T_1T_2}\nu_{T_2T_1})}{\Delta}, \quad Q_{22} = \frac{E_{T_1}(1-\nu_{T_2L}\nu_{LT_2})}{\Delta}, \\
&Q_{33} = \frac{E_{T_2}(1-\nu_{LT_1}\nu_{T_1L})}{\Delta}, \quad Q_{12} = \frac{E_L(\nu_{T_1L}+\nu_{T_2L}\nu_{T_1T_2})}{\Delta}, \\
&Q_{13} = \frac{E_L(\nu_{T_2L}+\nu_{T_1L}\nu_{T_2T_1})}{\Delta}, \quad Q_{23} = \frac{E_{T_1}(\nu_{T_2T_1}+\nu_{LT_1}\nu_{T_2L})}{\Delta}, \\
&Q_{44} = G_{T_1T_2}, \quad Q_{55} = G_{T_2L}, \quad Q_{66} = G_{LT_1}
\end{aligned} \tag{9.3.11}
$$

なおここで，$\Delta = 1 - \nu_{LT_1}\nu_{T_1L} - \nu_{T_1T_2}\nu_{T_2T_1} - \nu_{T_1L}\nu_{LT_1} - 2\nu_{T_1L}\nu_{T_2T_1}\nu_{LT_2}$ である．これに対して，T_2 軸を中心に角度 θ だけ回転した座標 xyz（図 9.3.3）における弾性コンプライアンス行列は，

$$
\begin{bmatrix} \sigma_x \\ \sigma_y \\ \sigma_z \\ \tau_{yz} \\ \tau_{zx} \\ \tau_{xy} \end{bmatrix} = \boldsymbol{T}_\sigma^{-1}\boldsymbol{Q}\boldsymbol{T}_\gamma \begin{bmatrix} \varepsilon_x \\ \varepsilon_y \\ \varepsilon_z \\ \gamma_{yz} \\ \gamma_{zx} \\ \gamma_{xy} \end{bmatrix} \tag{9.3.12}
$$

となる．なおここで，$\boldsymbol{T}_\sigma$ および $\boldsymbol{T}_\gamma$ は応力およびひずみに関する座標変換マトリクスであり，

$$\boldsymbol{T}_\gamma = \begin{bmatrix} m^2 & n^2 & 0 & 0 & 0 & mn \\ n^2 & m^2 & 0 & 0 & 0 & -mn \\ 0 & 0 & 1 & 0 & 0 & 0 \\ 0 & 0 & 0 & m & -n & 0 \\ 0 & 0 & 0 & n & m & 0 \\ -2mn & 2mn & 0 & 0 & 0 & m^2-n^2 \end{bmatrix} \tag{9.3.13}$$

$$\boldsymbol{T}_\sigma = \begin{bmatrix} m^2 & n^2 & 0 & 0 & 0 & 2mn \\ n^2 & m^2 & 0 & 0 & 0 & -2mn \\ 0 & 0 & 1 & 0 & 0 & 0 \\ 0 & 0 & 0 & m & -n & 0 \\ 0 & 0 & 0 & n & m & 0 \\ -mn & mn & 0 & 0 & 0 & m^2-n^2 \end{bmatrix} \tag{9.3.14}$$

で表される．なおここで，$m = \cos\theta, n = \sin\theta$ である．ここで，変換後の弾性スティフネス行列を $\bar{\boldsymbol{Q}}$ と置く．すると，

$$\begin{bmatrix} \sigma_x \\ \sigma_y \\ \sigma_z \\ \tau_{yz} \\ \tau_{zx} \\ \tau_{xy} \end{bmatrix} = \begin{bmatrix} \bar{Q}_{11} & \bar{Q}_{12} & \bar{Q}_{13} & 0 & 0 & \bar{Q}_{16} \\ & \bar{Q}_{22} & \bar{Q}_{23} & 0 & 0 & \bar{Q}_{26} \\ & & \bar{Q}_{33} & 0 & 0 & \bar{Q}_{36} \\ & & & \bar{Q}_{44} & \bar{Q}_{45} & 0 \\ & \text{Sym.} & & & \bar{Q}_{55} & 0 \\ & & & & & \bar{Q}_{66} \end{bmatrix} \begin{bmatrix} \varepsilon_x \\ \varepsilon_y \\ \varepsilon_z \\ \gamma_{yz} \\ \gamma_{zx} \\ \gamma_{xy} \end{bmatrix} \tag{9.3.15}$$

となる．ここで $\bar{Q}_{16}, \bar{Q}_{26}, \bar{Q}_{36}, \bar{Q}_{45}$ はカップリング項である．垂直成分とせん断成分が連成していることに注意を要する．これは，**クロスエラスティシティ効果**と呼ばれ，垂直応力をかけただけでせん断ひずみが生じたり，せん断応力をかけただけで垂直ひずみが生じることを意味している．

次に，この単層板を板厚方向に積んでいくことを考える．なお，ここからは，平面応力状態を仮定して，以下のように x, y 面内の成分のみを考えることとする．

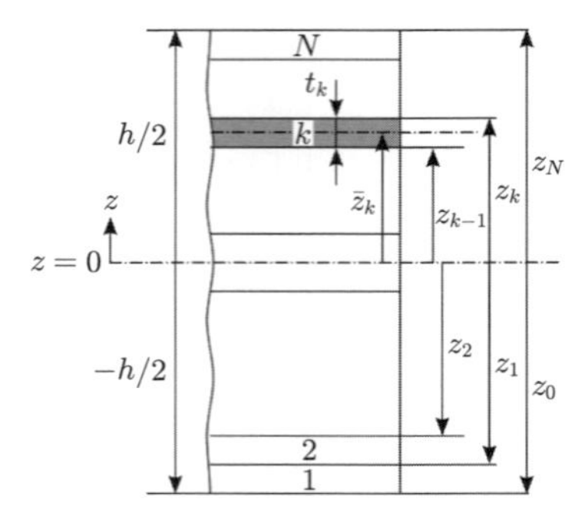

図 9.3.4　積層板の積層構成の概念図

$$\begin{bmatrix} \sigma_x \\ \sigma_y \\ \tau_{xy} \end{bmatrix}_k = \begin{bmatrix} \bar{Q}_{11} & \bar{Q}_{12} & \bar{Q}_{16} \\ & \bar{Q}_{22} & \bar{Q}_{26} \\ \text{Sym.} & & \bar{Q}_{66} \end{bmatrix}_k \begin{bmatrix} \varepsilon_x \\ \varepsilon_y \\ \gamma_{xy} \end{bmatrix}_k \tag{9.3.16}$$

積層板の N 層からなる積層板を考えており，式 (9.3.16) は第 k 層に関する構成式を表している．積層板の積層構成については図 9.3.4 に示すような構成になっているとする．積層板は薄板であるとし，**キルヒホッフ-ラヴの仮説**（第 8.3.2 項を参照）が成立するものとする．すると，板厚方向の位置 z におけるひずみを

$$\begin{bmatrix} \varepsilon_x \\ \varepsilon_y \\ \gamma_{xy} \end{bmatrix} = \begin{bmatrix} \varepsilon_x^0 \\ \varepsilon_y^0 \\ \gamma_{xy}^0 \end{bmatrix} + z \begin{bmatrix} \kappa_x \\ \kappa_y \\ \kappa_{xy} \end{bmatrix} \tag{9.3.17}$$

と算出することができる．ここで $\varepsilon_x^0, \varepsilon_y^0, \gamma_{xy}^0$ は中央面のひずみ，$\kappa_x, \kappa_y, \kappa_{xy}$ は中央面の曲率を意味している．$\kappa_x, \kappa_y, \kappa_{xy}$ の定義は式 (8.3.5) を参照のこと．第 k 層に存在する，板厚方向座標 $\bar{z}_k$ ($z_{k-1} \leqq \bar{z}_k < z_k$) に対して式 (9.3.17) を適用し，式 (9.3.16) に代入すれば，

$$\begin{bmatrix} \sigma_x \\ \sigma_y \\ \tau_{xy} \end{bmatrix}_k = \begin{bmatrix} \bar{Q}_{11} & \bar{Q}_{12} & \bar{Q}_{16} \\ & \bar{Q}_{22} & \bar{Q}_{26} \\ \text{Sym.} & & \bar{Q}_{66} \end{bmatrix}_k \left\{ \begin{bmatrix} \varepsilon_x^0 \\ \varepsilon_y^0 \\ \gamma_{xy}^0 \end{bmatrix} + \bar{z}_k \begin{bmatrix} \kappa_x \\ \kappa_y \\ \kappa_{xy} \end{bmatrix} \right\} \tag{9.3.18}$$

これを板厚方向に積分して，合応力を求めると，

$$
\begin{aligned}
\begin{bmatrix} N_x \\ N_y \\ N_{xy} \end{bmatrix} &= \int_{z_0}^{z_N} \begin{bmatrix} \sigma_x \\ \sigma_y \\ \tau_{xy} \end{bmatrix} \mathrm{d}z = \sum_{k=1}^{N} \left\{ \int_{z_{k-1}}^{z_k} \begin{bmatrix} \sigma_x \\ \sigma_y \\ \tau_{xy} \end{bmatrix}_k \mathrm{d}\bar{z}_k \right\} \\
&= \sum_{k=1}^{N} \left\{ \begin{bmatrix} \bar{Q}_{11} & \bar{Q}_{12} & \bar{Q}_{16} \\ & \bar{Q}_{22} & \bar{Q}_{26} \\ \mathrm{Sym.} & & \bar{Q}_{66} \end{bmatrix}_k \int_{z_{k-1}}^{z_k} \left\{ \begin{bmatrix} \varepsilon_x^0 \\ \varepsilon_y^0 \\ \gamma_{xy}^0 \end{bmatrix} + \bar{z}_k \begin{bmatrix} \kappa_x \\ \kappa_y \\ \kappa_{xy} \end{bmatrix} \right\} \mathrm{d}\bar{z}_k \right\} \\
&= \boldsymbol{A} \begin{bmatrix} \varepsilon_x^0 \\ \varepsilon_y^0 \\ \gamma_{xy}^0 \end{bmatrix} + \boldsymbol{B} \begin{bmatrix} \kappa_x \\ \kappa_y \\ \kappa_{xy} \end{bmatrix}
\end{aligned} \tag{9.3.19}
$$

ここで，

$$
\begin{aligned}
\boldsymbol{A} &= \sum_{k=1}^{N} \left\{ \begin{bmatrix} \bar{Q}_{11} & \bar{Q}_{12} & \bar{Q}_{16} \\ & \bar{Q}_{22} & \bar{Q}_{26} \\ \mathrm{Sym.} & & \bar{Q}_{66} \end{bmatrix}_k (z_k - z_{k-1}) \right\}, \\
\boldsymbol{B} &= \frac{1}{2} \sum_{k=1}^{N} \left\{ \begin{bmatrix} \bar{Q}_{11} & \bar{Q}_{12} & \bar{Q}_{16} \\ & \bar{Q}_{22} & \bar{Q}_{26} \\ \mathrm{Sym.} & & \bar{Q}_{66} \end{bmatrix}_k (z_k^2 - z_{k-1}^2) \right\}
\end{aligned} \tag{9.3.20}
$$

である．また，合モーメントを計算すると，

$$
\begin{aligned}
\begin{bmatrix} M_x \\ M_y \\ M_{xy} \end{bmatrix} &= \int_{z_0}^{z_N} \begin{bmatrix} \sigma_x \\ \sigma_y \\ \tau_{xy} \end{bmatrix} z\mathrm{d}z = \sum_{k=1}^{N} \left\{ \int_{z_{k-1}}^{z_k} \begin{bmatrix} \sigma_x \\ \sigma_y \\ \tau_{xy} \end{bmatrix}_k \bar{z}_k \mathrm{d}\bar{z}_k \right\} \\
&= \sum_{k=1}^{N} \left\{ \begin{bmatrix} \bar{Q}_{11} & \bar{Q}_{12} & \bar{Q}_{16} \\ & \bar{Q}_{22} & \bar{Q}_{26} \\ \mathrm{Sym.} & & \bar{Q}_{66} \end{bmatrix}_k \int_{z_{k-1}}^{z_k} \left\{ \bar{z}_k \begin{bmatrix} \varepsilon_x^0 \\ \varepsilon_y^0 \\ \gamma_{xy}^0 \end{bmatrix} + \bar{z}_k^2 \begin{bmatrix} \kappa_x \\ \kappa_y \\ \kappa_{xy} \end{bmatrix} \right\} \mathrm{d}\bar{z}_k \right\} \\
&= \boldsymbol{B} \begin{bmatrix} \varepsilon_x^0 \\ \varepsilon_y^0 \\ \gamma_{xy}^0 \end{bmatrix} + \boldsymbol{D} \begin{bmatrix} \kappa_x \\ \kappa_y \\ \kappa_{xy} \end{bmatrix}
\end{aligned} \tag{9.3.21}
$$

なお，

$$\boldsymbol{D} = \frac{1}{3}\sum_{k=1}^{N}\left\{\begin{bmatrix} \bar{Q}_{11} & \bar{Q}_{12} & \bar{Q}_{16} \\ & \bar{Q}_{22} & \bar{Q}_{26} \\ \text{Sym.} & & \bar{Q}_{66} \end{bmatrix}_k (z_k^3 - z_{k-1}^3)\right\} \tag{9.3.22}$$

である．式 (9.3.19) と (9.3.21) をまとめて，以下のように書く．

$$\begin{bmatrix} N_x \\ N_y \\ N_{xy} \\ M_x \\ M_y \\ M_{xy} \end{bmatrix} = \begin{bmatrix} A_{11} & A_{12} & A_{16} & B_{11} & B_{12} & B_{16} \\ A_{12} & A_{22} & A_{26} & B_{12} & B_{22} & B_{26} \\ A_{16} & A_{26} & A_{66} & B_{16} & B_{26} & B_{66} \\ B_{11} & B_{12} & B_{16} & D_{11} & D_{12} & D_{16} \\ B_{12} & B_{22} & B_{26} & D_{21} & D_{22} & D_{26} \\ B_{16} & B_{26} & B_{66} & D_{16} & D_{26} & D_{66} \end{bmatrix} \begin{bmatrix} \varepsilon_x^0 \\ \varepsilon_y^0 \\ \gamma_{xy}^0 \\ \kappa_x \\ \kappa_y \\ \kappa_{xy} \end{bmatrix} \tag{9.3.23}$$

ここで，$\boldsymbol{A}$ マトリクスを**面内剛性マトリクス**，$\boldsymbol{D}$ マトリクスを**曲げ剛性マトリクス**，$\boldsymbol{B}$ マトリクスを**カップリング剛性マトリクス**と呼ぶ．とくに，$\boldsymbol{B}$ マトリクスに値が存在する場合，面内変形（伸縮・せん断）と面外変形（曲げ・ねじり）が連成することに注意を要する．たとえば引張ひずみのみがかかった場合でも曲げモーメントが生じ，曲率のみが生じる純粋な曲げ変形であっても引張の合応力が生じる．

なお，ここでは繊維，樹脂とも線形弾性体として扱ったが，実際には母材は樹脂であるから粘弾・粘塑性特性を示すものが多い．また，損傷が発生することによって非線形性が発現することも多い．複合材料の力学についての詳細は参考文献 [9-2] などを参照されたい．

また，本節での議論から，繊維強化複合材料積層板は，同じ厚さの積層板であっても積層の構成を変化させればさまざまな異なる性質の構造材になり得るという重要な特性があることがわかる．必要な方向に必要なだけ剛性や強度を持たせることができる，「設計可能な材料」である，ということもできる．

9.3.3　さまざまな積層板

a. 積層構成の表現方法

本節ではさまざまな積層構成の性質を記述する．まずこれらの積層構成を表現するための記法について記そう．一般に積層構成は，積層する順序（下から順）に角度をスラッシュ/で区切り，最初と最後を角括弧 [] で囲むことによっ

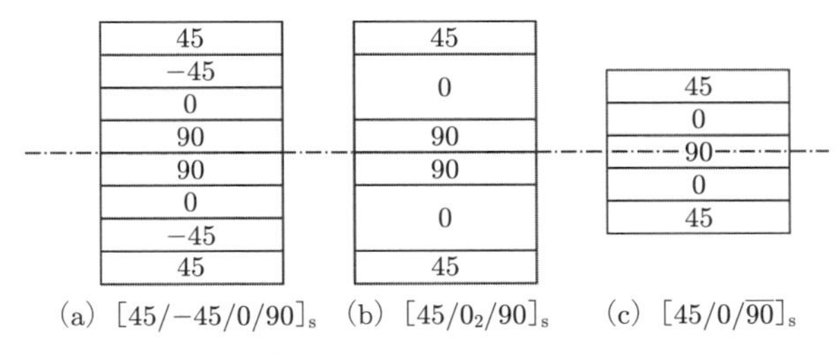

(a) $[45/-45/0/90]_s$　(b) $[45/0_2/90]_s$　(c) $[45/0/\overline{90}]_s$

図 9.3.5　対称積層板の例

て表現する．たとえば，[0/90/0] であれば下から順に $\theta = 0°, \theta = 90°, \theta = 0°$ の順に積層したことを示している．

次に，同じ積層方向が連続する場合は，連続する数だけ角度の数字に下付き文字をつける．たとえば，$[0/90_2/0]$ であれば，下から順に $\theta = 0°$ を 1 層，$\theta = 90°$ を 2 層，$\theta = 0°$ を 1 層積層したものになる．

最後に，積層が対象になっている場合は下付き文字 s を付けて積層構成を半分だけ示して省略することができる．たとえば，積層構成 $[0/90]_s$ は，先述の例 $[0/90_2/0]$ と同じ意味になる．また，$[0/90]_{2s}$ の場合は，[0/90] を 2 回繰り返した後，対称積層として折り返す．したがって，[0/90/0/90/90/0/90/0] という積層構成になる．

b.　一方向積層板

同じ方向の層を n 層積層した積層板を**一方向積層板**（unidirectional laminate）という．積層表示としては $[\theta_n]$ となる．この場合，$A_{ij} = \bar{Q}_{ij}h, B_{ij} = 0, D_{ij} = \bar{Q}_{ij}h^3/12$ となる．つまり一方向積層板は面内変形と面外変形が連成しない．なお，$\theta = 0°, 90°$ のときは $A_{16} = A_{26} = D_{16} = D_{26} = 0$ であり，引張とせん断が連成しない．一方向積層板は最も基本となる積層板である．しかし，繊維方向と直交する方向への強度が低いことから，特別な場合を除いては航空宇宙構造で使われることはない．

c.　対称積層板

中央面に対して繊維方向を対称に積層したものである．積層例を図 9.3.5 に示す．この積層構成の場合，常に $B_{ij} = 0$ であり，面内変形と面外変形が連成しない．このため，通常，航空宇宙構造に使用される積層板は対称積層板とすることが多い．

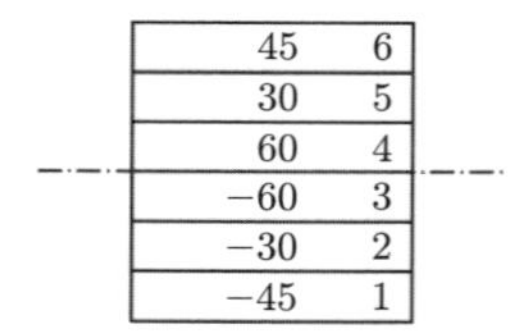

[−45/−30/−60/60/30/45]

図 9.3.6　逆対称積層板の例

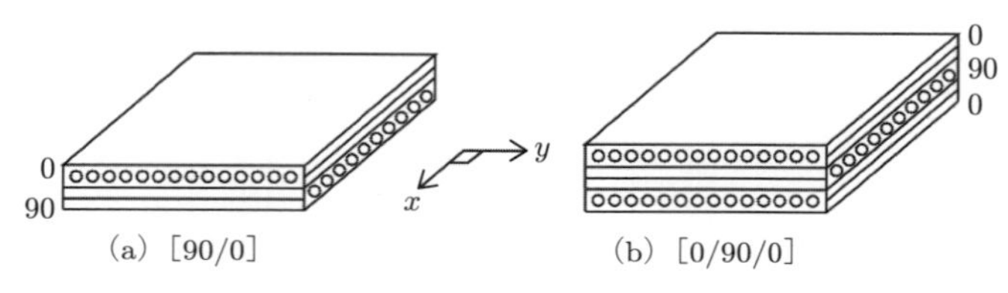

(a) [90/0]　　(b) [0/90/0]

図 9.3.7　直交積層板

d. 逆対称積層板

中央面に対して逆対称に積層する．積層例を図 9.3.6 に示す．板の中央面を挟んで角度をプラスマイナス逆に積層する．$(\bar{Q}_{16})_{+\theta} = -(\bar{Q}_{16})_{-\theta}, (\bar{Q}_{26})_{+\theta} = -(\bar{Q}_{26})_{-\theta}$ であり，常に $+\theta$ と $-\theta$ の層が一対で存在することから，$A_{16} = A_{26} = D_{16} = D_{26} = 0$ となる．このような積層は面内変形と面外変形の連成が生じることから注意が必要であるが，後述（コラムを参照）の理由で近年注目されている．

e. 直交積層板

積層角度が 0° と 90° のみで構成された積層板を**直交積層板**（cross-ply laminate）という．0° 層，90° 層ともに $\bar{Q}_{16} = \bar{Q}_{26} = 0$ なので，$A_{16} = A_{26} = B_{16} = B_{26} = D_{16} = D_{26} = 0$ となる．対称積層の場合（図 9.3.7(b)）は $B_{ij} = 0$ となる．一方，非対称積層の場合（図 9.3.7(a)）は $B_{12} = 0, B_{22} = -B_{11}$ となるから，

$$\boldsymbol{B} = \begin{bmatrix} B_{11} & 0 & 0 \\ 0 & -B_{11} & 0 \\ 0 & 0 & 0 \end{bmatrix} \tag{9.3.24}$$

となる．

直交積層板は積層板の性質がわかりやすいことから，損傷の観察など，材料

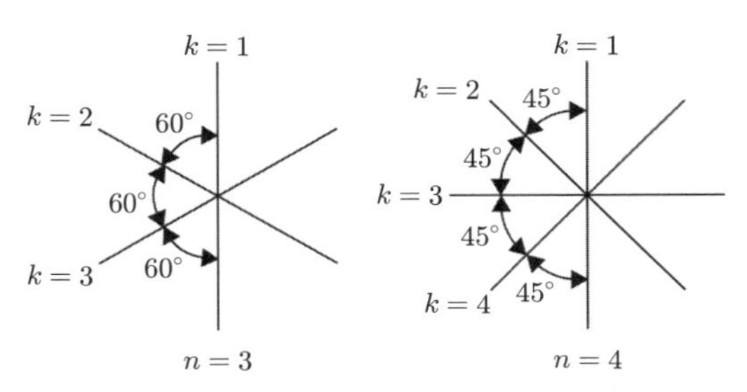

図 **9.3.8** 擬似等方性積層板の積層角

の基礎的検討に使用されることが多い.

f. 疑似等方性積層板

疑似等方性（quasi-isotropic: QI と略すことも多い）とは，面内剛性マトリクス（$\boldsymbol{A}$ マトリクス）が等方弾性体と同じように伸縮–せん断連成項を含まない，つまり $A_{16} = A_{26} = 0$ であり，かつ，他の成分 $A_{11}, A_{12}, A_{22}, A_{66}$ が方向に依存しないことを指す．quasi-という接頭語が半や準という意味であり，本当の等方弾性体とは異なることに注意を要する．板厚方向の弾性特性は面内方向とは異なるし，面内方向であっても強度，曲げ特性は方向依存性がある．とくに曲げ剛性に方向依存性があることは勘違いしやすいので注意してほしい．疑似等方性を実現するためには，たとえば，層数 $n \geqq 3$ として，第 k 層の配向角が $\theta_k = \pi(k-1)/n$ となっていればよい．図 9.3.8 に例を示す．この例では [0/60/− 60]，[0/45/90/− 45] が挙げられているが，これらの積層順序を換えたり，欺似等方性積層を繰り返したり，対称積層にしたものも**疑似等方性積層板**になる．たとえば，$[-45/0/45/90]_{3s}$ 等も疑似等方性の積層構成である．

疑似等方性積層板は面内方向には等方的であり，強度特性も等方性に近くなる．したがって極端に強度の低い方向がなく，実際の航空宇宙構造でも使いやすい積層構成である．

9.3.4 航空宇宙構造で使用する積層構成のガイドライン

ここでは，実際の航空宇宙構造で使用される積層構成の選定方法について述べる．参考文献 [9-1] によれば，基本的なガイドラインとしてはたとえば以下のようなものを考慮する．あくまでガイドラインであって，必ずこれに従わなくてはならないわけではなく，これに従っていない積層構成のものも多く使用されている．

1. $n = 4$ を基盤とした 0° 層，90° 層，45° 層，−45° 層で構成された積層構成（quad 等と呼ばれる）を用いる．
2. 繊維の繊維体積含有率は 55 % 以上になるようにする．
3. $+\theta$ 層と $-\theta$ 層が必ず同数存在する（balanced layup という）構成とする．
4. 0° 層，90° 層，45° 層，−45° 層はそれぞれ最低でも 10 % は存在する構成とする．
5. 隣接する層が 4 層以上同じ方向で重ならないようにする．これは同じ層での積層が増加すると繊維方向に沿ったクラック（スプリッティングという）が発生しやすくなるため．
6. せん断パネルとしての役割を果たす部材の表面には 45° 層か −45° 層を配置する．これはせん断座屈を起こりにくくするため．
7. 加工（穿孔など）によるスプリッティングの発生を防止するため，表面に織物（補強繊維を布のように織ったもの）を配置する．
8. 一方向に向いた層が多い積層構成は孔やノッチの付近では避ける．これはそのような積層構成では応力集中係数が高くなる傾向があるため．
9. CFRP とアルミニウムが接触する部分には表面に織物 GFRP を一層積層する．これは CFRP とアルミニウムが接触することによりアルミニウムが腐食するガルバニック（galvanic）腐食（異種金属接触腐食）を防止するため．
10. 場所によって積層構成を変化させ，板厚を薄くしていく場合は，部材の途中で層を抜いていく（プライドロップオフという）．このとき 1 層ごとに最低 6 mm は空けて抜いていく．急激に層が抜けることによる応力の再分配をスムーズに行うため．
11. さらにプライドロップオフ部では，最上層ではなく途中の層を抜く．これは最上層を連続させることにより（カバープライという），端部から破壊が生じることを防ぐため．

このような積層設計のガイドラインは，もっと詳しく参考文献 [9-1] や，“Composite Materials Handbook”（CMH-17）[9-3] などにまとめられているので，興味のある読者は参照するとよい．

なお，上記のガイドラインのうち，1-6 あたりは大抵の複合材料構造では守られているが，7 などは守られていないことも多い．また，1，3，4，10 などのガイドラインを遵守すると，非常に薄い板を作るのが困難であることに注意を要する．1，3，4 を遵守すると最低限の積層構成は [0/45/90/− 45] 等になるが，この積層は非対称性が強いため，$[0/45/90/-45]_s$ 等とする．すると最低でも 8 層積層しなければならなくなり，通常の厚さのプリプレグを使用すると 1 mm 以上の板になる．このため，これより薄い部材が作れないことになってしまう．また，10 を遵守すると，板厚を急速に薄くしていくことができない．このため，急速に板厚を変化させたり，薄い部材が多くなる小型の航空機などの構造に複合材料を適用すると，上記のガイドラインは足かせとなることもある．

また，ガイドライン 1 についても，近年急速に一般化してきているロボットアームなどを用いた自動積層装置（automatic tape placement: ATP や automatic fiber placement: AFP）を使用すると曲線的でより自由な繊維配向が可能となることから，現行の quad ベースの積層に縛られた積層構成ガイドラインだけでは議論が難しくなってきている．

9.4 繊維強化複合材料積層板の強度

本節では繊維強化複合材料積層板について，その強度について議論する．まず単層板（一方向積層板）に関する強度則を紹介した後，積層板に対する強度の考え方を紹介する．

9.4.1 単層板の巨視的破壊則

単層板（一方向積層板）についてはさまざまな巨視的破壊則が提案されている．前節までで述べた通り，単層板の材料特性は強い異方性を示す．強度についてもそれは当てはまり，単層板は繊維方向には高い強度を示すが，繊維直交方向への強度は低い．ここでは，単層板に組み合わせ応力が働いた場合に適用される巨視的な破壊則について紹介する．

a. 単軸方向の強度

まず，単軸荷重が加わった際について考える．このような単軸の引張強度などの値は JIS や ASTM などに規格化された試験法を用いて測定する．ただし，複合材料の強度には確率論的な側面があり，体積効果が存在することに注意が必要である．

Column

Double-Double 積層構成

9.3.4 項のガイドラインからは外れるが，近年，スタンフォード大学の Stephen W. Tsai らを中心として，Double-Double と呼ばれる積層構成を推奨する動きがある．これは $[\pm\phi/\pm\psi]$ といった，2 つの角度の正負方向の積層を単位とした積層構成であり，このブロックを積み重ねた $[\pm\phi/\pm\psi]_n$ のような積層構成である．$+\phi$ と $-\phi$，$+\psi$ と $-\psi$ が必ず同数存在するため，$A_{16} = A_{26} = D_{16} = D_{26} = 0$ となるが，板厚方向には非対称な積層構成であるため，面内変形と面外変形が連成することには注意を要する．このような Double-Double 積層に対しては，現行の quad ベースの積層構成と比べさまざまな利点が紹介されている [9-4, 9-5]．

たとえば，面内方向剛性 $\boldsymbol{A}$ マトリクス（ただし A_{16}, A_{26} 以外の値）をある所望の値に設計したいという要求があった場合，quad ベースの積層構成では構成の選択肢があまりにも多くなり，最適なものを選択するのが事実上困難であるのと比べ，Double-Double の構成では ϕ, ψ の角度を $7.5°$ 程度ごとに変化させて探索すれば，ほぼ $\boldsymbol{A}$ マトリクスが連続的に変化し，所望の積層角度 ϕ, ψ を 1 種類に決定することができる．

また，Double-Double 積層では 4ply が最小ブロックになるため，quad ベースの積層構成に比べ，最小板厚がより小さくなる．このため，低応力の箇所では quad ベースのときより，より薄く軽量な設計が可能になる．さらに，詳細は略すが，プライドロップオフの設計も quad の際よりも容易になる．なお，先述の通り，Double-Double 積層構成は面内変形と面外変形が連成するが，$[+\phi/-\psi/-\phi/+\psi]_n$ のような積層構成にすると，$n = 4$ 程度で面内-面外連成剛性は無視できる程度に小さくなる．

2023 年秋時点では，今後，Double-Double 積層構成が一般的になるかどうかはまだ不透明ではあるが，NASA などではすでに研究が開始されており [9-6]，今後注目を要する．

表 9.4.1　単層板の強度の典型的な値 [9-1]

材料	V_f (%)	F_L^T (MPa)	F_L^C (MPa)	F_T^T (MPa)	F_{LT} (MPa)
Standard Carbon/Epoxy AS4/3501-6	63	2280	1440	57	71
Intermediate-Modulus Carbon/Epoxy IM6/1081	65	2860	1875	49	83
High-Modulus Carbon/Epoxy GY-70/934	57	589	491	29.4	49.1
Carbon/Thermoplastic AS4/PEEK	58	2060	1080	78	157
Standard Carbon/Bismaleimide T300/V378	65	1586	1324	N/A	N/A

単層の CFRP 積層板について典型的な強度の例を表 9.4.1 に示す．なお，ここで F は強度を，下付き添え字の L, T は繊維方向と繊維直交方向を（図 9.3.1 を参照），上付き添字の T,C は引張と圧縮を示す．とくに繊維方向引張と繊維直交方向引張の強度に大きな差があることが理解できるであろう．

b. 最大応力説

次に，組み合わせ応力が作用した場合について提案されているいくつかの理論を紹介する．まずは最大応力説である．**最大応力説**は，応力成分を繊維方向，繊維直交方向の成分，$\sigma_L, \sigma_{T_1}, \tau_{LT_1}$ に変換したとき，そのうち一つでも

$$-F_L^C < \sigma_L < F_L^T, \quad -F_T^C < \sigma_{T_1} < F_T^T, \quad -F_{LT} < \tau_{LT_1} < F_{LT} \tag{9.4.1}$$

の範囲を超えた場合は破壊するという説である．

もし，単層版の積層方向が θ で，断面積 A の帯板に軸力 P が負荷された場合（図 9.4.1），

$$\sigma_L = \frac{P}{A}\cos^2\theta, \quad \sigma_{T_1} = \frac{P}{A}\sin^2\theta, \quad \tau_{LT_1} = \frac{1}{2}\frac{P}{A}\sin 2\theta \tag{9.4.2}$$

となる．P が引張で，表 9.4.1 の 1 行目の物性値を用いたとき，角度 θ と破壊の生じる応力 P/A との関係を示したグラフを図 9.4.2 に示す．3 種類の強度

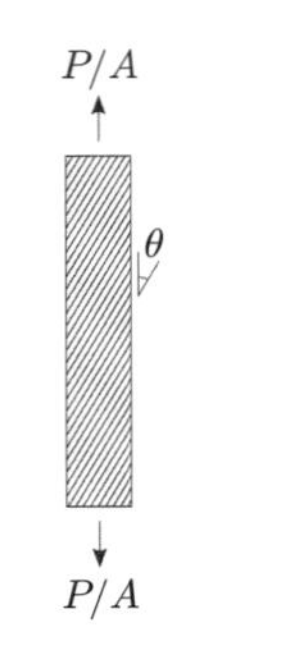

図 9.4.1　斜め（off-axis）引張

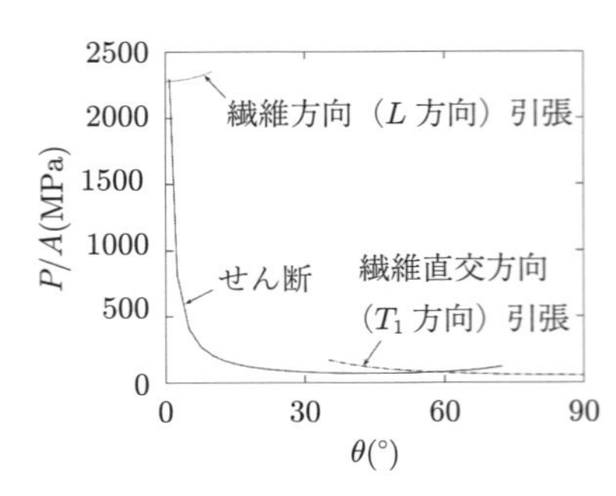

図 9.4.2　最大応力説での off-axis 引張強度

に関する曲線が引かれるが，最大応力説ではこれらの曲線のうち最も小さい値が実際に破壊が発生する応力，ということになる．

c. 最大ひずみ説

最大応力説と同様の考え方であるが，ひずみ基準で破壊条件を考える．**最大ひずみ説**では，座標変換後のひずみ成分 $\varepsilon_L, \varepsilon_{T_1}, \gamma_{LT_1}$ が，

$$-e_L^{\mathrm{C}} < \varepsilon_L < e_L^{\mathrm{T}}, \quad -e_T^{\mathrm{C}} < \varepsilon_{T_1} < e_T^{\mathrm{T}}, \quad -e_{LT} < \gamma_{LT_1} < e_{LT} \tag{9.4.3}$$

の範囲を超えた場合は破壊するという説である．ここで，e は単軸応力試験で破壊の発生するひずみを，下付き添え字の L, T は繊維方向と繊維直交方向を，上付き添字の T,C は引張と圧縮を示す．

d. 相互作用説

上述した最大応力説，最大ひずみ説では破損に及ぼす応力成分の干渉効果を考慮していなかった．実際の材料では各応力成分に干渉効果があり，組み合わせ応力状態の下では，最大応力説や最大ひずみ説は実際の材料の挙動に対して危険側の予想（強度を実際よりも高く予想）を与えてしまうことがある．応力/ひずみ成分の相互作用を取り扱った破壊条件にはさまざまなものがあるが，**ツァイ-ヒル**（Tsai-Hill）**則**，**ホフマン**（Hoffman）**則**，**ツァイ-ウー**（Tsai-Wu）**則**の 3 つがよく知られている．

これらはミーゼス（Mises）の降伏条件を直交異方性を考慮できるように拡張したヒル（Hill）の降伏条件を元として，拡張が行われたものである（詳しい定式化などは文献 [9-7] を参照）．ツァイ-ヒル則は，

$$\frac{\sigma_L^2}{F_L^2} - \frac{\sigma_L \sigma_{T_1}}{F_L^2} + \frac{\sigma_{T_1}^2}{F_T^2} + \frac{\tau_{LT_1}^2}{F_{LT}^2} = 1 \tag{9.4.4}$$

と表すことができ，式 (9.4.4) が満足されたときに破損が発生するという説である．ツァイ-ヒル則では引張方向と圧縮方向での強度の非対称性を考慮することができない．表 9.4.1 に見られるように，一般に単層板の引張と圧縮では強度に大きな差があることから，これに対応するためにホフマン則やツァイ-ウー則が提案されている．

ホフマン則は応力の多項式の 1 次成分をヒル則に導入することによって引張と圧縮の非対称性を考慮できるようにしたもので，

$$\frac{\sigma_L^2}{F_L^{\mathrm{T}} F_L^{\mathrm{C}}} - \frac{\sigma_L \sigma_{T_1}}{F_L^{\mathrm{T}} F_L^{\mathrm{C}}} + \frac{\sigma_{T_1}^2}{F_T^{\mathrm{T}} F_T^{\mathrm{C}}} + \left(\frac{1}{F_L^{\mathrm{T}}} - \frac{1}{F_L^{\mathrm{C}}}\right)\sigma_L + \left(\frac{1}{F_T^{\mathrm{T}}} - \frac{1}{F_T^{\mathrm{C}}}\right)\sigma_{T_1} + \frac{\tau_{LT_1}^2}{F_{LT}^2} = 1 \tag{9.4.5}$$

と表せる．引張強度と圧縮強度が等しい場合は，ツァイ-ヒル則 (9.4.4) 式に一致することがわかる．

ツァイ-ウー則はテンソル形式の破壊曲面を複合材料の破壊条件に導入したもので，

$$\frac{\sigma_L^2}{F_L^{\mathrm{T}} F_L^{\mathrm{C}}} + \frac{\sigma_{T_1}^2}{F_T^{\mathrm{T}} F_T^{\mathrm{C}}} + 2F_{12}\sigma_L \sigma_{T_1} + \left(\frac{1}{F_L^{\mathrm{T}}} - \frac{1}{F_L^{\mathrm{C}}}\right)\sigma_L + \left(\frac{1}{F_T^{\mathrm{T}}} - \frac{1}{F_T^{\mathrm{C}}}\right)\sigma_{T_1} = 1 \tag{9.4.6}$$

と表すことができる．ホフマン則との違いは，$\sigma_L \sigma_{T_1}$ の干渉項が単軸応力の強度試験だけからは決まらないことである．ただし，F_{12} は実験等を用いても一義的に決定することは容易ではない．

ここで紹介した組み合わせ応力の破損則は 50 年以上前に提案された理論であるが，未だに広く使用されている．他にも強度則はさまざまなものが提案されているが，破損則の正確性を増すためには異方性定数の個数を増加させる必要が出てくる．ここで紹介した理論は限られた異方性定数から現実的な破損則を算出できる点で優れている．

9.4.2　積層板の強度

積層板の強度解析に関しては，9.3.2 項の知識を用いて，まず積層板内の応力分布を求め，各単層板の応力を用いて前項で紹介した破損則を用いて破損するか否かを決定する，という方法が基本である．ただし，各単層板の破損は必ずしも最終的な積層板の破壊を意味しない．積層の種類によっては初期破損の後にかなりの程度破断せず，構造としての機能を保つものもある．

たとえば航空宇宙グレードの CFRP について，9.3.3 項の e 目や f 目で説明した直交積層板や疑似等方性積層板の 0° 方向に引張荷重を加えた例では，荷重方向に直交する 90° 層にひずみ 0.5 % 程度からき裂が発生し始める（初期破損）が，その後も 0° 層が荷重を負担するため，最終破断は 0° 層の炭素繊維が破断する，ひずみ 2.0 % 弱程度になる．円孔周りの応力集中に関連する破壊では，最終破壊が初期破損の 10 倍にも達する場合があると言われている．

初期破損によるき裂による応力負担能力の低下を考慮に入れて，有限要素法などを用いて最終破壊までの複合材料の損傷挙動をシミュレートする研究（progressive damage analysis と呼ばれている）も盛んに行われており，近年の精度向上も著しい．

ただし，上記のようなシミュレーションは積層構成が決まって初めて実施可能なものであり，設計検証，認証等の段階では使用可能である．一方，初期設計のようにさまざまな積層構成を用いた素早い試算が必要な段階では上記のような詳細なシミュレーションを用いることは難しい．このような段階では，quad 積層構成における，0°，±45°，90° の各層の比率を変化させた際の，さまざまな荷重に対する強度をプロットした図 9.4.3 のようなグラフを用意し（カーペットプロットと呼ばれる），これを用いて各層の比率を決める，といった方法が使用される．図 9.4.3 は高弾性糸を用いた $V_{\mathrm{f}} = 60$ % の CFRP について作成されたもの [9-8] である．

基礎設計では，設計に必要となる各種の強度についてこのようなカーペットプロットを作成し，所要の強度を満たすように積層構成の割合を決定する．たとえば航空機の外板については，まず 90° 層を 10 % 入れる（9.3.4 項のガイドラインを参照）ことを決めた上で，残りの 90 % の積層割合について 0° 層と ±45° 層の割合を決める，というやり方で設計を行っている [9-8]．

また，実際の航空宇宙関連メーカーでは積層板についても 9.4.1 項 c 目で述べたような最大ひずみ説を適用し，最大ひずみが 0.4 % を越さないように設計する，という基準を用いているところが多い．0.4 % という基準はさまざま

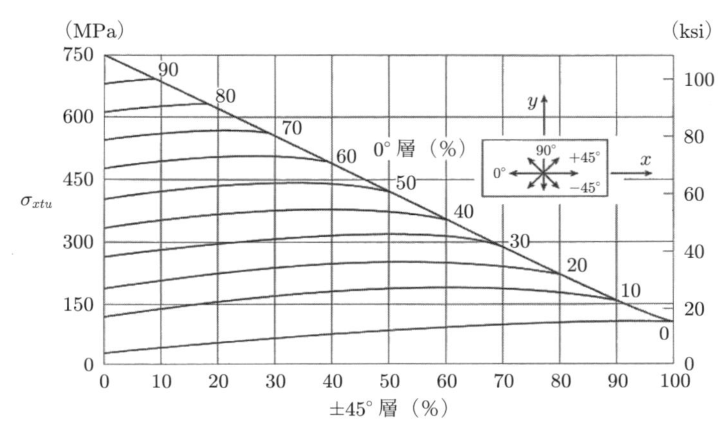

図 9.4.3　±45° の積層割合を変化させた際の引張強度のカーペットプロット

な荷重状態について安全側になるように設定されている．たとえば，CFRP積層板は面外から低速衝撃を受けることによって層間はく離が発生し，圧縮強度が顕著に低下することが知られており，衝撃後圧縮（compression after impact: CAI）等と呼ばれている．圧縮ひずみ 0.4 % ではこの衝撃後圧縮破壊に対しても安全側になっている．

10

サンドイッチ構造

10.1　一般のサンドイッチ構造の概要

サンドイッチ構造は，剛性が高い物質からなる 2 枚の**面板**の間に，より比重が軽く相対的に剛性が低い**コア**を挟み込んだ構造である．剛性が高い面板を中立軸から離れた位置に配することによって，同等の質量でもより高い曲げ剛性を実現することができる．

図 10.1.1(a) に示す断面形状を有するサンドイッチパネルを考え，同等の質量をもつ積層板の断面形状を図 10.1.1(b) に示す．ただし，簡単化のため，上下の面板は同一材料で同一板厚とし，その縦弾性係数を E とする．また，コアの質量は無視する．この条件で，重量が等価なサンドイッチパネルと積層板の曲げ剛性を比較する．図 10.1.1(a) のサンドイッチパネルの曲げ剛性は断面 2 次モーメント I_S と縦弾性係数の積として式 (10.1.1) で表される．

$$EI_\mathrm{S} = 2E(Bth^2 + \frac{Bt^3}{12}) \tag{10.1.1}$$

図 10.1.1(b) の同等の質量を有する積層板の曲げ剛性も断面 2 次モーメント I_L と縦弾性係数の積として式 (10.1.2) で表される．

$$EI_L = \frac{EB(2t)^3}{12} = \frac{2EBt^3}{3} \tag{10.1.2}$$

式 (10.1.1) の t は B, h と比較して微小なので，第 2 項を省略して，EI_S と EI_L の比を取ると式 (10.1.3) になる．

$$\frac{EI_\mathrm{S}}{EI_\mathrm{L}} = \frac{2Bth^2}{\frac{2Bt^3}{3}} = 3\left(\frac{h}{t}\right)^2 \tag{10.1.3}$$

$15 \geqq h/t \geqq 1$ の範囲で式 (10.1.3) をプロットしたものを図 10.1.2 に示す．図

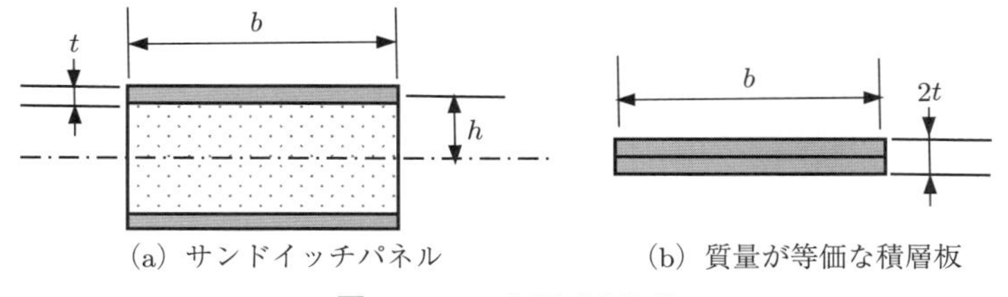

図 10.1.1　断面形状比較

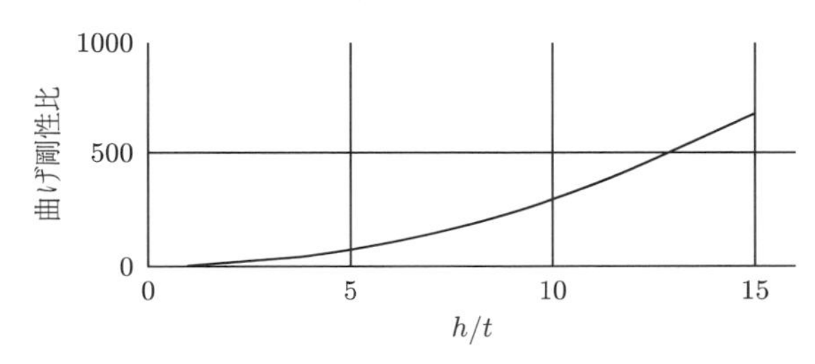

図 10.1.2　サンドイッチパネルと積層板の曲げ剛性の比較

10.1.2 から，面板の板厚が同じでも，サンドイッチパネルのコアの厚みを増すと急速に断面 2 次モーメントが増加して，曲げ剛性が高くなることがわかる.

サンドイッチ構造は軽量な構造で高い曲げ剛性を実現できるので，軽量化が必要な構造に広く使われている．代表例として**航空機のフラップ**構造への適用を図 10.1.3 に示す.

なお，式 (10.1.3) の導出過程でコアの質量を微小と考えて無視しているので，図 10.1.2 の関係が成り立つためには，軽量で必要な強度を有するコア材料の選定が重要である.

10.1.1　サンドイッチ構造の代表的な材料

サンドイッチ構造は，面板とコアおよび面板とコア間の接着層から構成される．面板の機能は軸方向の引張力と圧縮力を伝達することであり，コアの機能は面外方向のせん断力と圧縮力を分担し，軸方向に圧縮力が負荷された場合に，面板にリンクリングや圧縮座屈が生じるのを防ぐことである．ここで，面板とコアの接着層が適切に応力を伝達することがサンドイッチパネルとしての機能を保持するうえで重要である．そのため，衝撃損傷等により面板とコアが剥離してサンドイッチパネルとしての機能を喪失しないように配慮しなければ

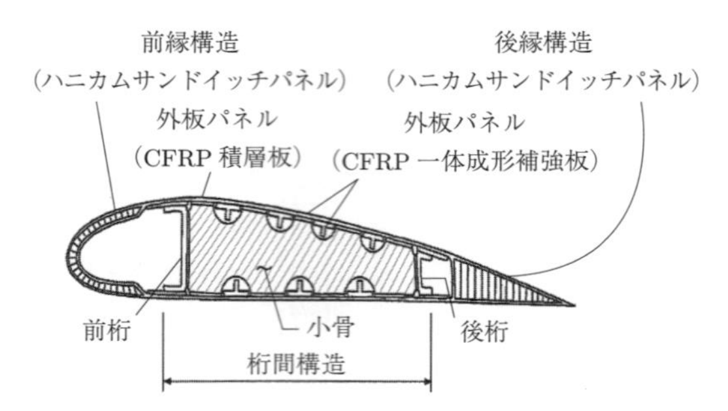

図 10.1.3　サンドイッチパネル構造の適用例 [10-1]

ならない．

次に，面板とコアについて代表的な材料を示す．コア材料としては**発泡材**，ハニカム材，バルサ材等があるが，ここでは代表的な例として，ドイツのエボニックインダストリーズ（Evonik Industries）社の発泡材料である**ポリメタクリルイミド（PMI）**硬質プラスチック独立気泡発泡体を用いた ROHACELL™ シリーズの物性値を表 10.1.1 に示す．なお，ハニカムコアについては第 11 章で取り扱う．また，面板の材料として代表的な金属材料の物性値を表 10.1.2 に示す．なお，面板として使用する複合材料の物性値については第 9 章に示す．

表 10.1.1 と表 10.1.2 を比較すると，コア材料の密度，強度，弾性係数が面板の材料と比較してきわめて低いことがわかる．また，発泡コア材料では，密度が増加すると強度，弾性係数が増加している．

表 10.1.1　コア材料の物性値の例 [10-2]

	名称	密度	圧縮強度	引張強度	せん断強度	弾性率	せん断弾性率
		kg/m^3	MPa	MPa	MPa	MPa	MPa
ROHACELL	51WF	52	0.80	1.60	0.80	75	24
	71WF	75	1.70	2.20	1.30	105	43
	110WF	110	3.60	3.70	2.40	180	70
	200WF	205	9.00	6.80	5.00	350	150
	300WF	300	15.7	10.3	7.80	367	293
KAPEX	C51.8	60	0.45	0.55	0.45	10	5

表 10.1.2　面板材料の物性値の例

	合金名	比重	引張強度	降伏応力	せん断強度	縦断性係数	せん断弾性係数
			MPa	MPa	MPa	GPa	GPa
アルミニウム合金	2024-T3	2.77	441	324	276	72	28
	7075-T6	2.80	503	441	338	71	27
チタニウム合金	Ti-6Al-4V	4.43	924	869	600	108	41
マグネシウム合金	AZ31B-O	1.77	221	124	117	45	17

コアと面板の種類が多様なので，サンドイッチパネルとして使用する場合は色々な組み合わせがあり，用途による最適な組み合わせが可能になるという自由度がある．たとえば，熱可塑性の発泡コアとCFRPやGFRPのような複合材料の面板を組み合わせると，後述するような複雑な三次元形状の構造物の成形が可能である．また，耐衝撃性に優れたコア材料と金属製の面板の組み合わせは，衝撃損傷を受けやすい動翼やフラップの前縁，後縁構造に適用される事例が多い．また，構造面での用途以外に遮音や遮熱の機能を付与することも可能である．

10.1.2　サンドイッチはり [10-3]

サンドイッチはりはサンドイッチ構造の代表的な例の一つであるが，曲げによるたわみにおいて，コアの剛性がたわみ量に影響を与える場合がある．ここではコアの剛性の影響を考慮した解析を示す．

サンドイッチはりにおいて，コアの剛性はきわめて小さいため，コアが分担する軸力は無視し，また，面板の厚さはサンドイッチはりの厚さと比較してきわめて小さいとして，等分布荷重の条件下での両端単純支持の場合のたわみの計算式を導く．

図 10.1.4 に面板とコアが分担する荷重を示し，自由体（Free body）として式を導出する．z 方向の力の釣り合いから，

$$\frac{\mathrm{d}}{\mathrm{d}x}Q=-p \tag{10.1.4}$$

O 点周りのモーメントの釣り合いから，

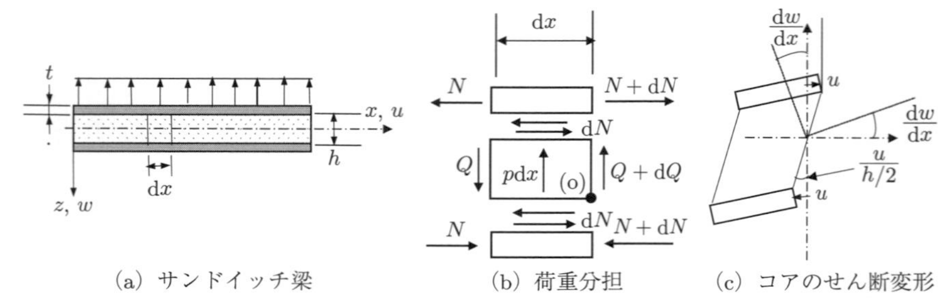

(a) サンドイッチ梁　(b) 荷重分担　(c) コアのせん断変形

図 10.1.4　サンドイッチはりの荷重分担と断面のせん断変形

$$\frac{\mathrm{d}N}{\mathrm{d}x} = \frac{Q}{h} \tag{10.1.5}$$

面板の x 方向の変位を u とすると，ひずみ ε は式 (10.1.6) で表される．

$$\varepsilon = \frac{\mathrm{d}u}{\mathrm{d}x} \tag{10.1.6}$$

ここで，サンドイッチはりの幅を B とすると，フック（Hook）の法則より，

$$N = BtE\varepsilon = BtE\frac{\mathrm{d}u}{\mathrm{d}x} \tag{10.1.7}$$

また，図 10.1.4(c) から，コアのせん断変形は，z 方向の変位を w とすると，

$$\gamma_{xz} = \frac{\mathrm{d}w}{\mathrm{d}x} + \frac{u}{h/2} \tag{10.1.8}$$

なお，式 (10.1.8) で面板の厚さ t は微小なので t の影響は無視している．
コアのせん断弾性係数を G_c として式 (10.1.8) に示す γ_{xz} を用いると，せん断応力 τ はコアのせん断弾性係数を $\mathrm{G_C}$ として式 (10.1.9) のように表される．

$$\tau = \frac{Q}{Bh} = G_{\mathrm{C}}\gamma_{xz} = G_{\mathrm{C}}\left(\frac{\mathrm{d}w}{\mathrm{d}x} + \frac{2u}{h}\right) \tag{10.1.9}$$

式 (10.1.4) と式 (10.1.5) から，

$$\frac{\mathrm{d}}{\mathrm{d}x}Q = \frac{\mathrm{d}}{\mathrm{d}x}(h\frac{\mathrm{d}N}{\mathrm{d}x}) = h\frac{d^2N}{dx^2} = -p \tag{10.1.10}$$

式 (10.1.7) を x で 2 回微分して式 (10.1.10) を使うと，

$$\frac{\mathrm{d}^2}{\mathrm{d}x^2}N = \frac{\mathrm{d}^2}{\mathrm{d}x^2}\left(BtE\frac{\mathrm{d}u}{\mathrm{d}x}\right) = -\frac{p}{h} \tag{10.1.11}$$

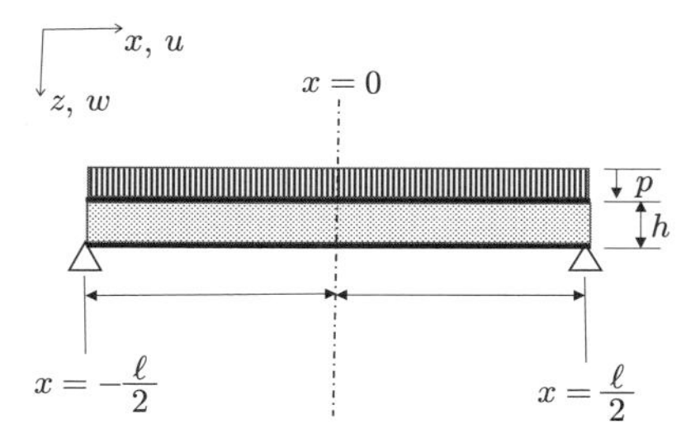

図 10.1.5　等分布荷重を受ける両端単純支持はり

これより，

$$BtEh\frac{\mathrm{d}^3}{\mathrm{d}x^3}(u) = -p \tag{10.1.12}$$

式 (10.1.5)，式 (10.1.7) より，

$$\tau = \frac{Q}{Bh} = \frac{1}{Bh}h\frac{\mathrm{d}N}{\mathrm{d}x} = \frac{1}{B}\frac{\mathrm{d}N}{\mathrm{d}x} = \frac{1}{B}\frac{\mathrm{d}}{\mathrm{d}x}\left(BtE\frac{\mathrm{d}u}{\mathrm{d}x}\right) = tE\,\frac{\mathrm{d}^2u}{\mathrm{d}x^2} \tag{10.1.13}$$

式 (10.1.9) から，

$$tE\frac{\mathrm{d}^2u}{\mathrm{d}x^2} = \tau = G_\mathrm{C}\gamma_{xz} = G_\mathrm{C}\left(\frac{\mathrm{d}w}{\mathrm{d}x} + \frac{2u}{h}\right) \tag{10.1.14}$$

式 (10.1.14) を用いて図 10.1.5 に示す一様分布荷重 p を受ける両端単純支持はりのたわみを求める．

図 10.1.5 に示すサンドイッチはりの境界条件は，$x = \pm\ell/2$ で $w = 0$，$\mathrm{d}U/\mathrm{d}x = 0$ であり，対称性から，$x = 0$ で $w(x) = w(-x)$，$u(x) = -u(-x)$．この境界条件の下で式 (10.1.12) を解いて u を求めて，式 (10.1.14) に代入して微分方程式を解くと，最大たわみ w_max は
$x = 0$ で以下の値をとる．

$$w_\mathrm{max} = \frac{5p\ell^4}{384EI}\left(1 + 4.8\frac{Eht}{G_\mathrm{C}\ell^2}\right) \tag{10.1.15}$$

式 (10.1.15) で与えられる，両端単純支持で等分布荷重が作用しているサンドイッチはりの最大たわみについて，コアのせん断弾性係数が無限大の場合を基準として，コアのせん断弾性係数を考慮したたわみを無次元化した値を図 10.1.6 に示す．図 10.1.6 では，コアのせん断弾性係数による差異を評価するために，コアの材料を表 10.1.1 の発泡コアの **51WF** と **110WF** の 2 種について式 (10.1.15) を用いて計算した結果を示す．図 10.1.6 より，サンドイッ

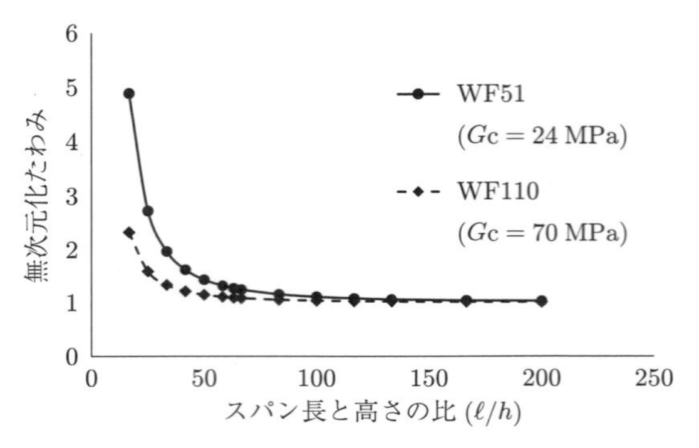

図 10.1.6　コアのせん断弾性係数の影響

チはりのスパン長と高さの比が小さい場合は，コアの弾性係数の影響が顕著であり，その影響はコアのせん断弾性係数が小さいほど大きくなる．ただし，サンドイッチはりのスパン長と高さの比が大きくなると，はり全体のたわみが大きくなるので，コアのせん断変形の影響は相対的にきわめて小さくなり，コアのせん断弾性係数の差異の影響も小さくなることがわかる．

10.2　発泡コアサンドイッチ構造の実用化の事例と研究例

10.2.1　概　要

熱可塑性コアと複合材料製の面板を一体成形することで複雑な三次元構造の製作が可能になる．輸送機関では，スウェーデン海軍のコルベット艦や鉄道車両に適用事例があり，建築構造のパネルとしても使われている．航空機関連では，A380 の垂直尾翼等への適用例がある．図 10.2.1 に発泡コアサンドイッチ構造の適用例を示す．

発泡コアの材料としては，**ポリメタクリルイミド**（PMI），**ポリエーテルイミド**（PEI），**ポリビニルクロライド**（PVC），**ポリウレタン**（PU）等の材料を発泡させた独立気泡の発泡体があり，航空宇宙機の構造体やドローン，車両・船舶等に広く使用されている．発泡コアの拡大写真を図 10.2.2 に示す．発泡コアは柔らかいため加工が容易であり，熱可塑性材料なので CFRP のプリプレグと一体成形が可能で，複雑な 3 次元曲面の部材の製造に適している．また，独立気泡のため，運用中にセル内に水が浸入する可能性も低い．

図 10.2.1　発泡コアサンドイッチ構造の適用例 [10-4]

図 10.2.2　発泡コアの拡大図（110WF）

10.2.2　航空宇宙分野での研究例

旅客機の機首構造は，複雑な三次元形状で部品点数が多いので，軽量一体構造によるメリットが大きいという理由から，研究対象として**小型旅客機の機首構造**への適用を目指した研究が選定されていた [10-5]．負荷荷重は与圧荷重が主で，集中荷重は前脚支持部等に限られるので，軽量で高剛性のサンドイッチパネルと金属の一体構造を組み合わせた構造様式の研究が行われた．図 10.2.3 に適用構想の概要を示す．従来構造（内部構造の可視化のため外板は省略）が多くの補強材から成る板金組み立て構造であるのに対して，新構造様式は補強材をパネル内に組み込んだ単純形状の部材であることがわかる．

また，図 10.2.4 に試作した機首構造の供試体を示す．供試体の寸法は最大直径 3.3 m, 長さ 3 m である．在来構造と比較した場合，機首構造全体では，重量軽減 11 %, 部品点数軽減 82 % であった．

一方，外板パネル（発泡コアサンドイッチパネル）に限ると，重量軽減は約 20 %, 部品点数軽減 98 % であった．機首構造全体と比較して重量軽減率が高いのは，機首構造全体では金属構造を一体化した部位が含まれており，そのような部位は従来構造と比較して大きな重量軽減とはならないからである．

なお，機首構造の外板パネルはサンドイッチ構造のため，雹などによる衝撃損傷を受けた場合，CFRP 面板とコアに弾性変形が生じて損傷後に元の形状に復するのに対して，損傷部の発泡コアには面板との剥離を含む損傷が生じる．この損傷を起点とする面板とコア間の**界面剥離**が進展すると，目視不可能な損傷により強度が低下するという問題点が指摘されていた．

損傷付与後のサンドイッチパネルを図 10.2.5 に示す．衝撃損傷による変形

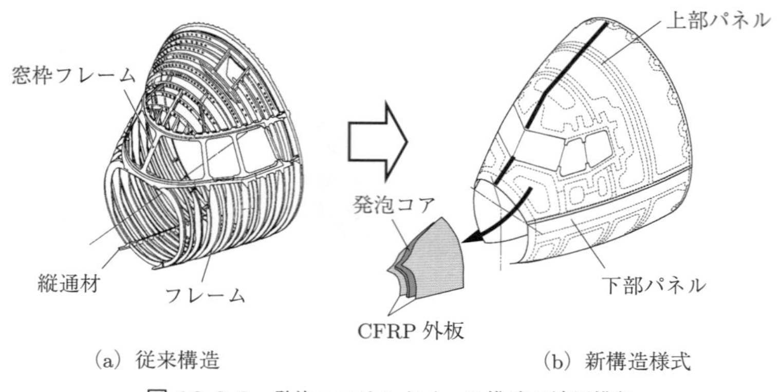

図 10.2.3　発泡コアサンドイッチ構造の適用構想

図 10.2.4　機首構造供試体の試作結果

が元の形状に復して損傷の目視での確認が困難であることがわかる．一方で，損傷部を切り出して赤色の染料を含んだ溶液に浸した供試体を図 10.2.6 に示す．図 10.2.6 では衝撃損傷により破壊した発泡コアのセル間に赤色の染料が浸み込んでいるので，広範囲にコアがクラッシュしているのがわかる．このことから，表面上の損傷は目視で確認できなくても，損傷部に面板直下の発泡コアに損傷域が広がっているのがわかる．

このような損傷部から進展する界面き裂の進展を抑制する構造要素については諸外国等でも研究が行われている．ここでは，我が国の研究例を図 10.2.7 に示す．**クラックアレスター**と称するこの構造様式は，き裂進展経路上に剛性の高い材料（クラックアレスター）を配することにより，き裂が進展するのに伴って，き裂先端周辺の発泡コアとクラックアレスター間で荷重再配分を生じさせて，き裂先端のエネルギー解放率を界面の**破壊じん性値**以下に低減するこ

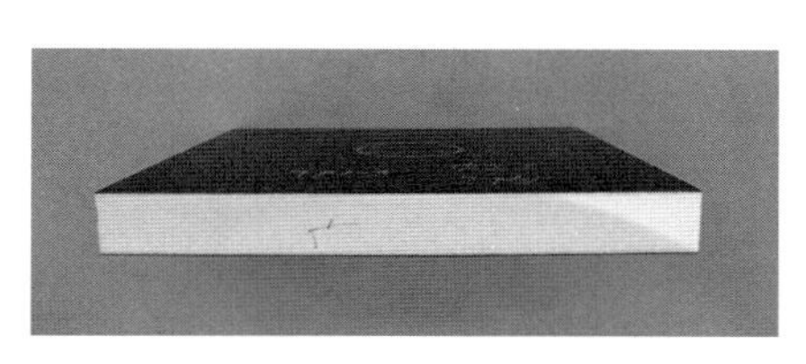

図 10.2.5　損傷サンドイッチパネルの外見

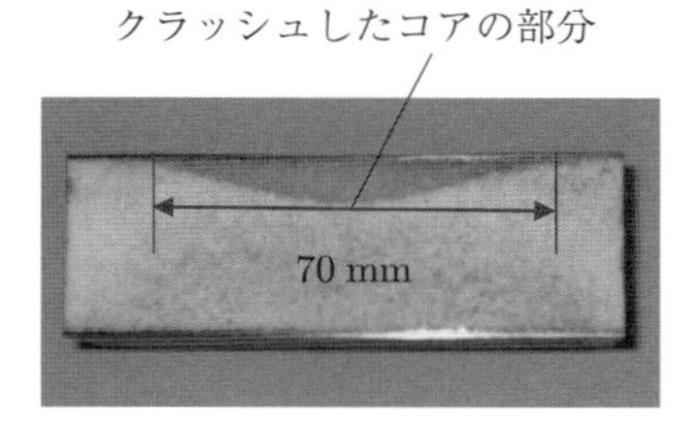

図 10.2.6　損傷サンドイッチパネルの断面

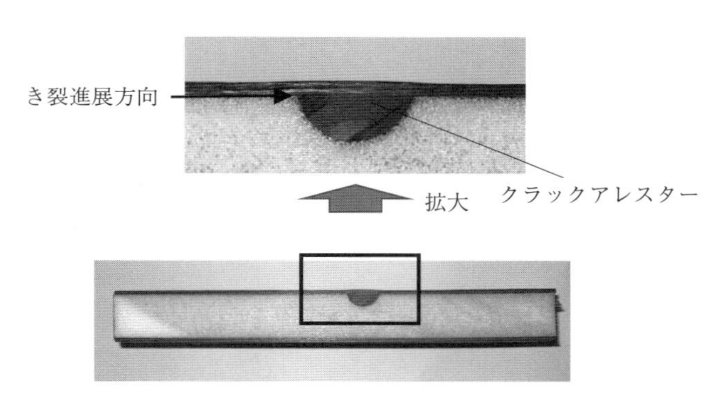

図 10.2.7　クラックアレスターの概要 [10-6,7,8]

とにより，き裂の進展を抑制する機能を有する．この原理を用いれば，発泡コアサンドイッチパネルの界面き裂の進展を抑止するだけではなく，他の構造要素に応用できる可能性もある．

11

グリッド構造

11.1　グリッド構造の概要

グリッド構造とは，補強材を格子状に組み合わせた構造のことで，補強材で囲まれた領域に荷重を分担する薄板を配する場合もある．グリッド構造には，航空宇宙分野の軽量構造に用いられる**ハニカム構造**，宇宙機の構造に用いられる**アイソグリッド構造**，建築構造に広く使われている**骨組み構造**等がある．

ハニカム構造（図 11.1.1）は蜂の巣に見られるような六角形断面の柱状構造を稠密に配置したもので，通常はサンドイッチパネルのコアとして用いられる．なお，ハニカム構造については 11.2 節で詳細に述べる．

アイソグリッド構造（図 11.1.2）は薄板を高さの低いリブで格子状に補強した構造で，通常は薄板から一体で削り出される．軽量で高剛性を実現できる利点があり，宇宙機のタンクの外殻構造等に用いられる．

骨組み構造（図 11.1.3）は，軸方向の荷重を受け持つ棒状の構造要素から構成される構造物で，棒状の構造要素をピン結合したトラス構造と固定結合したラーメン構造とに大別される．トラス構造の簡単な構造解析については 11.3 節で解説する．

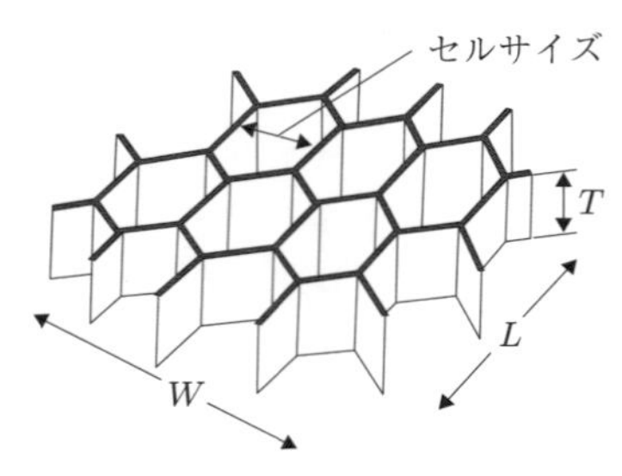

図 11.1.1　ハニカムコアの例 [11-1]

図 11.1.2　アイソグリッド構造の例

(a) ロケット 1, 2 段目の段間部分（JAXA M-V ロケット）

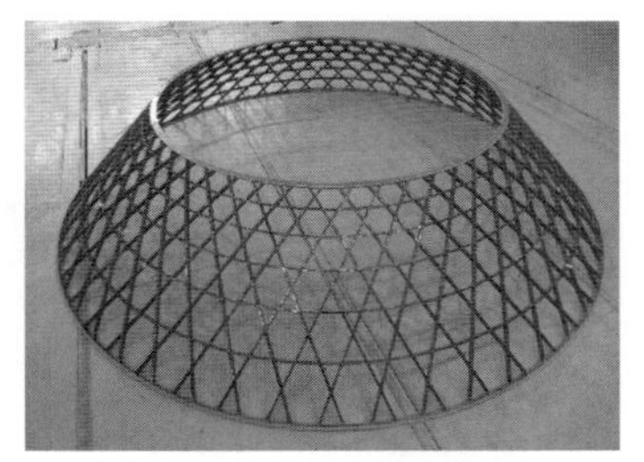

(b) ロケット上段のペイロード（人工衛星）取付構造の試作例

図 11.1.3 グリッド構造の例

11.2 ハニカム構造

11.2.1 ハニカム構造の概要

複数のアルミニウム合金やノーメックス紙，アラミド紙を部分的に接着して引き延ばして製作する構造で，一般的には六角形の蜂の巣状の形状をしている．軽量で適度な強度・剛性を有するため，サンドイッチパネルのコアとして用いられ，航空機の操縦舵面やフェアリング，脚扉等への適用が多い．コアを展張した方向（***W*** **方向**と称する）と，展張方向と直角方向（***L*** **方向**と称する）で強度・剛性が異なる異方性材料である．前述の図 11.1.1 に L 方向と W 方向の概要を示している．なお，運用中にコアの内部に水が浸入する不具合が見られるので，操縦舵面等への適用にあたっては注意が必要である．ハニカムコアの製造方法を図 11.2.1 に示す．図から，W 方向と L 方向で強度・剛性が異なることがわかる．

11.2.2 ハニカムコアの種類と力学特性

表 11.2.1 に各種のハニカムコアの力学的特性を示す．ハニカムコアはセルサイズによって密度，強度等の物性値が異なり，同じセルサイズでも W 方向と L 方向では物性値が異なることに注意してほしい．なお，セルサイズの単位は in である．

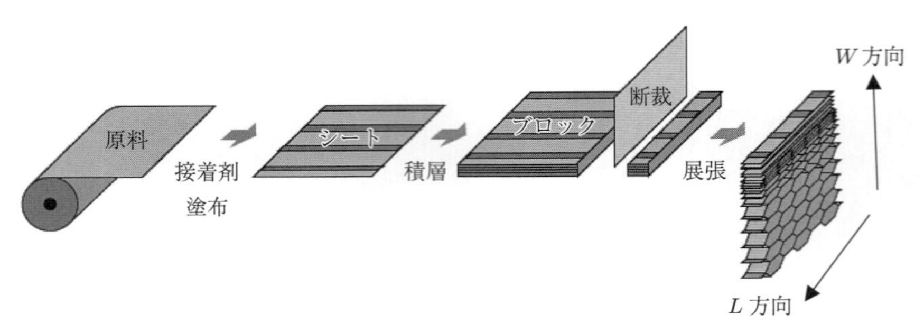

図 **11.2.1**　ハニカムコアの製造法 [11-2]

表 **11.2.1**　ハニカムコアの力学的特性

	セルサイズ	密度	圧縮強さ	せん断強度		せん断弾性係数	
				L 方向	W 方向	L 方向	W 方向
		kg/m^3	MPa	MPa	MPa	MPa	MPa
アラミドハニカム	1/8 in	48	2.10	1.20	0.70	48	24
	3/16 in	48	2.10	1.00	0.70	34	24
	1/4 in	24	0.60	0.50	0.30	21	10
アルミハニカム	1/8 in	72	4.50	2.40	1.40	640	289
	3/16 in	50	2.20	1.50	0.90	315	144
	1/4 in	37	1.60	1.10	0.60	218	93
	3/8 in	26	2.20	1.40	0.80	257	138
ペーパーハニカム	3 mm	50	0.83	0.39	0.25	35	17
	6 mm	25	0.39	0.18	0.11	27	13
	9 mm	29	0.69	0.34	0.24	45	25
	25 mm	17	0.21	0.13	0.11	13	8

11.2.3　ハニカムコアの力学

ハニカムコアの力学的取り扱いとして，不均一なハニカムコアを等価な近似体として考え，等価比重量，等価弾性係数，等価せん断弾性係数を定義して，コアのせん断強度を導く．図 11.2.2 に等価な近似体として取り扱う概念図を示す．

図 11.2.2(a) では，ハニカムコアの 1 単位（A-B-C-D-E-F）を長方形（1-2-3-4）で近似する．ハニカムコア 1 単位と長方形を比較すると，ハニカムコア

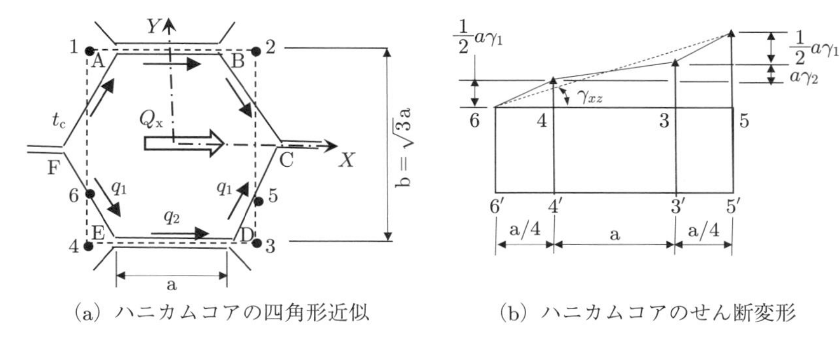

(a) ハニカムコアの四角形近似　　(b) ハニカムコアのせん断変形

図 11.2.2 ハニカムコアの近似の概念図

の A-B，D-E は壁面厚のすべてがハニカムコア 1 単位に含まれているが，B-C，C-D，E-F，F-A は隣接するセルとの間で壁面を共有するため，壁面厚の半分が含まれている．この関係から等価な物性値を算出する．また，ハニカムコアの各壁面の長さを a とすると，長方形（1-2-3-4）の辺の長さは $1.5a$ と $b = \sqrt{3}a$ となり，その面積 A は，$A = 3ab/2 = 3\sqrt{3}a^2/2$ で表される．これを等価面積と定義する．

コア材料の比重を d，セルの壁厚を t_c とすると，ハニカムコア 1 単位の単位厚さあたりの重量は，式 (11.2.1) で表される．

$$W = 4dat_c \tag{11.2.1}$$

式 (11.2.1) において，隣接するセルと壁面を共有する辺（B-C，C-D，E-F，E-A）は壁厚の 50 % が含まれるものとし，隣接するセルと結合している辺（A-B，D-E）は壁厚の 100 % が含まれるとした．

したがって，ハニカムコアの等価比重量 d_c，とすると，d_c は式 (11.2.2) で示される．

$$d_c = \frac{W}{A} = \frac{4dat_c}{\frac{3}{2}ab} = \frac{8t_c}{3b}d \tag{11.2.2}$$

次にコアの厚さ方向（z 方向）の引張に関するコア材料の縦弾性係数を E_c，**等価縦弾性係数**を E_{cz}，壁面の厚さを t_c とする式 (11.2.3) が成り立つ．

$$E_{cz} \cdot A = E_c \cdot 4a \cdot t_c \tag{11.2.3}$$

これより，等価弾性率は式 (11.2.4) で求められる．

$$E_{\rm cz} = E_{\rm c} \cdot 4a \cdot t_{\rm c} \cdot \frac{1}{A} = \frac{8t_{\rm c}}{3b} E_{\rm c} \tag{11.2.4}$$

次に x 方向の**等価せん断弾性係数**を導く．ハニカムコア 1 単位の等価面積 A に対して x 軸方向にせん断力 Q_x が作用したとすると，コアの壁面にはせん断流 q_1，q_2 が生じて，図 11.2.2(a) により式 (11.2.5) の関係がある．

$$Q_x = 2(q_1 a \cos 60^\circ + q_2 a) \tag{11.2.5}$$

コア材料のせん断弾性係数を G とすると，各壁面内に生じるせん断ひずみ γ_i は式 (11.2.6) で表される．

$$\gamma_i = \frac{\tau}{G} = \frac{q_i}{Gt_{\rm c}} \tag{11.2.6}$$

図 11.2.2(b) に示すように，コアのせん断変形をコアの角の鉛直方向変位のみで近似すると，平均せん断ひずみ γ_{xz} は式 (11.2.7) のように計算される．

$$\gamma_{xz} = \frac{\frac{1}{2}a\gamma_1 \times 2 + a\gamma_2}{1.5a} = \frac{\gamma_1 a + \gamma_2 a}{1.5a}, \quad \gamma_i = \frac{q_i}{t_{\rm c}G} \tag{11.2.7}$$

これより，等価せん断弾性係数を G_x とすると，G_x は式 (11.2.5) と式 (11.2.7) を用いて式 (11.2.8) のように表される．

$$G_x = \frac{\tau_x}{\gamma_{xz}} = \frac{Q_x}{A \cdot \gamma_{xz}} = \frac{(q_1 + 2q_2)}{(q_1 + q_2)} \cdot \frac{G \cdot t_{\rm c}}{b} \tag{11.2.8}$$

ここで，せん断流 q_1 と q_2 が連続（$q_1 = q_2$）とすると，区間 6-4 のせん断ひずみ γ_{6-4} は $2\gamma_1$（$= \frac{0.5a\gamma_1}{0.25a}$）となり，一方で，区間 4-3 のせん断ひずみ γ_{4-3} は，γ_2（$= \frac{a\gamma_2}{a}$）になり，この結果としてコアの上面に凹凸が生じる．ここで，面板の曲げ剛性を無視した場合には等価せん断弾性係数は式 (11.2.8) を用いて式 (11.2.9) で与えられる．

$$G_{xF} = \frac{3}{2} \cdot \frac{G \cdot t_{\rm c}}{b} \tag{11.2.9}$$

一方で，A-B，C-D と B-C でせん断ひずみが等しくなるためには，γ_{6-4} が γ_{4-3} と等しくなる必要があり，この場合，$2\gamma_1$ と γ_2 が等しくなるので，$2q_1 = q_2$ になる．この場合には，セルの角の部分（3-3′-4-4′）に面板からのせん断力が作用して力の釣り合いが成立する．$q_2 = 2q_1$ より，等価せん断弾性係数は式 (11.2.10) で表される．

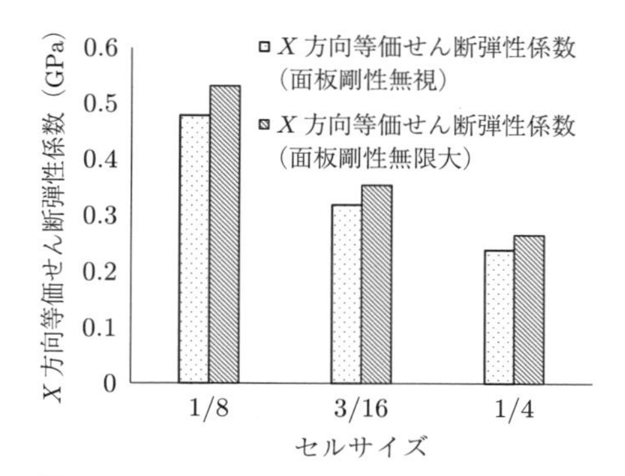

図 11.2.3 x 方向等価せん断弾性係数の比較（アルミハニカムコア）

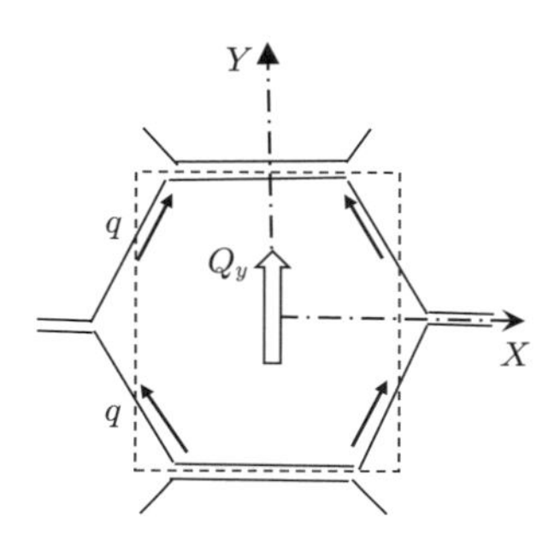

図 11.2.4 ハニカム構造の y 方向せん断流

$$G_{x\mathrm{R}} = \frac{5}{3} \cdot \frac{G \cdot t_{\mathrm{c}}}{b} \tag{11.2.10}$$

アルミハニカムコアの材料を 5052($t_c = 0.0015\,\mathrm{in}, G = 26.6\,\mathrm{MPa}$) とした場合を例として，代表的なセルサイズについて，$G_{x\mathrm{R}}$ と $G_{x\mathrm{F}}$ の計算結果を図 11.2.3 に示す．これより，両者の差異はわずかであることがわかる．

y 方向の等価せん断弾性率 G_y も同様に求めることができる．

図 11.2.4 にハニカムコアと等価四角形および y 方向のせん断流 q を示す．ハニカムコア 1 単位にせん断力 Q_y が作用したとき，図 11.2.4 に示すせん断流 q は x 方向の等価せん断弾性係数を求めた場合と同様の考え方で求めることができる．

y 方向のせん断力は式 (11.2.11) で与えられる．

$$Q_y = q \cdot \frac{a}{2} \cdot \sin 60^\circ \cdot 4 \tag{11.2.11}$$

式 (11.2.11) からせん断流 q は式 (11.2.12) で表される．

$$q = \frac{Q_y}{b} \tag{11.2.12}$$

図 11.2.2(b) と同じ考え方で直線 3-2 を含む厚さ方向の面内で考えると，このせん断流によるせん断変形 γ_{yz} は式 (11.2.13) で求められる．

$$\gamma_{yz} = \frac{\gamma_1 \cdot \frac{1}{2}a}{\frac{b}{4}} = \left(\frac{q}{G \cdot t_c}\right) \cdot \frac{2a}{b} \tag{11.2.13}$$

ハニカムコア1単位はy方向ではセル壁の屈曲部で面板の凹凸を生じないため，面板の剛性とは無関係にy方向の等価せん断弾性係数G_yの式(11.2.14)が成立する．

$$G_y = \frac{\tau}{\gamma_{yz}} = \frac{\frac{Q_y}{A}}{\gamma_{yz}} = \frac{G \cdot t_c}{b} \tag{11.2.14}$$

また，y方向の**等価せん断強度**は以下のように導かれる．曲げ荷重下でのハニカムコア・サンドイッチパネルの破壊はコアのせん断破壊が代表的である．この場合，コアの壁面は周囲を面板と隣接するコアにより固定支持された長方形板と見なすことができるので，破壊はせん断座屈後の張力場での引張破壊になる．y方向の破壊について考えると，コアの壁面に作用するせん断応力$\tau_{\rm cy}$は式(11.2.15)で表される．

$$\tau_{\rm cy} = \frac{q}{t_{\rm c}} = \frac{Q_y}{b \cdot t_{\rm c}} = \frac{A \cdot \tau_y}{b \cdot t_{\rm c}} = \frac{\sqrt{3}}{2}\frac{b}{t_{\rm c}}\tau_y \tag{11.2.15}$$

完全張力場では$2\tau_{\rm cy}$が$F_{\rm tu}$に達すると引張破壊が生じるので，コアのせん断強度$\tau_{\rm yf}$は式(11.2.16)で与えられる．

$$\tau_{\rm yf} = \frac{1}{\sqrt{3}}\frac{t_{\rm c}}{b}F_{\rm tu} \tag{11.2.16}$$

同様に，面板がフレキシブルとしてx方向の等価せん断強度を求める．$\tau_x = Q_x/{\rm A}$，$q_2 = q_1$だから，式(11.2.5)から$Q_x = 3aq_1 = 3aq_2$になり，各壁面でのせん断応力は等しくなる．せん断応力を$\tau_{\rm cx}$とおくと，$\tau_{\rm cx}$は式(11.2.17)で表される．

$$\tau_{\rm cx} = \frac{q_1}{t_{\rm c}} = \frac{Q_x}{3at_{\rm c}} = \frac{A \cdot \tau_x}{3at_{\rm c}} = \frac{1}{2}\frac{b}{t_{\rm c}}\tau_x \tag{11.2.17}$$

y方向と同様に考えて，$2\tau_{\rm cx} = F_{\rm tu}$で破壊が生じると考えると，コアのせん断強度$\tau_{x{\rm f}}$は式(11.2.18)で与えられる．

$$\tau_{x{\rm f}} = 2\frac{t_{\rm c}}{b}\tau_{\rm cx} = 2\frac{t_{\rm c}}{b}\left(\frac{1}{2}F_{\rm tu}\right) = \frac{t_{\rm c}}{b}F_{\rm tu} \tag{11.2.18}$$

例題1　ハニカムコアの等価せん断弾性係数の算出

セルサイズ$b = 3/16$ in, $t_c = 0.0015$ inの寸度を持つアルミハニカムコアの等価せん断弾性係数G_{xF}, G_yを求めよ．コアの材料はアルミニウム合金5052として，物性値は$G = 26.6$ GPaで与えられるものとする．

セルサイズ $b = 3/16\ (\mathrm{in}) = 4.76 \times 10^{-3}\ \mathrm{m}$, $t_c = 0.0015\ \mathrm{in} = 3.81 \times 10^{-5}\ \mathrm{m}$ として，等価せん断弾性係数の式 (11.2.9) と式 (11.2.14) を用いると以下のように求められる．

$$
\begin{aligned}
G_{xF} &= \frac{3}{2} \cdot \frac{G \cdot t_{\mathrm{c}}}{b} \\
&= \frac{3}{2} \cdot \frac{26.6 \times 10^{9} \times 3.81 \times 10^{-5}}{4.76 \times 10^{-3}} = 31.9 \times 10^{7}\ \mathrm{Pa} = 0.319\ \mathrm{GPa} \\
G_y &= \frac{\frac{S_y}{A}}{\gamma_{yz}} \\
&= \frac{G \cdot t_{\mathrm{c}}}{b} = \frac{26.6 \times 10^{9} \times 3.81 \times 10^{-5}}{4.76 \times 10^{-3}} = 21.3 \times 10^{7}\ \mathrm{Pa} = 0.213\ \mathrm{GPa}
\end{aligned}
$$

例題 2　ハニカムコアの等価せん断強度の算出

セルサイズ $b = 3/16\ \mathrm{in}$, $t_{\mathrm{c}} = 0.0015\ \mathrm{in}$ で，材料であるアルミ合金 5052 の $F_{\mathrm{tu}} = 255.2\ \mathrm{MPa}$，$G = 26.6\ \mathrm{MPa}$ のアルミハニカムコアについて，等価せん断強度 $\tau_{y\mathrm{f}}$ と $\tau_{x\mathrm{f}}$ を求めよ．

セルサイズ $b = 3/16\ (\mathrm{in}) = 4.76 \times 10^{-3}\ \mathrm{m}$, $t_{\mathrm{c}} = 0.0015\ \mathrm{in} = 3.81 \times 10^{-5}\ \mathrm{m}$ として，$\tau_{y\mathrm{f}}$ と $\tau_{x\mathrm{f}}$ については，せん断強度の式 (11.2.16) と式 (11.2.18) を用いて求める．

$$
\begin{aligned}
\tau_{x\mathrm{f}} &= \frac{t_{\mathrm{c}}}{b} F_{\mathrm{tu}} = \frac{3.81 \times 10{-}5}{4.76 \times 10^{-3}} \cdot 255.5 \times 10^{6} = 204.5 \times 10^{4}\ \mathrm{Pa} = 2.05 \times\ \mathrm{MPa} \\
\tau_{y\mathrm{f}} &= \frac{1}{\sqrt{3}} \frac{t_{\mathrm{c}}}{b} F_{\mathrm{tu}} = \frac{1}{\sqrt{3}} \times \frac{3.81 \times 10^{-5}}{4.76 \times 10^{-3}} \cdot 255.5 \times 10^{6} = 118.1 \times 10^{4} \mathrm{Pa} \\
&= 1.18 \mathrm{MPa}
\end{aligned}
$$

次に，これまでに解説したハニカムコアの等価物性値とセルサイズの関係について述べる．ハニカムコアのセルサイズが大きくなると，等価質量が軽減されるが，等価せん断弾性係数，等価せん断強度も低下する．コアの破壊はサンドイッチパネルとしての機能喪失につながるので，セルサイズの選定にあたっては，サンドイッチパネルが分担する荷重を考慮した検討が必要である．アルミハニカムコアの例を用いて，セルサイズと等価せん断弾性係数の関係を図 11.2.5 に示す．図 11.2.5 では，セルサイズが 1/8 の場合の物性値で無次元化している．なお，コアのセル壁の厚さ t_c は，各セルサイズとも 0.0015 in（0.0381 mm）である．アルミハニカムコアの場合，セルサイズが 1/8 から 1/4 に拡大すると等価せん断弾性係数は 50 % 低下する．なお，等価せん断強度も同様の傾向を示す．

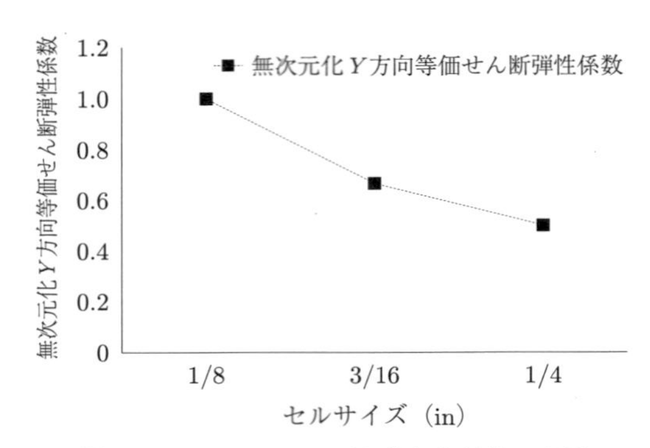

図 11.2.5　セルサイズと等価物性値の関係

また，セルサイズが拡大するとセル間距離が広くなるので，面板が面内圧縮荷重を受けたときに，セル間の面板はセルの壁面で支持された六角形の薄板として座屈する．ここでは，六角形の薄板を辺長がbの正方形板として周辺単純支持と仮定すると，セル間座屈強度は式(11.2.19)で与えられる[11-3]．

$$\sigma_{\mathrm{cr}} = \frac{\pi^2 E_f}{3(1-\nu^2)}\left(\frac{t}{b}\right)^2 \tag{11.2.19}$$

上式で，E_{f} は面板の弾性率，ν は面板のポアソン比，t は面板の板厚である．たとえば，面板がアルミニウム合金の2024-T3材で板厚を0.6 mm，コア材のセルサイズを3/4 in ＝ 19.05 mmとしてセル間座屈強度を計算する．式(11.2.19)に前述の値を代入すると，セル間座屈強度は式(11.2.20)で与えられる．

$$\sigma_{\mathrm{cr}} = \frac{\pi^2 \times 70 \times 10^9}{3(1-0.33^2)}\left(\frac{0.6 \times 10^{-3}}{19.05 \times 10^{-3}}\right)^2 = 256.1 \times 10^6\ \mathrm{Pa} = 256\ \mathrm{MPa} \tag{11.2.20}$$

この値は，2024-T3シート材の板厚範囲0.010 in～0.128 in（0.254 mm～3.25 mm）の降伏許容応力（A値）の39 ksi（269 MPa）より低いので，セル上のアルミニウム合金の面板が降伏する前のセル間座屈の発生が予測される．

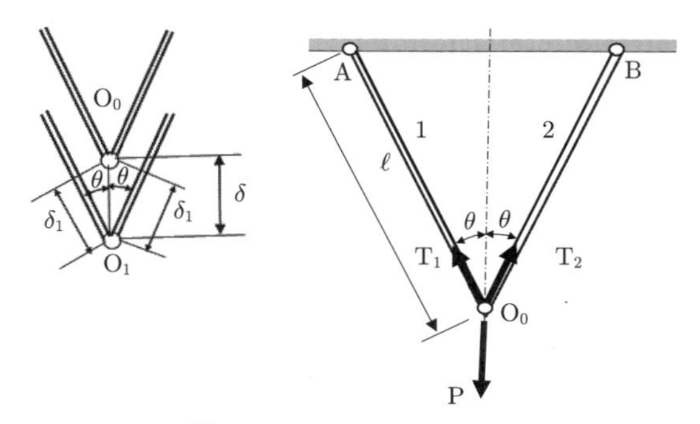

図 **11.3.1** トラス構造の例

11.3 骨組み構造

11.3.1 骨組み構造の概要

骨組み構造は棒状の構造要素から構成される構造物で，その各要素を部材，部材の結合箇所を節点と呼ぶ．節点がピン結合で回転の自由度を有する骨組み構造をトラスと呼び，節点が溶接等で固定されて回転が拘束されている場合をラーメンと呼ぶ．**トラス構造**や**ラーメン構造**は，棒状の部材を三角形に配置した構造で橋梁や鉄塔に多く使われている．

11.3.2 トラス構造の解析

図 11.3.1 に示すように，面積 A の一様な断面を有し，長さ ℓ，弾性率 E である 2 本の棒が一端を壁面にピン結合で固定され，他端が互いにピン結合で固定されている構造物を考える．この構造物に対して，鉛直下向きの荷重 P が 2 つの棒の結合点に作用しているとして，結合点の鉛直方向の変位 δ を求める．

上図において，節点はピン結合で回転が自由なので反力モーメントが作用しないため，2 つの部材 1 および 2 に働く力は軸力（部材の軸方向の荷重）のみである．これらの軸力を T_1，T_2 とする．O 点での力の釣り合いは式 (11.3.1) と式 (11.3.2) で与えられる．

$$T_1 \sin\theta = T_2 \sin\theta \tag{11.3.1}$$

$$T_1 \cos\theta + T_2 \cos\theta = P \tag{11.3.2}$$

これらの式から T_1, T_2 を求める．構造の対称性から T_1 と T_2 は等しくなるので，これを T とおくと式 (11.3.3) を得る．

$$T_1 = T_2 = \frac{P}{2\cos\theta} \tag{11.3.3}$$

部構造の対称性から，材 1 および 2 の伸びも等しくなるので，その値を δ_1 とするとフックの法則から式 (11.3.4) を得る．

$$\delta_1 = \frac{T_1 \ell}{AE} = \frac{P\ell}{2AE\cos\theta} \tag{11.3.4}$$

変位後の O_0 点の位置を O_1 点として，変位は微小とすると，変位の前後で θ は不変と仮定できるので，δ と δ_1 の関係は式 (11.3.5) で与えられる．

$$\delta = \frac{\delta_1}{\cos\theta} = \frac{P\ell}{2AE\cos\theta^2} \tag{11.3.5}$$

本章では，グリッド構造，とくにハニカム構造について，基本的な内容を設計上の視点も加えて説明したので，さらに詳しい内容については文献 [11-3, 11-4] を参照されたい．また，骨組み構造の解析については，文献 [11-5] を参照されたい．

12

破壊力学の基礎

12.1 破壊力学の基本的な考え方

工業用材料は材質が均質で完全であることが望まれている．しかし，それは現実的には叶わぬ夢であり，たとえば金属材料には非金属製の介在物や偏析，空隙などの材料欠陥が必ず存在する．これは複合材料でも変わらず，樹脂の未含浸，強化繊維のうねり，空隙などが材料欠陥として存在する．さらに，材料に機械加工を加えることによって材料表面に加工傷などの製造欠陥が生じ得るし，これらの欠陥を検査によって確実に発見できるとも限らない．

このような欠陥を持つ材料に対して大きな応力が負荷されたり，腐食（corrosion）性環境に置かれたり，あるいは繰返し荷重が負荷されたとき，この欠陥を起点として破壊が生じる可能性がある．このような現象を連続体力学に基づいて扱う学問分野が**破壊力学**（fracture mechanics）である．破壊力学では微小な欠陥をき裂（crack）状であるとみなし，き裂を持つ連続体を対象に，き裂の伝播を分析する．本章では線形破壊力学の最低限の基礎を解説する．破壊力学は奥深い学問分野であり，詳しくは参考文献 [12-1] などを参照されたい．

破壊力学が注目されるようになった背景には，第二次世界大戦中に溶接技術が発展し，それに伴って脆性破壊が多発したことがある．溶接以前には接合にはファスナやリベットが用いられており，き裂がボルト孔やリベット孔によって進展を妨げられるのに対し，溶接では一気にき裂が進展してしまうのである．なかでも，アメリカ軍の戦時標準船であった全溶接構造の「リバティ船」において 250 隻もの船に致命的破壊が発生し，とくにそのうち 10 隻には静かな海上で突如真っ二つに船体が裂けるという衝撃的な破壊が発生した．これは溶接部の切り欠き応力集中部からのき裂進展によるものであった．

これを契機として 1920 年前後にグリフィス（Griffith）が行った脆性破壊

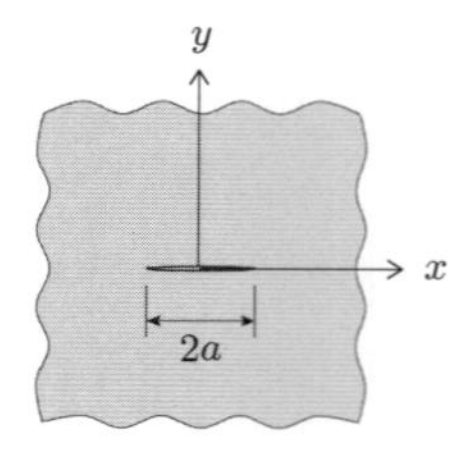

図 12.2.1 無限幅の板の中心にある直線状のき裂

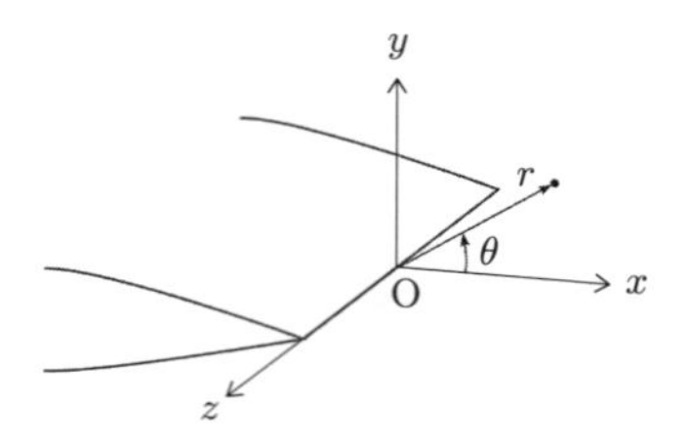

図 12.2.2 き裂先端周辺の座標系の取り方

理論の研究が注目された．これはもともとガラス等の脆性材料に対して理論化されたものであり，アーウィン（Irwin）やオロワン（Orowan）によって鋼材へ拡張され，航空機をはじめとした軽構造にも極めて有効なものである．

12.2 き裂先端の変形と変形モード

線形破壊力学では材料欠陥の代表例としてき裂を想定する．ここでは，最も単純な場合として図 12.2.1 に示す，無限幅の一様な板に有限な長さの y 軸に垂直な直線状のき裂がある場合を考えよう．このとき，き裂先端近傍の点 O の変形について考える．図 12.2.2 に示す通り，構造は z 方向に一様とみなしてよいので，外力によって x, y, z 方向に生じる変形 u, v, w は，

$$\begin{aligned} u &= u(x,y) \\ v &= v(x,y) \\ w &= w(x,y) + cz \end{aligned} \tag{12.2.1}$$

と 2 次元的な変位場になると考えられる．ここで，c を定数とした cz の項は $\varepsilon_z = c$ なる一様ひずみを与える項である．

ここで，線形破壊力学では母材となる材料は線形弾性体であり，弾性力学の基礎方程式もすべて線形であることから，重ね合わせの原理を適用することが可能である．したがって，式 (12.2.1) の変形を

$$\begin{aligned} &\text{(A)}\ u = u(x,y), \quad v = v(x,y), \quad w = 0 \\ &\text{(B)}\ u = v = 0, \quad w = w(x,y) \\ &\text{(C)}\ u = v = 0, \quad w = cz \end{aligned} \tag{12.2.2}$$

の 3 つの変形の和として考えることができる．

ここで (A), (B) の変形はき裂先端付近での応力集中の強い影響を受けて非

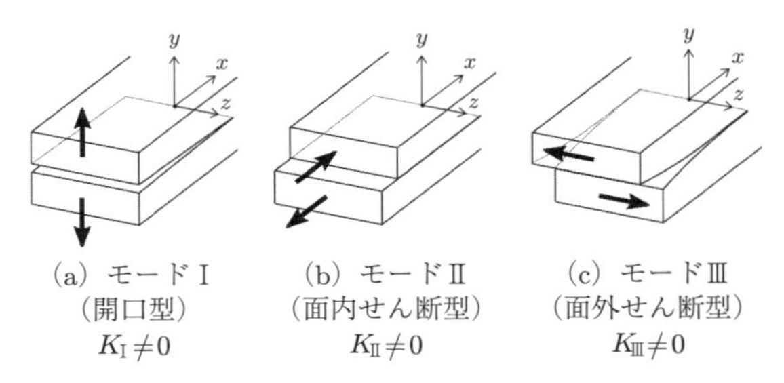

図 12.2.3　3 つの変形モード

常に大きくなる一方，(C) の変形については一様変形である．したがって，破壊を考える際には (C) の変形は無視して考える．また，(A) の変形は θ に対して対称な変形と逆対称な変形の和として表すことができる．したがって，点 O 近傍の変位は図 12.2.3 に示す 3 つの変位成分の和として考えることができ，応力，ひずみの分布もこれら 3 つの変形の和として表される．

線形破壊力学ではこれら 3 つの変形様式を「変形モード」と呼び，同図 (a) のき裂開口型の変形をモード I，(b) の面内せん断型の変形をモード II，(c) の面外せん断変形型の変形をモード III と呼ぶ．線形破壊力学では，上で述べたように，これらのモードを独立に取り扱うことができる．以下，本書ではき裂開口型の変形，モード I について紹介する．

12.3　き裂先端の応力場と応力拡大係数

図 12.3.1 に示すように，長さ $2a$ の y 軸に垂直なき裂を持つ無限板に，無限遠から一様引張応力 σ が付加されているときを考える．このとき，境界条件がき裂面に対して対称であることから，発生する変形はモード I のみとなる．

このとき，き裂先端の y 方向の応力分布は，

$$\sigma_y = \frac{K_{\mathrm{I}}}{\sqrt{2\pi r}} \cos\frac{\theta}{2}\left(1 + \sin\frac{\theta}{2}\sin\frac{3\theta}{2}\right) \tag{12.3.1}$$

$$K_{\mathrm{I}} = \sigma\sqrt{\pi a} \tag{12.3.2}$$

と求められることが知られている．この解を得るには複素応力関数を用いる．関心のある読者は参考文献 [12-1] の追補などを参照されたい．

さて，式 (12.3.1) に見られる通り，応力 σ_y はき裂先端において特異性を持

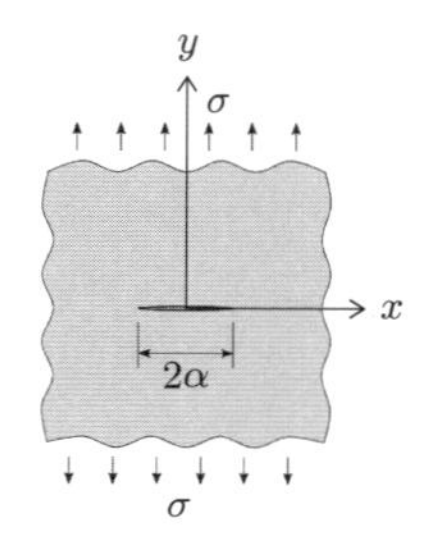

図 12.3.1　一様引張応力を与えられた無限板

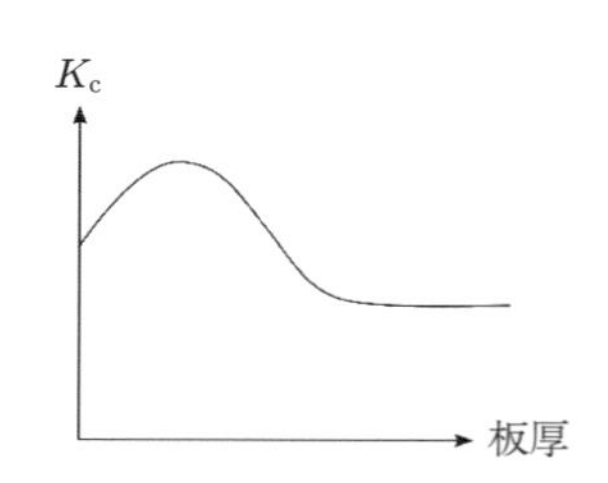

図 12.3.2　臨界応力拡大係数の板厚による変化の一例

っており，$r \to 0$ の極限において $\sigma_y \to \infty$ となる．言い換えれば，外部から与えられた応力 σ がどれだけ小さくても σ_y はき裂先端近傍で無限大となる．ここで K_I を**応力拡大係数**（stress intensity factor）といい，式 (12.3.2) の通り，外部からかかる応力 σ とき裂の幾何学的形状（この場合は寸法 $2a$）の影響を含んだ係数である．式 (12.3.1) によれば，K_I 以外の部分は外部から与える応力やき裂形状には依存せず，応力分布の形を決定しているのみであることがわかる．すなわち，応力拡大係数は応力が無限大に発散していくときの「速さ」に相当するようなイメージで捉えられる．

モード II の場合，モード III の場合も式 (12.3.1)，(12.3.2) と類似した形で応力の特異性の形状を表す部分と，応力とき裂の幾何学的形状に影響される応力拡大係数 $K_\mathrm{II}, K_\mathrm{III}$ の部分に分けることが可能である．これらの応力拡大係数はさまざまなき裂の形状に対して計算されており，数表のような形で使用することができる．詳しくは参考文献 [12-1] の付録等を参照されたい．

さて，実際に長さ $2a$ のき裂を持つ板に引張荷重をかけていくと，応力がある値に達するとき裂が急速に進展する．つまり，材料の破壊はき裂の応力拡大係数 K_I がある臨界値（臨界応力拡大係数）に達した際にき裂が進展することになる．このときの a, σ に対応する応力拡大係数を K_{IC} と表し，**破壊じん性値**（fracture toughness）という．破壊じん性値が大きいほど大きな応力，長いき裂でも耐えることができ，材料の粘り強さを表している．K_{IC} の値は理想的には材料固有の値になるが，実際には図 12.3.2 のように板厚によって K_{IC} の値は変化する．板厚が大きい場合は K_{IC} の値は一定となり，材料固有の値とみなすことができる．代表的な材料の K_{IC} の値を表 12.3.1 に示す．

表 12.3.1 代表的な金属の破壊じん性値 [12-2]

材料	破壊じん性値 K_{IC} $\mathrm{MN/m^{3/2}}$
4340 鋼	46
マルエージ 300 鋼	90
7075-T6 アルミ合金	32

12.4 エネルギー解放率

き裂成長の前後において，物体が蓄える弾性エネルギーの変化を考え，それを $\Delta\Pi$ と表すとする．このとき，き裂寸法の変化は Δa であったとする．板厚が t とすると，き裂面積の変化は $\Delta A = t\Delta a$ となる．ここで，

$$G = -\lim_{A\to 0}\frac{\Delta\Pi}{\Delta A} \tag{12.4.1}$$

という値を**エネルギー解放率**（energy release rate）という．ここで G は応力拡大係数と 1:1 対応することが知られている．たとえば，モード I 変形については，次のようになる：

$$G_{\mathrm{I}} = \frac{1}{E'}K_{\mathrm{I}}^2 \tag{12.4.2}$$

$$\text{ただし，}\ E' = \begin{cases} E\ (\text{平面応力の場合}) \\ \frac{E}{1-\nu^2}\ (\text{平面ひずみの場合}) \end{cases} \tag{12.4.3}$$

臨界応力拡大係数 K_{IC} に対応する G_{I} の値を臨界エネルギー解放率といい，G_{IC} 等と表す．この G_{IC} のことも破壊じん性値と呼ぶこともある．このように考えると，き裂が進展することによって弾性体内から失われるエネルギーが一定値に達するとき裂が進展する，と考えることができる．つまり，固体内の分子等を引き裂いて，固体の内部にき裂面を作る必要があり，このために使われるエネルギーが破壊じん性値であると考えることができる．

最後に，本章の理論は均質な等方弾性体でのみ適用できるものであることに注意を要する．第 9 章で述べたように，複合材料は異方性を持つ材料であり，さらに材料内には異材界面が存在する．このため，複合材料構造については本章の理論を単純に適用することはできないが，材料内から失われるエネルギーが一定値に達すると破壊が進展するという考え方は（J 積分等を使うことにより）複合材料構造でも適用することができる．

13

航空機構造の疲労

13.1　航空機構造における疲労現象の重要性

航空機構造の設計では，**疲労破壊**（fatigue failure）の考慮が極めて重要である．構造破壊が主因となった航空機事故の事例を集め，設計基準の変遷を分析した参考文献 [13-1] を繰ると，およそ 25 件の事故事例のうち，疲労破壊に関わるものはおよそ 2/3 の 15 件であり，航空機構造における疲労の重要性を示している．

疲労破壊とは，構造材料に静的破壊強度より低い応力を繰り返し負荷した際に，破壊が発生する現象である．疲労破壊では荷重が繰り返されると部材の中の微小な部分に小さな**き裂**（crack）が発生する．き裂先端では応力集中が生じ，繰り返しの荷重によりき裂が徐々に進展する．き裂が成長して不安定成長する条件を満たすと，き裂が急速に進展し，構造が瞬間的に破壊する．き裂が徐々に進展する段階では，繰返し荷重に応じて少しずつき裂が進んでいくため，破断後のき裂面を観察すると貝殻状（あるいは年輪状）の模様が見られる．

航空機構造において疲労現象の重要性が広く認識されたのは，1954 年に発生した，デ・ハビランド社，コメット Mk.I 型の連続空中分解事故である（図 13.1.1）．コメットは世界初の本格的ジェット旅客機であり，従来のレシプロ機に比べて高高度を飛行するため，キャビンの与圧が必須であった．胴体を与圧した際の，与圧荷重による疲労の考慮が当時は不十分であった．自動方向探知機を取り付けた胴体上面外板の切り欠きの角部から疲労き裂が進展し，最終的に胴体が裂けて空中分解が引き起こされた．

誤解されがちであるが，疲労の現象そのものはコメットの開発時点でも知られており，試験も実施されていた．しかし，当時は静強度に対する地上試験と，疲労荷重に対する地上試験が同じ供試体を用いて行われていた．このう

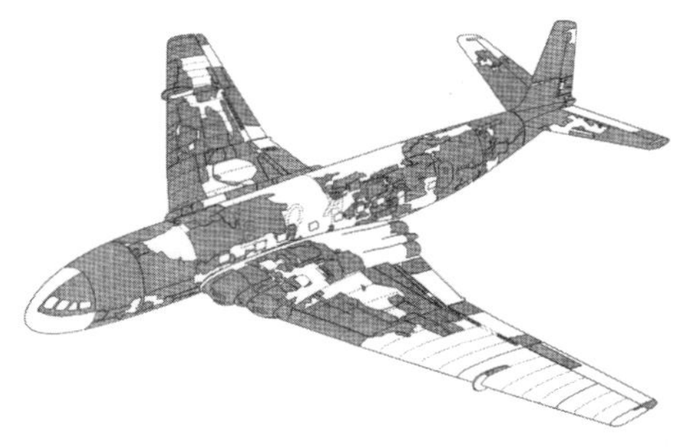

図 13.1.1　空中分解したコメット機と回収された部品（網かけ部分）[13-2]

ち，静強度試験で上記の切り欠き部に塑性変形が発生し，これによって疲労試験時には応力集中が緩和され，疲労寿命を本来の寿命よりも 1 桁ほど多く見積もってしまった．この事故を受けて，静強度試験を行う機体（#01 号機）と疲労試験を行う機体（#02 号機）を分けて試験が実施されるようになった．

上述のように，コメットの事故以降も多くの事故が疲労破壊に関連して発生しており，航空機構造の設計において疲労の考慮は非常に重要である．本章では航空機構造における疲労の考え方の基礎を学ぶ．軽量構造に対する疲労を考える際には大きく分けて応力をベースとした考え方とき裂の進展を考える破壊力学ベースの考え方の 2 つがある．本章ではまず 13.2 節で疲労の考え方の基礎と応力ベースの考え方を学び，13.3 節で破壊力学ベースの考え方を学ぶ．13.4 節において航空機構造設計における疲労の考え方を学ぶ．

13.2　疲労に関する力学と材料特性

航空機の運航中に実際にかかる荷重を実働荷重（service load）という．実働荷重はランダム性を含むため，設計中にはこれを完全に模擬することは困難である．このため，一般には荷重を正弦波状（図 13.2.1）であると仮定して実験・検証を行う．図 13.2.1 の荷重線図から，とくに特徴的なパラメータとして応力比が挙げられる．応力比は $R = \sigma_{\min}/\sigma_{\max}$ と定義される．もし $1 \geqq R > 0$ のときは，$\sigma_{\max}$ が正（引張）であれば $\sigma_{\min}$ も正（引張），$\sigma_{\max}$ が負（圧縮）であれば $\sigma_{\min}$ も負（圧縮）となる．つまり，この荷重プロファイルの間は引張なら引張だけ，圧縮なら圧縮だけがかかることになる．このような荷重を**片振り疲労**という．一方，$0 > R \geqq -1$ のとき，$\sigma_{\max}$ が正であれば

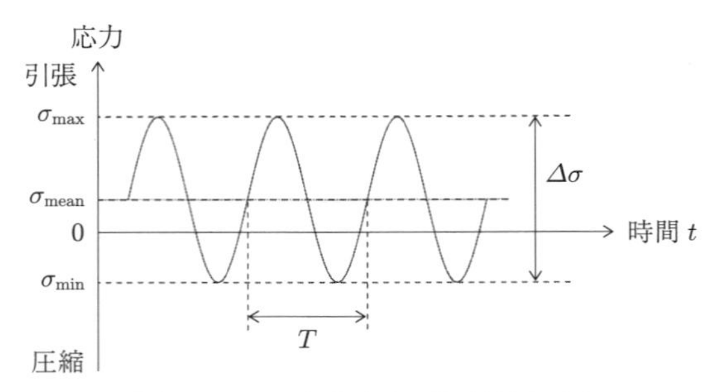

図 13.2.1　疲労試験の荷重線図の例

$\sigma_{\min}$ は負となることから，この荷重プロファイルの間は引張と圧縮の両方の荷重がかかることになる．このような荷重を**両振り疲労**という．なお，$R = 0$ のときは完全片振り，$R = -1$ のとき完全両振りという．

図 13.2.1 のような応力波形を材料に負荷したとき，繰り返しの応力 S と破壊までに要したサイクル数 N をプロットした線図を ***S*–*N* 線図**，あるいはヴェーラー（Wöhler）曲線という．この線図は材料の基本的な疲労特性を示すものである．通常，S–N 線図は横軸を対数とした片対数でプロットされる．S–N 線図の例を図 13.2.2 に示す．

ここで，図 13.2.2 では $N > 10^7$ くらいの領域にて，S–N 曲線が横軸に平行に近くなっていくことがわかる．これは小さな応力振幅では破壊が発生するまでに時間を要することに対応している．図 13.2.2 に示したようなアルミニウム合金では S–N 曲線が完全に横軸に平行になることはないが，鋼の場合は $N > 10^7$ 以上くらいで S–N 曲線が横軸と完全に平行になる点が存在する．これは，つまりこれ以上の応力振幅を加えても破壊が発生しないことを意味している．このような下限の応力を**疲労限度**（fatigue limit）σ_W という．理屈上は，疲労限度よりも低い応力でこの材料を使用すれば，この材料は疲労による破損を起こさないことを意味している．また，S–N 曲線の傾きがほぼ 0 になる境の繰り返し回数を限界繰り返し回数 N_C という．

鋼材の場合は N_C はおおよそ 10^6 から 10^7 回の間になる．一方，先述のように，アルミニウム合金は明確な疲労限度を示さず，10^8 回を超えても S–N 曲線の傾きは負のままである．このため，その強度は繰り返し回数を指定した時間強度（Fatigue strength at N cycles）として表す．たとえば，10^7 回の負荷に耐えられる応力として，$\sigma_W(10^7)$ 等として表す．

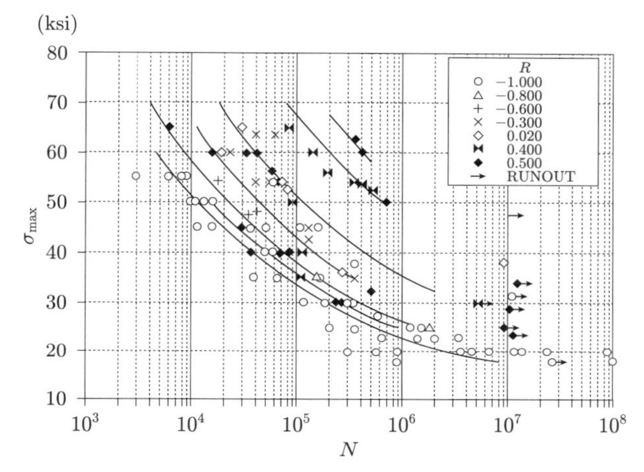

図 13.2.2　2024-T3 アルミニウム合金板の S–N 線図 [13-3]

S–N 曲線に影響する因子にはさまざまなものがある．代表的なものは，①材質（化学成分，熱処理，金属組織など），②形状寸法（応力集中の有無），③表面処理（メッキ，表面加工など），④使用環境（温度，湿度，塩分など），⑤荷重の種類（引張，圧縮，曲げ，ねじりなど），⑥応力波形，などである．

理想的には機体に使用される部材について，これらの条件を考えられる限り変化させた疲労試験を実施し，S–N 線図を取得していくことになる．このうち，②の形状寸法について，現実の航空機構造には接合のためのボルト孔，リベット孔，窓枠，溝，断面急変部などの応力集中を引き起こす切り欠きが多数存在している．材料力学等でよく知られている通り，円孔を持つ均質な無限幅の板に一様な引張荷重をかけた際には円孔での引張応力は無限遠方での応力の 3 倍になる．応力集中部の最大応力 $\sigma_{\max}$ を基準応力 σ_0 によって除して得られる係数を**応力集中係数**（stress concentration factor）という．先の円孔を持つ帯板の例では応力集中係数は 3.0 ということになる．疲労破壊はこれらの応力集中部から発生することがほとんどであるため，切り欠き部分の応力集中係数を考慮に入れて設計を行うことが極めて重要である．

③表面処理では，材料の加工の影響を含んでいる．これは，材料の加工，表面加工に伴う表面付近の残留応力が疲労き裂の進展に影響を与えるためであり，注意を要する．また，⑥応力波形に関しては S–N 曲線は応力比 R や平均応力 σ_m によって異なる形状になる．したがって，いくつか σ_m と R を変化

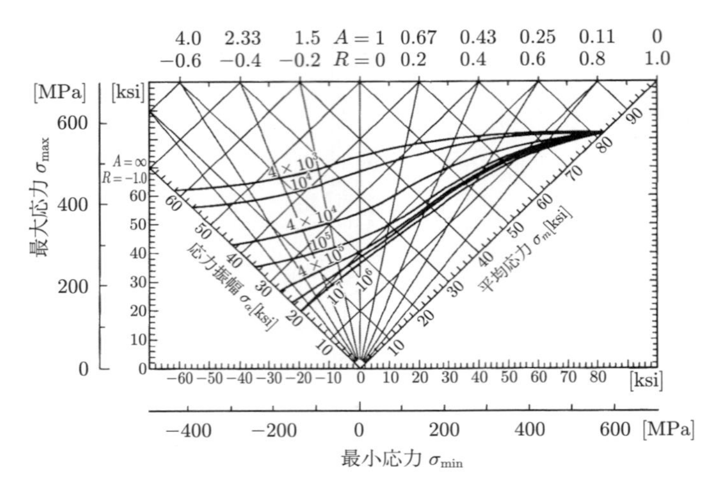

図 13.2.3　7075-T6 アルミ合金板（切り欠きなし）の低寿命線図 [13-5]
$A = (1 - R)/(1 + R)$

させた疲労試験を行い，その結果から，R と σ_m を変化させた際に疲労寿命がどのように変化するかを示す，**定寿命曲線**（constant life diagram）を作成する．この図を用いることによって，構造中の位置ごとの R や σ_m に応じた疲労寿命をある程度見積もることができる（図 13.2.3）．

S-N 曲線を得るための疲労試験は，一定の応力比 R，平均応力 σ_m で行われる．しかし，実際の航空機が運用中に受ける荷重にはランダム性がある．航空機は離陸-定常飛行-着陸という一定のサイクルを繰り返しているが，天候の状態や操縦は毎回同じであることはあり得ない．このように変化する応力に対する材料の寿命予測の方法として，**マイナー則**（Miner's law）がある．これは，疲労損傷が線形に累積されるという考え方に基づいている．ある材料がまったく荷重を受けていないときの損傷度を 0，破壊時の損傷度を 1 とする．もし，ある応力 σ での疲労寿命が N 回であるとき，健全な材料に応力 σ が N 回繰り返して作用すれば損傷度が 0 から 1 に変化するわけであるから，応力 1 回あたりの損傷度の増加は $1/N$ である，という風に考える．

これにより，荷重がランダムな場合も考えることが可能である．もし荷重がランダムにかかって，$\sigma_{a1}, \sigma_{a2}, \ldots, \sigma_{ai}$ なる荷重が $n_1, n_2, \ldots, n_i$ 回かかったとする．また，これらの荷重に対する疲労寿命がそれぞれ $N_1, N_2, \ldots, N_i$ 回だとすると，損傷が発生するのは損傷度が 1 に達するときであるから，

$$\sum_{j=1}^{i} \frac{n_j}{N_j} = 1 \tag{13.2.1}$$

を満たしたときに破壊する，と考える．

マイナー則の仮定，損傷度が線形に増加し，しかも異なる応力状態でも同じ損傷度が累積していくという仮定はかなり大胆であり，必ずしも実験的な事実とは一致しない．しかし，マイナー則に代わりうる簡便な法則はないため，初期設計段階ではよく用いられている．

13.3　疲労によるき裂進展の考え方

前節までの議論では初期欠陥やき裂の存在を考慮することなく，応力ベースで疲労の議論を行った．しかし，工業材料には完全に均質なものは存在し得ず，必ず材料欠陥や製造欠陥を含んでいる．第 12 章で学習した破壊力学では，き裂を持つ材料に対して応力が負荷された際の取り扱いを学んだ．ここではき裂の応力拡大係数やエネルギー解放率，あるいは J 積分などがある一定の値（たとえば，臨界応力拡大係数 K_c）に達した際にき裂が進展するとする考え方を紹介した．しかし，繰り返し負荷について考えると，一回の負荷ではたとえ臨界応力拡大係数に達しなかったとしても繰り返し負荷されることによってき裂が徐々に進展し，破壊につながることがある．これは疲労という現象の一側面と見てよい．ここでは破壊力学を用いた疲労現象の分析について述べる．

まず，き裂を有する平板に繰り返し応力をかけることを考えよう（図 13.3.1）．き裂の遠方で最大応力 σ_{max}，最小応力 σ_{min} の応力を加えると，第 12 章で学んだ式 (12.3.1) および (12.3.2) から，応力拡大係数も K_{max} と K_{min} の間で増減を繰り返すことがわかる．このとき，$\Delta K = K_{\mathrm{max}} - K_{\mathrm{min}}$ をいくつか変化させた繰り返し荷重試験を行い，き裂の進展を記録する．

縦軸にサイクルごとのき裂進展量 $\mathrm{d}a/\mathrm{d}N$ (mm) を対数で，横軸に応力拡大係数範囲 ΔK ($\mathrm{kgf/mm^{3/2}}$) をプロットしたグラフの例を図 13.3.2 に示す．ここで ΔK がある値 ΔK_{th} より小さい場合，き裂の進展は極端に遅く，事実上き裂は進展しないとみなせる．この ΔK_{th} を下限臨界応力拡大係数範囲（ΔK threshold）と呼び，これ以下の ΔK では疲労き裂は進展しない，と扱う．

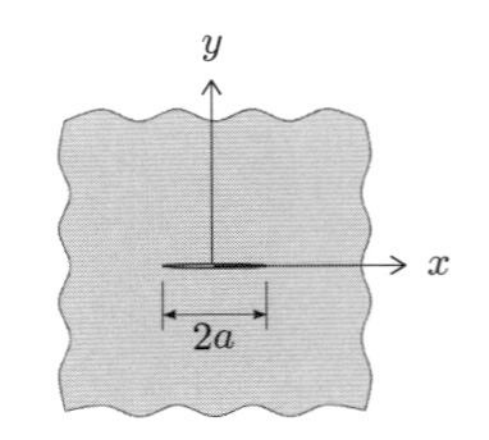

図 **13.3.1**　き裂を有する平板

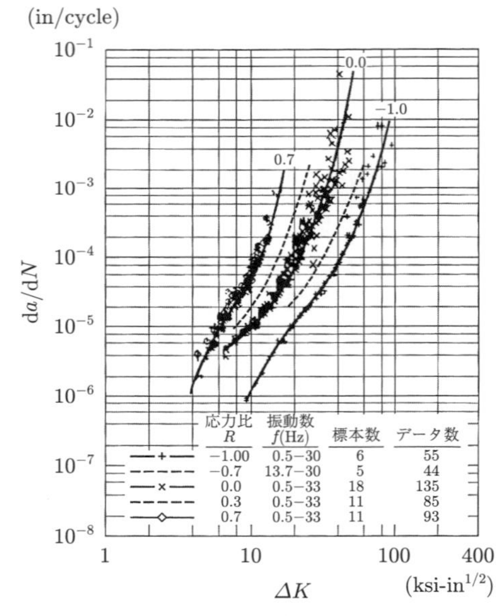

図 **13.3.2**　7075-T6（板圧 0.090in）の疲労き裂進展率-応力拡大係数範囲関係 [13-3]

一方，ΔK_{th} よりも ΔK が大きい場合，$\mathrm{d}a/\mathrm{d}N$ は図の上では直線上に変化する．したがって，

$$\frac{\mathrm{d}a}{\mathrm{d}N} = C(\Delta K)^n \tag{13.3.1}$$

と書くことができる．この式は**パリス（Paris）の式**，あるいはパリス則と呼ばれ，C と n は材料定数である．

ある ΔK の下でき裂長さがある臨界長さ a_c に達すると最終破断が生じると考えると，初期き裂長さ a_i から a_c までの繰り返し数，つまり寿命 N_c は，式

(13.3.1) を積分すればよく,

$$N_c = \int_0^{N_c} \mathrm{d}N = \int_{a_i}^{a_c} \frac{\mathrm{d}a}{C\Delta K^n} \tag{13.3.2}$$

と求めることができる.

13.4　航空機構造設計における疲労の考え方

航空機構造の疲労設計に関する考え方は, これまで以下の 3 つの方法が提案され, 用いられてきた.

A) 安全寿命設計（safe life design）
B) フェールセーフ設計（fail safe design）
C) 損傷許容設計（damage tolerance design, DTD）

これらは時系列的には A)→B)→C) の順に提案されてきたが, このうちどれか 1 つの方式が絶対的に優れていて, その方法が航空機の全体に常に使われるというわけではない. 部品の種類や性質, 運用形態（たとえば耐空性審査要領の A 類, C 類等の類別）によって使い分けられている. 以下, 順に 3 つの考え方について簡単に紹介する.

13.4.1　安全寿命設計

航空機の運用中に予想されるさまざまな繰り返し荷重変動に対して, 設定された設計寿命の間に疲労破壊を起こす確率が十分に低くなるよう, 十分な安全率を取って設計する考え方である.

ここで,「疲労破壊が起こらないように」ではなく「確率が十分低くなるよう」という書き方なのは, 疲労試験の結果は常にばらつきを持っているからである. n 個の試験片に対して疲労試験を行い, 破壊までの繰り返し数（寿命）が $N_i(i = 1,\ 2,\ \ldots,\ n)$ であるとすると, N_i は対数正規分布によく従う（$\log N_i$ が正規分布に従う）ことが実験的によく知られている. 対数正規分布は繰り返し数 1 回でも確率は 0 にはなり得ないから, たとえ設計寿命を何回にしたとしても絶対に破壊が生じない, とすることはできない.

ここで, 破壊確率を p としたときの寿命を N_p であるとする. つまり, N_p

回の繰り返し負荷を加えたときに確率 p で疲労破壊が生じる，ということになる．p を十分小さい値にとったとき，N_p を**安全寿命**という．航空機構造の場合，民間機では国際民間航空機構（ICAO）によって，$p = 10^{-5}$ が暫定基準として推奨されている．軍用機では $p = 10^{-4}$ や $p = 10^{-3}$ 等が用いられることもある．

なお，試験体数 n が十分に大きければ上記のように疲労寿命の対数正規分布を精度良く見積もることが可能であるが，航空機構造では n の値を十分に大きくとることができない場合も多い．たとえば，全機疲労試験であれば $n = 1$（胴体），$n = 2$（主翼）に過ぎない．このような場合は寿命の分布を見積もることができないため，これまでの類似構造のデータを参考にして，寿命のばらつきがたかだかこの値は越えないという値を設定し，これを用いて N_p を推定するという実用的な対応が取られている．

安全寿命設計では，当該部品や構造が設計寿命に達したら，修理，交換あるいは廃棄する，という対応が取られる．

13.4.2　フェールセーフ設計

安全寿命設計では上述の通り，ばらつきに対して十分な余裕をみた設計が必要となり，構造重量が増えがちである．フェールセーフ設計は機体の使用中に疲労き裂が発生したとしても，構造に複数の荷重伝達経路を設ける等して，そのうちの1つが破壊しても構造全体の破壊に至らないようにして，次の整備の際に検査して発見，補修すればよい，とする考え方である．

これを実現するため，荷重を取る部材に冗長性（redundancy）を設ける必要がある．たとえば，荷重のパスをただ一つの部品にするのではなく，複数の荷重パス（マルチロードパス）を設ける等の方法である．

これに加えて，たとえ定期検査直後にき裂が発生したとしても，次回の定期検査まで安全に運用できるように，き裂進展量が小さい（き裂が急激に進展しない）材料を用いる．たとえば疲労が問題となるような引張部材にアルミニウム合金を用いる場合，き裂進展量が大きい 7075 系列の合金ではなく，剛性や強度がやや劣るものの，き裂進展量が小さい 2024 系列の材料を用いる．

さらに，この考え方では定期検査でき裂を発見する必要があるので，適切な点検間隔を設定し，確実にき裂を発見できる検査法を決めておく必要がある．このため，フェールセーフ設計を用いる際には整備点検計画も合わせて設計する必要があることに注意を要する．

13.4.3　損傷許容設計

損傷許容設計は第12章で紹介した破壊力学に基づいて考えられた設計手法である．損傷許容設計で重要な考え方は，最初からある大きさ以下のき裂の存在を前提とすることである．これは，製造・加工中に検査で発見できないサイズの微小なき裂の発生は避けがたいとする考えに基づいている．この仮定されたき裂に対して破壊力学に基づいて残存強度とき裂進展を解析する．

初期き裂を想定し，破壊力学に基づいて応力拡大係数 K および繰り返し荷重による応力拡大係数範囲 ΔK を求める（たとえば，第12章の式 (12.3.2) などを用いる）．これを図13.3.2に紹介した応力拡大係数範囲 ΔK–き裂進展量 $\mathrm{d}a/\mathrm{d}N$ 線図によって1回の負荷ごとのき裂進展量を得る．

これによってある負荷回数におけるき裂長さの予測ができ，さらに残存強度や残存寿命を予測することが可能になる．実用的には，上記のような考え方を用いて，き裂が急成長する長さに到達する前に，定期検査によってき裂を発見して修理できるように検査間隔や検査方法を指定している．

フェールセーフ設計と損傷許容設計の違いは，前者が構造の冗長性に重点を置いて運用中の損傷を認めるのに対し，後者は破壊力学による精密なき裂進展予測と検査の組み合わせで，冗長性を前提にせずに損傷を認める点である．

このように，フェールセーフ設計および損傷許容設計では構造設計だけでは完結せず，検査間隔，検査方法なども合わせて設計する必要がある．したがって，技術的に検査を行うことが難しかったり（検査機器を入れるスペースがない等），あるいは組織的にこのような検査を行うことが難しい，またはコストが見合わない場合には安全寿命設計を使用するなど，部品，運用方法によって上記の3種類の設計方法が使い分けられている．

なお，紙面の制限もあり，本書では疲労設計に関してはごく基本的な事項しか記すことができなかった．より詳しい記述については文献[13-3]，[13-4]，[13-5]等を参照されたい．

参 考 文 献

第 1 章

[1-1] 国土交通省航空局航空機安全課監修：耐空性審査要領，鳳文書林出版販売，2021.

[1-2] 飛行機の百科事典編集委員会：飛行機の百科事典，丸善，2009.

[1-3] Niu, M.C.Y.: Airframe Stress Analysis and Sizing, 2nd Edition, Hong Kong Conmilit Press, 1999.

[1-4] 小林繁夫：航空機構造力学，丸善，1992.

第 2 章

[2-1] 鳥飼鶴雄，久世紳二：飛行機の構造設計，日本航空技術協会，1992.

[2-2] Niu, M.C.Y.: Airframe Structural Design, 2nd Edition, Practical Design Information and Data on Aircraft Structures, Hong Kong Conmilit Press, 1999.

[2-3] Federal Aviation Authority: Aviation Maintenance Technician Handbook-Airframe, FAA, 2023.

第 3 章

[3-1] 小林繁夫，近藤恭平：工学基礎講座 7，弾性力学，培風館，1987.

[3-2] 近藤恭平：構造力学の基礎，培風館，2001.

[3-3] Sun, C.T.: Mechanics of Aircraft Structures, John Wiley & Sons, 1998.

[3-4] 小林繁夫：航空機構造力学，丸善，1992.

[3-5] 新沢順悦，藤原源吉，川島孝幸：航空機の構造力学，産業図書，1989.

[3-6] Timoshenko, S. and Goodier, J.N.: Theory of Elasticity, McGraw-Hill, 1951.

第 4 章

[4-1] 林毅編：軽構造の理論とその応用（上），第 2 版，日本科学技術連盟，1967.

[4-2] Peery, D.J.: Aircraft Structures, McGraw-Hill, 1950.（滝敏美訳：航空機構造—軽量構造の基礎理論，プレアデス出版，2017）

[4-3] Bruhn, E.F.: Analysis and Design of Flight Vehicle Structures, S. R. Jacobs & Associates, 1973.

[4-4] 小林繁夫，近藤恭平：工学基礎講座 7，弾性力学，培風館，1987.

[4-5] 小林繁夫：航空機構造力学，丸善，1992.

[4-6] 新沢順悦，藤原源吉，川島孝幸：航空機の構造力学，産業図書，1989.

[4-7] 滝敏美：航空機構造解析の基礎と実際，プレアデス出版，2012.

第 5 章

[5-1] Kawasaki News special issue, February, 2006, p.16.

[5-2] Peery, D.J.: Aircraft Structures, McGraw-Hill, 1950.（滝敏美訳：航空機構造—軽量構造の基礎理論，プレアデス出版，2017）
[5-3] Bruhn, E.F.: Analysis and Design of Flight Vehicle Structures, S. R. Jacobs & Associates, 1973.
[5-4] 小林繁夫：航空機構造力学，丸善，1992.
[5-5] 新沢順悦，藤原源吉，川島孝幸：航空機の構造力学，産業図書，1989.
[5-6] 滝敏美：航空機構造解析の基礎と実際，プレアデス出版，2012.

第 6 章

[6-1] 日本航空技術協会：航空機材料，日本航空技術協会，2013.
[6-2] A joint effort of government, industrial, educational, and international aerospace organizations: Metallic Materials Properties Development and Standardization (MMPDS) Handbook, Battelle Memorial Institute, 2015.
[6-3] Sun, C.T.: Mechanics of aircraft structures second edition, John Willy & sons, 2006.
[6-4] Jenks, M.: INTERNATIONAL COUNCIL OF THE AERONAUTICAL SCIENCES 2008 VON KARMAN AWARD 787 DREAMLINER, 26TH INTERNATIONAL CONGRESS OF THE AERONAUTICAL SCIENCES, 2008.

第 7 章

[7-1] 小林繁夫：【増補新版】航空機構造力学，プレアデス出版，2014.
[7-2] Niu, M.C.Y.: Airframe Stress Analysis and Sizing, 2nd Edition, Hong Kong Conmilit Press, 1999.

第 8 章

[8-1] 小林繁夫：航空機構造力学，プレアデス出版，2014.
[8-2] 小林繁夫，近藤恭平：弾性力学（工学基礎講座），培風館，1987.
[8-3] 林毅編：軽構造の理論とその応用（上），日本科学技術連盟，1966.
[8-4] 久田俊明，野口裕久：非線形有限要素法の基礎と応用，丸善，1995.
[8-5] 鷲津久一郎，宮本博，山田嘉昭，山本善之，川井忠彦 共編：有限要素法ハンドブック I 基礎編，培風館，1981.
[8-6] 鷲津久一郎，宮本博，山田嘉昭，山本善之，川井忠彦 共編：有限要素法ハンドブック II 応用編，培風館，1983.

第 9 章

[9-1] Baker, A.A. and Scott, M.L.: Composite Materials for Aircraft Structures (AIAA Education), AIAA, 2016.
[9-2] 福田博，邉吾一：複合材料の力学序説，古今書院，1989.
[9-3] SAE International, Composite Materials Handbook, SAE, International, 2023.
[9-4] Tsai, S.W.: "Double-Double: New Family of Composite Laminates", AIAA Journal, Vol.59, No.**11** (2021), pp.4293-4305.
[9-5] Tsai, S.W.: Double-Double A New Perspective in the Manufacture and Design of Composites, JEC, 2022.
[9-6] Bednarcyk, B.A., Li, C.X., Jin, B., Noevere, A., and Collier, C.: "Design Optimization to Fabrication with HyperX Laminate Families for Traditional Quad 0/45/90 and Double-Double [$\pm\Phi/\pm\Psi$] Layups", American Society for Composites 38th Technical

Conference, 2023.
[9-7] 辺吾一，石川隆司：先進複合材料工学，培風館，2005.
[9-8] 小林繁夫：航空機構造力学，プレアデス出版，2014.

第 10 章

[10-1] Hirose, Y., Taki, T., Mizusaki, Y. and Fujita, T.: "Low cost structural concept for composite trailing edge flap", Adv. Composite Mater., Vol.12, No.**4** (2004), pp281-300.
[10-2] サンワトレーディング株式会社カタログ
[10-3] 小林繁夫：航空機構造力学，プレアデス出版，2014.
[10-4] スウェーデン軍のホームページ
https://www.forsvarsmakten.se/sv/information-och-fakta/materiel-och-teknik/sjo/korvett-visby/
[10-5]（財）日本航空機開発協会：平成 12 年度航空機用先進システム基盤技術開発　成果報告書，2001，pp.202-254.
[10-6] Hirose, Y., Matsuda, H., Matsubara, G., Inamura, F. and Hojo, M.: "Evaluation of New Crack Suppression Method for Foam Core Sandwich Panel Via Fracture Toughness Tests and Analyses Under Mode-I Type Loading", J Sandw Struct Mater, Vol.11, No.**6** (2009), pp.451-470.
[10-7] Matsuda, H., Matsubara, G. and Hirose Y.: "Effect of crack arrester for foam core sandwich panel under mode I, mode II and mixed mode condition", Proceedings of 16th International Conference on Composite Materials, 2007.
[10-8] Nishioka, K., Hirose, Y. and Yoshida, K.: "Detail evaluation of modified crack arrester for foam core sandwich panel", Materials system, Vol.37 (2020), pp.21-27.

第 11 章

[11-1] 昭和飛行機工業株式会社製品カタログ.
[11-2] 日本フェザーコア株式会社 HP，https://www.snfcore.co.jp/merit
[11-3] 小林繁夫：【増補新版】航空機構造力学，プレアデス出版，2014.
[11-4] 宮入裕夫：サンドイッチ構造の基礎，日刊工業新聞社，1999.
[11-5] ティモシェンコ：材料力学　上，東京図書，2000.

第 12 章

[12-1] 岡村弘之：破壊力学と材料強度講座 I　線形破壊力学入門，培風館，1976.
[12-2] 新沢順悦：航空機の構造力学，産業図書，1989.

第 13 章

[13-1] 遠藤信介：航空機構造破壊，日本航空技術協会，2018.
[13-2] Ministry of Transport and Civil Aviation: CIVIL AIRCRAFT Accident Report of the Court of Inquiry into the Accidents to Comet G-ALYP on 10th January, 1954 and Comet G-ALYY on 8th April, 1954, Ministry of Transport and Civil Aviation, 1955.
[13-3] 小林繁夫：航空機構造力学，プレアデス出版，2014.
[13-4] 林毅編：軽構造の理論とその応用（下），日本科学技術連盟，1966.
[13-5] 新沢順悦：航空機の構造力学，産業図書，1989.

索　引

さ　行

た　行

な　行

は　行

ま　行

や・ら　行

航空宇宙工学テキストシリーズ
軽量構造力学

令和 6 年 9 月 15 日　発　行

編　者　一般社団法人　日本航空宇宙学会

発行者　池　田　和　博

発行所　丸善出版株式会社
〒101-0051 東京都千代田区神田神保町二丁目 17 番
編集：電話 (03) 3512-3266 ／ FAX (03) 3512-3272
営業：電話 (03) 3512-3256 ／ FAX (03) 3512-3270
https://www.maruzen-publishing.co.jp

組版印刷・大日本法令印刷株式会社／製本・株式会社 松岳社

ISBN 978-4-621-31008-3　C 3353　　Printed in Japan